Rothe

Führung in der Praxis

Jörg Rothe

Führung in der Praxis

Wie Sie Ihren Führungsauftrag souverän erfüllen

HANSER

Bibliografische Information der Deutschen Nationalbibliothek:
Die Deutsche Nationalbibliothek verzeichnet diese Publikation in der Deutschen Nationalbibliografie; detaillierte bibliografische Daten sind im Internet über <http://dnb.d-nb.de/> abrufbar.

Print-ISBN 978-3-446-47419-2
E-Book-ISBN 978-3-446-47557-1
ePub-ISBN 978-3-446-47637-0

www.hanser-fachbuch.de
Lektorat: Lisa Hoffmann-Bäuml
Herstellung: Carolin Benedix
Satz: Eberl & Koesel Studio, Kempten
Coverrealisation: Max Kostopoulos
Titelmotiv: © stock.adobe.com/REDPIXEL
Druck und Bindung: CPI books GmbH, Leck
Printed in Germany

Zielgerichtet Einfluss nehmen

Menschen in Führungsverantwortung haben eine Vielzahl an Aufgaben und Rollen wahrzunehmen.

Dabei ergeben sich für Führende Situationen, in denen Handlungsunsicherheiten entstehen. Ob es dabei um die Weitergabe von Verantwortung geht, sprich um Delegation, das faire Beurteilen von Leistung, das Führen von wertschätzenden und zugleich kritischen Feedbackgesprächen, das Gestalten und Durchsetzen von Sanktionen, das Klären von Konflikten im Team, die Teamentwicklung bzw. Entwicklung der Qualität der Zusammenarbeit der Teammitglieder, das Führen von Mitarbeitern durch Phasen der Veränderung – die Möglichkeiten für Unsicherheiten im eigenen Führungsverhalten sind vielfältig.

Führende aller Ebenen in Linie und Projekt können mithilfe dieses Buchs ihr Führungswissen und -verständnis reflektieren. Sie entdecken die Notwendigkeit von Führung sowie „praxisgetestete" Handlungsoptionen für die teils komplexe Wahrnehmung von Führungsaufgaben. Wo möglich und sinnvoll, finden Sie klare Handlungsempfehlungen (Best Practises).

Dieses Buch richtet sich an Neueinsteiger und erfahrene Führende. Es bietet Lösungen für die herausfordernden vielfältigen Situationen, die der Führungsauftrag immer wieder mit sich bringt. Ihre Führungskompetenz steigert sich mit jeder erfolgreich gestalteten Führungsherausforderung.

In Seminaren und Coachings zeigt sich selbst mit erfahrenen Führenden immer wieder, dass regelmäßiges Reflektieren und auch Üben des eigenen Führungsstils und -verhaltens sinnvoll sind. So wie Profisportler jeden Tag trainieren, obwohl sie Profisportler sind – oder sind sie Profisportler, weil sie jeden Tag trainieren?

Dieses Buch gibt Ihnen Impulse für die sichere und souveräne Gestaltung tagtäglicher Situationen aus Ihrer Praxis. Auch wenn viele Wege nach Rom führen, so unterscheiden sie sich doch in der Qualität.

In über 30-jähriger Erfahrung als Führender und Führungskräftetrainer und -coach habe ich viele Handlungsweisen und Best-Practises-Ansätze kennengelernt und weiß klare Handlungsempfehlungen zu geben. Zugleich möchte ich Ihnen Impulse für ein nützliches Grundverständnis zu den Themen Führung und Mitarbeiter vermitteln.

Ich habe über all die Jahre das Bedürfnis vieler Seminarteilnehmer und Coachees wahrgenommen, eine „Bedienungsanleitung für Führung“ zu bekommen. Eine »Bedienungsanleitung« kann es aufgrund der Vielfältigkeit des Lebens zwar nicht geben, aber ich nehme mir heraus, in diesem Buch immer wieder klare Handlungstipps für spezifische Situationen zu geben, die Ihnen in Ihrer Führungspraxis von großem Nutzen sein können.

Jörg Rothe Gütersloh, Winter 2022/23

In diesem Dokument wird aus Gründen der besseren Lesbarkeit das generische Maskulinum verwendet. Weibliche und anderweitige Geschlechteridentitäten werden dabei ausdrücklich mit gemeint, soweit es für die Aussage erforderlich ist.

Inhalt

1 Herausforderung Führung

Eine Führungskraft muss einen bunten Strauß an Kompetenzen mitbringen: Kommunizieren, organisieren, Konflikte erkennen und schlichten, Leistung beurteilen, konsequent sein, Entscheidungen treffen, risikobereit sein, dabei die Ziele des Unternehmens vertreten etc. Als Führungskraft müssen Sie einen Weg finden, die Fülle der Anforderungen zu meistern. Die Bewältigung der meisten Führungsaufgaben benötigt gelungene Kommunikation.

Kommunikative Kompetenz ist die Kernkompetenz für Führende überhaupt!

Führende, die zu ihrem Computer eine engere Beziehung haben als zu ihren Mitarbeitern und auch nur ungern kommunizieren, werden sich schwer tun mit der erfolgreichen Wahrnehmung ihrer Führungsrolle.

■ 1.1 Was ist Führung?

Bild 1.1 liefert eine Definition, die sich auf den Kern von Führung konzentriert.

Bild 1.1 Definition Führung

„Zielgerichtet“ setzt voraus, dass es klare Ziele gibt – am besten in den Köpfen des Führenden und des Mitarbeiters gleichlautend verankert. Wie soll ein Führender zielgerichtet beeinflussen, wenn das Ziel unklar ist? Mark Twain soll gesagt haben: „Nachdem wir das Ziel aus den Augen verloren hatten, verdoppelten wir unsere Anstrengungen.“ Das ist die Definition von Aktionismus. Wir wissen zwar nicht genau, wohin wir wollen, aber wir geben schon mal Vollgas. Das sind die Momente, in denen Führende sagen: „Ja, es ist alles noch nicht so klar – aber fangt doch schon mal an.“ Mit dieser Vorgehensweise werden Energien und Ressourcen verschwendet und außerdem haben Wischiwaschi-Ziele in der Regel auch Wischiwaschi-Ergebnisse zur Folge. Klare Ziele sind eine wichtige Voraussetzung für Führung, wobei Ziele übrigens nicht in jedem Bereich jedes Jahr aufs Neue formuliert werden müssen. Wenn ein Ziel der Buchhaltung ist, stets kaufmännisch, mathematisch und juristisch korrekte Zahlen zu haben, dann bleibt dieses Ziel über Jahre konstant.

„Einflussnahme“: Das ist das zentrale Wort in dieser Definition. Führende nehmen Einfluss! Gruppen von Menschen brauchen Führung. Stellen Sie eine Gruppe von Menschen auf eine Wiese, zeigen Sie auf einen Punkt am Horizont und vereinbaren Sie mit der Gruppe, dass diese bis zu einer bestimmten Uhrzeit an diesem Tag dort eingetroffen sein soll. Und dann lassen Sie die Gruppe allein – ohne Führung. Was werden Sie beobachten? Keinesfalls oder in äußerst seltenen Fällen, dass die komplette Gruppe zur vereinbarten Zeit am vereinbarten Ort ist. Je größer die Gruppe, desto höher die Wahrscheinlichkeit, dass die Gruppe das Ziel nicht gemeinsam erreicht. Sie werden beobachten, dass die Menschen in der Gruppe unterschiedliche Vorstellungen und Verhaltensweisen entwickeln. Manche gehen gar nicht in Zielrichtung, andere unterschiedliche Wege. Vielleicht bildet sich ein informell Führender heraus, dem allerdings nicht alle folgen. Vielleicht bilden sich Grüppchen, die unter Umständen sogar gegeneinander vorgehen. Es entstehen also Koalitionen und Oppositionen. Und Sie merken schon, ohne Führung wird eine Zielerreichung doch recht unwahrscheinlich.

Teams brauchen Führung, um gemeinsam Ziele zu erreichen.

Kommt ein Fußballspiel zwischen Profisportlern ohne die Führung durch den Schiedsrichter aus? Klares Nein, denn obwohl wir es mit Profis zu tun haben, muss der Schiedsrichter häufig bei Regelverstößen eingreifen und diese angemessen ahnden. Ein Spiel ohne jegliche Einflussnahme durch den Schiedsrichter - undenkbar! Nicht auf dem Planeten Erde. Und da Führende auch Schiedsrichter sind, weil sie auf die Regeleinhaltung zu achten haben, ist auch dieses Beispiel eine Legitimation von Führung.

Es gibt grob zwei Formen der Einflussnahme:

- Bestätigung: Dabei sagen Sie dem Mitarbeiter „Mach weiter so, du bist genau auf Kurs! Wunderbar!"
- Korrektur: „Folgendes benötige ich von dir anders …"

Aber warum steht in dieser Definition „Einflussnahme auf das Leistungsverhalten von Mitarbeitern" und nicht nur „Einflussnahme auf Mitarbeiter"? Weil es um die Förderung wirksamen Leistungsverhaltens geht und gleichzeitig um den grundsätzlichen Respekt für die Persönlichkeit des Mitarbeiters. Auch wenn Führung auf Dauer Persönlichkeitsentwicklung mit sich bringt, so geht es doch zunächst mal darum, wirksame Verhaltensweisen des Mitarbeiters zu kreieren.

Im schönsten Falle sind Sie in der Lage, mit dem Mitarbeiter ein kritisches Gespräch über eine konkrete Fehlleistung oder ein konkretes Fehlverhalten zu führen und dabei permanent Respekt und Wertschätzung für diesen Mitarbeiter auszustrahlen. Und das ist im Wesentlichen abhängig von Ihrer Grundeinstellung: Schätzen und respektieren Sie diesen Mitarbeiter wirklich? Dann wird es aus irgendeiner Pore nach außen dringen. Und der Umkehrschluss ist erlaubt: Ist dem nicht so, dann werden Sie auch das ausstrahlen. Und der Mitarbeiter wird es bewusst oder unbewusst wahrnehmen. Menschen haben „Antennen" für so etwas. Prüfen Sie die Grundeinstellung zu jedem Ihrer Mitarbeiter. Respektieren und schätzen Sie jeden Einzelnen? Oder ist jemand dabei, bei dem das nicht so ist? Der letztere Fall wäre eine Hypothek für Ihren Führungsauftrag.

Insofern sind wir Homo Sapiens sogar vergleichbar mit Farbfernsehern: Je nachdem, wie Sie beim Farbfernseher Helligkeit, Kontrast, Farbe, Ton etc. einstellen, gibt der Fernseher ein Bild bzw. eine Wirkung ab. So ist es bei uns auch: Je nachdem, wie wir eingestellt sind, wirken wir nach außen! Die Einstellung zu Ihrem Führungsauftrag und zu Ihren Mitarbeitern ist im besseren Fall durch Freude, Menschenfreundlichkeit und Respekt geprägt und nicht nur durch Ergebnisinteresse.

Es geht bei Führung darum, zielgerichteten Einfluss auf das Leistungsverhalten Ihrer Mitarbeiter zu nehmen. Entweder explizit bestätigend („Nicht geschimpft ist gelobt genug" reicht nicht) oder auch korrigierend. Das ist Ihr Führungsauftrag! ■

Führung ist insofern nur Mittel zum Zweck, als dass der Zweck Ihres Unternehmens, Ihrer Abteilung oder Ihres Projekts etc. nicht Führung von Mitarbeitern ist.

Führung dient der Erreichung der jeweiligen Ziele oder der Erfüllung des jeweiligen Unternehmenszwecks, zum Beispiel ein bestimmtes Produkt am Markt zu platzieren und eben auch Gewinn zu erwirtschaften.

Führung ist eine Schlüsselfunktion im betrieblichen Kontext. Die Wirksamkeit der zentralen Ressource Mitarbeiter wird durch Führung maßgeblich beeinflusst. Je höher ein Führender in der Hierarchie steht, desto größer ist seine Einflussmöglichkeit. ■

Sie kennen den Satz: „Der Fisch stinkt vom Kopf her!". Stimmt! Duften aber auch …

Aufgaben einer Führungskraft – Beispiele

Führung ist herausfordernd, vielseitig und hoch komplex. Nachstehend eine Auswahl, was Führungskräfte alles können müssen/können sollten. Eine Führungskraft muss

- coachen,
- (schieds)richten,
- motivieren,
- koordinieren,
- Leistung beurteilen,
- Feedback geben,
- kontrollieren,
- organisieren,
- begleiten,
- Vorbild sein,
- Entscheidungen treffen,
- analytisch denken und handeln,

- Initiativen ergreifen und vorantreiben,
- Visionen entwickeln,
- Mitarbeiter in Veränderungen führen,
- Beziehungen aufbauen und pflegen,
- alle Feinheiten der Kommunikation kennen und beherrschen,
- Fähigkeiten der Mitarbeitenden erkennen und entwickeln,
- Probleme erkennen und analysieren,
- Ziele definieren und vereinbaren,
- Verantwortung definieren und delegieren,
- die gute Zusammenarbeit der Mitarbeiter fördern,
- Konflikte erkennen und klären,
- Vertrauen entgegenbringen und erzeugen,
- die Interessen des Unternehmens vertreten.

1.2 Führungsmodelle

Das „Lokomotivenmodell" der Führung

Führung lässt sich auch vergleichen mit einer Lokomotive. Eine Lokomotive führt Waggons aus dem Bahnhof heraus über Weichenstellungen in Zielrichtung.

Nun lässt sich auf den Bahnhöfen dieser Welt selten beobachten, dass die Waggons zur Lok kommen. Meistens ist das andersherum. Die Lok kommt auf die Waggons zu, koppelt erstmal vernünftig an und fängt dann an zu führen.

Dieses Ankoppeln ist enorm wichtig. Manchmal sind Führende zu beobachten, die nicht ordentlich ankoppeln und dann schon mal losfahren. Und dann wundern sie sich, dass sie schon auf der Strecke sind, während ihre Mitarbeiter immer noch „im Bahnhof" verweilen.

Richtiges Ankoppeln hat damit zu tun, sowohl auf Bauch- und Beziehungsebene als auch auf Kopf- und Sachebene mit dem Mitarbeiter in Kontakt zu treten. Das fängt schon damit an, bei einer Selbstvorstellung etwas von sich als Mensch preiszugeben und damit deutlich greifbarer zu werden, als nur vom beruflichen Karriereweg zu erzählen.

Die Faustformel lautet „über den Bauch in den Kopf". Kreieren Sie zunächst mal eine Beziehung zum Mitarbeiter über ein Kennenlernen, ehe Sie auf der Sachebene beginnen und zum Beispiel Aufträge vergeben oder Verantwortung delegieren. Sie werden spüren, dass die Zusammenarbeit auf Sachebene besser funktioniert, wenn eine positive Beziehungsebene entstanden ist.

Das „Fußballfeldmodell" der Führung

Führungskräfte sind Trainer und Coaches. Sie entscheiden über Strategien und treffen Personalentscheidungen: Wer hat welche Verantwortung auf dem Spielfeld? Wer spielt überhaupt? Sie beurteilen die Leistungen der Spieler, loben und kritisieren. Bei mangelhaften Leistungen befähigen Sie den Spieler, verändern seine Verantwortung oder tauschen auch schon mal aus.

Stellen Sie sich vor, Sie haben mit einem Spieler eine Zielvereinbarung getroffen, die da lautet: Der gegnerische Stürmer schießt heute kein einziges Tor! Das ist ein klar messbares Ziel. Hat der gegnerische Stürmer bei Abpfiff des Spiels kein Tor geschossen, hat Ihr Mitarbeiter/Verteidiger sein Ziel erreicht.

Leider ist es nun so, dass es nach wenigen Minuten schon 0:2 steht und jener Stürmer des Gegners beide Tore erzielt hat. Welche Handlungsmöglichkeiten hat nun der führende Coach? Welche Konsequenzen kann er ziehen? Er kann den Spieler auswechseln, er kann „umstellen" und damit Aufträge und Verantwortlichkeiten im Team ändern. Er kann seinem Spieler jemanden zur Seite stellen, wobei der Coach dabei achtsam sein sollte: Es kann passieren, dass Teammitglieder unzufrieden damit sind, ihrer eigenen Verantwortung nicht nachkommen zu können, weil sie einen Kollegen unterstützen sollen, der seine eigenen Ziele nicht erreicht. Das funktioniert nur in Teams, deren Mitglieder tatsächlich störungsfreie, positive Beziehungen zueinander haben. Und schließlich gibt es noch die Möglichkeit, die gemachten Fehler als Lernchance zu begreifen und den Mitarbeiter zu einer veränderten Spielweise zu coachen, die weitere Tore des gegnerischen Stürmers verhindert. Die beschriebenen Möglichkeiten lassen sich auf den betrieblichen Kontext adaptieren: Coache und befähige ich einen Mitarbeiter? Gebe ich ihm Unterstützung? Verändere ich seinen Auftrag? Nehme ich ihn aus dem Team?

Führungskräfte sind Schiedsrichter. Menschen benötigen Regeln im Miteinander und andere Menschen, die auf Regeleinhaltung achten. Das gilt auch für Ihr Team.

Im betrieblichen Kontext sind die Führungskräfte in der Rolle des Schiedsrichters diejenigen, die Regeln einführen/vereinbaren und auf deren Einhaltung achten. Spielregelverstöße müssen konsequent und angemessen geahndet werden, sonst leidet das Spiel. Die konsequente Verfolgung der Regeleinhaltung ermöglicht allen Beteiligten auf Dauer ein funktionierendes Spiel. Und der Umkehrschluss ist erlaubt ...

Obwohl bei Profifußballspielen hochbezahlte Kicker auf dem Platz stehen, die alle Regeln kennen (sollten), so ist ein Spiel ohne Schiedsrichter undenkbar. Wie lange dauert es für gewöhnlich, bis ein Schiedsrichter in einem Spiel den ersten Regelverstoß pfeift? Manchmal schon innerhalb der ersten Minute.

Nehmen wir an, ein Spieler foult einen Gegenspieler „rotwürdig". Der Schiedsrichter eilt zum Ort des Geschehens und stellt beim Griff an seine Hosentasche fest, dass er die rote Karte daheim vergessen hat. Er darf den Spieler gemäß den Regeln des Weltfußballverbands zwar dennoch vom Platz stellen, aber nehmen wir für einen Moment an, das ginge nicht. Der Spieler, der hier ein schweres Foul begangen hat, verbleibt im Spiel. Was bedeutet das für das Spiel? Was wird passieren?

Jeder nicht (ausreichend) geahndete Regelverstoß bekommt „Babys"!

Das Nichtahnden des schweren Fouls wird hochwahrscheinlich zur Folge haben, dass andere die „Einladung zum Foul spielen" annehmen. Das Spiel wird ausarten und verrohen. Andere wiederum werden sagen: „Wenn hier jetzt so ruppig gespielt wird, dann gehe ich lieber." Mit anderen Worten: Das Spiel ist gelaufen. Die rote Karte bzw. angemessene Konsequenz muss also kommen, damit das Spiel vernünftig weiterlaufen kann.

Ist die rote Karte für den Foulenden eher ein „brutaler Akt" oder eher ein Sozialakt? Eindeutig ein Sozialakt – und zwar für den Foulenden und für alle anderen auch. Erstmal ermöglicht die rote Karte wie gerade geklärt allen anderen das vernünftige Weiterspielen. Zweitens schützt es den Foulenden vor Revanchefouls, Anfeindungen der gegnerischen Fans etc. Auch wenn der Foulende das im ersten Moment nicht einsieht – er wird durch die berechtigte rote Karte geschützt. Leider gibt es Spieler, die sich bei einem berechtigten Platzverweis noch beklagen und herumlamentieren.

Führende sind Coaches und Schiedsrichter (Bild 1.2). Sie beurteilen Leistung und achten auf die Regeleinhaltung.

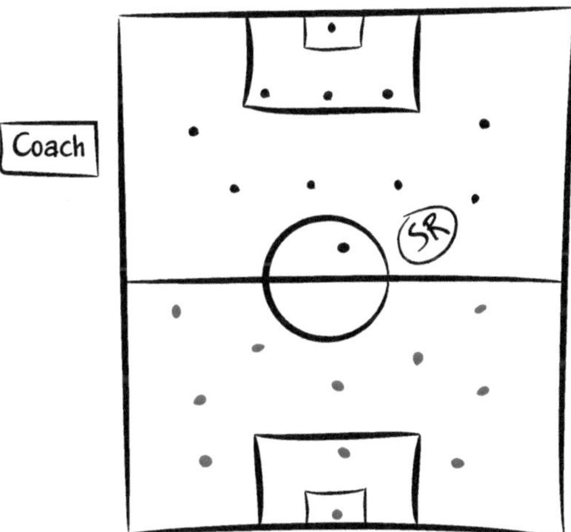

Bild 1.2 Fußballfeldmodell

Führende müssen bei Fehlleistungen oder Regelverstößen angemessen konsequent agieren, wenn „das Spiel“ für alle weiterhin mit viel Freude und auch erfolgreich gespielt werden soll!

Wenn Führende zu inkonsequent agieren, Schlechtleistende einfach so weiterspielen lassen oder Regelverstöße „übersehen“ oder nicht angemessen ahnden, leidet das gesamte Spiel und auch der Erfolg!

Wobei „ahnden“ im betrieblichen Kontext erstmal mit der richtigen Kommunikation mit dem Mitarbeiter beginnt.

2 Die Persönlichkeit der/des Führenden

Die passenden Persönlichkeitsmerkmale und die passende positive Grundeinstellung zur Führungsrolle und zu den Mitarbeitern haben einen tendenziell wirksamen Führungsstil zur Folge. Viele Verhaltensweisen eines Führenden sind „automatisch" in Ordnung, wenn die Grundeinstellung und einige Persönlichkeitsmerkmale passen.

Passt die Grundeinstellung eines Führenden nicht, weil er zum Beispiel Menschen eher geringschätzt, wird diese Einstellung spürbar (aus irgendeiner Pore dringt sie heraus) und zum Handicap oder Stolperstein für die Erfüllung des Führungsauftrags.

Ihre persönliche Führungsautorität ist abhängig von

- Ihrer Grundeinstellung zur Führungsrolle und zu Mitarbeitern,
- Ihren Persönlichkeitsmerkmalen,
- Ihrem Führungsstil bzw. Führungsverhalten sowie dem
- Beherrschen von Führungstechniken und -werkzeugen.

2.1 Relevante Persönlichkeitsmerkmale

Relevante Persönlichkeitsmerkmale sind:

- Authentizität
- Offenheit/Ehrlichkeit
- Souveränität
- Beurteilungsfähigkeit
- Überzeugungskraft
- Mut

- Menschlichkeit
- Empathie
- Emotionale Ausgeglichenheit
- Entscheidungsfreude
- Konsequenz
- Fähigkeit zur Selbstreflexion

Sie können für sich selbst oder mithilfe des Feedbacks anderer reflektieren, inwieweit Sie dieses Persönlichkeits- oder Anforderungsprofil für Führende erfüllen. Welche Merkmale erfüllen Sie bereits gut? Welche anderen sollten Sie sinnvollerweise weiterentwickeln? Schätzen Sie Ihren Erfüllungsgrad bezüglich dieser Persönlichkeitsmerkmal zum Beispiel auf einer Skala von 0 bis 100% für sich selbst ein – und vergleichen Sie dann mit dem Einschätzungsgrad, den Kollegen, Mitarbeiter, Ihr Vorgesetzter oder Freunde für Sie sehen.

Ein Persönlichkeitsprofil lässt sich weiterentwickeln. Zwar werden Sie aus einem zutiefst introvertierten Menschen keinen Entertainer machen – da sind der Persönlichkeitsentwicklung doch Grenzen gesetzt. Aber falls Sie entscheidungsfreudiger werden möchten als bislang oder noch authentischer – Persönlichkeitsmerkmale lassen sich innerhalb von Grenzen weiterentwickeln.

Für Führung relevante Persönlichkeitsmerkmale lassen sich weiterentwickeln.

Überzeugungskraft ist wichtiger als Durchsetzungsvermögen, weil Sie Kraft Ihres Führungsamts immer durchsetzen können. Aber Mitarbeiter wirklich zu überzeugen, hat deutlich höhere Erfolgsaussichten. Auch hier sind wieder kommunikative Kompetenzen gefragt.

Führende brauchen zum Beispiel Mut, um Ihrem Vorgesetzten ein kritisches Feedback zu geben oder Mitarbeitern eine unangenehme Nachricht zu überbringen. Wobei Mut erst dann erforderlich ist, wenn Ängste und Sorgen bezüglich einer Aufgabe existieren. Je öfter mit angsteinflößenden Aufgaben gute Erfahrungen gemacht werden, desto weniger Mut bedarf es bei der nächsten vergleichbaren Situation.

Menschlichkeit ist eines der wichtigsten Merkmale von Führungspersönlichkeiten. Mensch sein und Mensch bleiben. Mit Einfühlungsvermögen/Empathie zu führen, Verständnis zu entwickeln und stets Menschlichkeit auszustrahlen, ist förderlich für Ihren Führungserfolg. Was nicht ausschließt, dass Führende in kritischen Situationen konsequent agieren müssen.

Emotionale Ausgeglichenheit bewahrt Sie vor zu großen emotionalen Amplituden. Wenn Sie sich über ein Ereignis ärgern, darf das spürbar sein. Das wirkt menschlich und authentisch. Erst recht, wenn Sie formulieren, dass sie sich über das Ereignis ärgern. Eine roboterhafte Außenwirkung ohne jegliche Emotion wird Mitarbeiter eher abschrecken. Nur, der emotionale Ausschlag darf nicht zu stark sein. Ein über die Maße verärgerter Vorgesetzter läuft Gefahr, zu emotional und unsachlich zu agieren. Ihre emotionale Ausgeglichenheit lässt sich nicht nur über Entspannungs- und Meditationsübungen entwickeln. Auch eine Überprüfung Ihres inneren Bewertungssystems ist nützlich: Was genau hat sie so stark verärgert? Was war das Gute in der Situation? Wie hätten Sie, vielleicht mit etwas Abstand, diese Situation rationaler bewerten können? Wir sind in unserer Schneller-höher-weiter-Gesellschaft darauf programmiert, die 2 % zu sehen, die noch nicht gut funktionieren. Das mag auch ein Grund für die permanente erfolgreiche Weiterentwicklung sein. Aber es birgt die Gefahr, das zu übersehen oder zu gering zu bewerten, was bereits richtig gut funktioniert. Prüfen Sie, ob Sie wirklich ausgewogen und differenziert bewertet haben und beugen Sie so einer zu großen emotionalen Amplitude vor.

Mitarbeiter wünschen sich Führende, die klare Entscheidungen in angemessener Zeit herbeiführen und in kritischen Situationen konsequent agieren. Das bedeutet nicht, dass Führende stets selbst entscheiden sollten. Aber Sie sollten sich zumindest darum kümmern, dass fällige Entscheidungen zustande kommen, selbst wenn diese delegiert wurden. Führende, die notwendigen Entscheidungen nicht herbeiführen oder in kritischen Situationen nicht konsequent genug agieren, verlieren massiv an Autorität bei Ihren Mitarbeitern.

Die Selbstreflexionsfähigkeit ist deshalb nützlich, weil Führende oft nicht genügend aufrichtiges Feedback aus dem Umfeld bekommen. Und wenn von außen zu wenig kommt, dann verhilft eine hohe Selbstreflexionsfähigkeit zur Selbsterkenntnis. Fördern lässt sich diese Fähigkeit durch selbstreflektive Fragestellungen: Was sind meine Stärken und Schwächen? Was fällt mir leicht? Was macht mir Spaß? Wie habe ich mich in der Situation gefühlt? Was sollte ich weiter oder anders machen als bisher? Was habe ich in meinem letzten Gespräch gut gemacht, was weniger gut? Um aus dem Umfeld mehr Feedback zu bekommen, bieten sich die Fragen „Was sollte ich weitermachen wie bisher?“ und „Was sollte ich anders machen als bisher?“ an. Bitten Sie Ihre Feedbackgeber, mit konkreten, beschriebenen Verhaltensbeispielen zu antworten. Falls sich jemand damit schwertut, Ihnen Antworten zum „anders machen zu geben“, fassen Sie ruhig nach. Gar nichts „anders machen“ würde ja heißen, dass Sie sich stets perfekt verhalten. Das kann nicht sein!

2.2 Authentizität, Offenheit und Souveränität

Der Anspruch, dass Führende authentisch, offen und ehrlich sein sollen, ist schnell formuliert. Kaum jemand wird Zweifel daran hegen, dass dieser Anspruch sinnvoll ist. Ehrlich, offen und authentisch währen am längsten.

Aber wie gelingt es Ihnen, stets authentisch, offen und ehrlich zu sein? Eine Definition für Offenheit lautet:

„Wenn ich zu dem stehe, was in mir drin wahr ist, wirke ich nach außen offen und authentisch."

Es geht also um die „innere Wahrheit" in einer Situation. Das setzt voraus, dass Sie selbstreflektiv Ihre „innere Wahrheit" erkennen und diese nach außen transportieren beziehungsweise kommunizieren. Was denke und fühle ich in der aktuellen Situation?

Authentizität ist eines der wichtigsten Merkmale, die ein Führender haben sollte. Sage ich nicht, was in mir drin wahr ist, schwäche ich einerseits durch die Unaufrichtigkeit mein eigenes Selbstwertgefühl und gefährde damit auch souveränes, selbstsicheres Auftreten. Andererseits sende ich mit hoher Wahrscheinlichkeit sprachlich und körpersprachlich unterschiedliche, inkongruente Signale aus (der Körper lügt nicht) und irritiere damit meine Mitarbeiter. Fragt Sie ein Mitarbeiter, ob Sie sich gestern über den Sachverhalt sehr geärgert haben, und Sie antworten mit „Nööö", obwohl Sie sich sehr geärgert hatten, sind Sie unaufrichtig, unehrlich und nicht authentisch. Und Ihr Mitarbeiter wird es spüren.

Menschen haben ein „feines Näschen" dafür, ob ihnen gerade die (volle) Wahrheit gesagt wird oder ob „irgendetwas" nicht passt.

Ihr Selbstwertgefühl leidet mit jeder unaufrichtigen Reaktion. Weil ein Mensch auf diesem Planeten in diesen Momenten des Lebens genau weiß, dass Sie nicht zu Ihrer inneren Wahrheit standen, und das sind Sie selbst. Das Signal an Sie selbst ist: „Ich stehe nicht zu mir, ich verbiege mich."

Offenheit heißt nicht, permanent zu sagen, was ich denke. Offen und authentisch kann auch bedeuten, gerade jetzt zu schweigen, weil ich darüber im Moment nicht sprechen möchte. Zum Beispiel, weil ich befürchte, jemanden bloßzustellen, wenn ich in dieser Situation darüber rede. Da ist es offen und authentisch und gleichzeitig souverän, zu sagen, dass Sie mit der betreffenden Person gern unter vier Augen darüber reden möchten.

Es gilt also zu erkennen, was Ihre innere Wahrheit ist, und diese innere Wahrheit nach außen zu transportieren.

Der Weg zu dauerhafter Authentizität

Je selbstreflexiver Sie sind oder werden, je besser Sie Ihre innere Wahrheit erkennen, desto eher werden Sie zu einer dauerhaften Authentizität kommen.

Ein Beispiel: Angenommen, Sie hätten mit Ihrem Team Offenheit vereinbart (wie sinnvoll das ist, Offenheit zu vereinbaren, ist eine andere Frage). Nach dieser Vereinbarung spricht Sie ein Mitarbeiter an und fragt Sie: „Wir hatten doch gerade Offenheit vereinbart. Ich wollte schon immer wissen: Wie hoch ist dein Jahresgehalt?".

Ich stelle diese Frage gerne Seminarteilnehmern im Anschluss an die Erarbeitung nützlicher Persönlichkeitsmerkmale. Die meisten Seminarteilnehmer reagieren auf die Frage entweder schroff und abweisend mit einem „das geht dich gar nichts an" oder fangen an „rumzueiern" („äh"), Sprüche zu klopfen („mehr als du jemals verdienen wirst") oder falsche Zahlen zu nennen.

All diese Reaktionen wirken weder offen noch authentisch. Tendenziell verschlechtern diese Reaktionen die Beziehung zum Fragenden.

Wie also können Sie reagieren? Nachdem ich mehrere Teilnehmer mit dieser provokanten Frage „Wie hoch ist dein Jahresgehalt?" konfrontiert habe, frage ich sie als Nächstes, wie es ihnen ergangen ist, als ich diese Frage stellte?

Nun wiederum sagen die meisten Teilnehmer, dass ihnen die Frage sehr unangenehm war. Auf Nachfrage hin versichern mir beinahe alle, dass sie wenig bis keine Lust verspürten, diese Frage zu beantworten.

Was also ist die innere Wahrheit der Teilnehmer in dieser Situation? Was wäre also eine authentische und offene Antwort?

Authentisch und offen wäre zum Beispiel zu sagen „ich möchte diese Frage nicht beantworten" oder „ich verspüre keine Lust, diese Frage zu beantworten".

Oder „ich darf gemäß meinem Arbeitsvertrag nicht darüber sprechen" – falls das gemäß Vertrag tatsächlich so ist.

Und wer Lust verspürt, sein Jahresgehalt zu nennen und das auch noch darf, der nennt eben offen die wahre Zahl.

Je nach dem, was ihre persönliche innere Wahrheit ist, kann eine offene, ehrliche und gleichsam souveräne Antwort sein: „Ich möchte diese Frage nicht beantworten" oder „ich darf diese Frage nicht beantworten" oder „mein Jahresgehalt beträgt …".

Die Antwort, die für Sie persönlich wahr ist, wirkt offen, ehrlich und souverän.

Offenheit versus Seelenstriptease

Offenheit ist definiert mit: „Zu dem zu stehen, was in mir drin wahr ist."

Es gilt also zu erkennen, was ich in einer Situation denke und fühle, und damit aktiv umzugehen. Verleihen Sie Ihrem Inneren Ausdruck!

Wir könnten das Thema Offenheit auch mit einer Spielregel unterlegen. Diese Regel lautet:

Alle Fragen sind erlaubt, aber nicht alle Fragen müssen beantwortet werden!

Falls die Regel lauten würde: Alle Fragen sind erlaubt und alle Fragen müssen beantwortet werden, hätten wir gerade den Begriff Seelenstriptease definiert.

Das kann und sollte aber keine Spielregel in der Zusammenarbeit zwischen Menschen sein und erst recht nicht zwischen Führungskraft und Mitarbeitenden.

Jeder Mensch hat das Recht, selbst zu entscheiden, welche Frage er beantworten möchte und welche nicht. Die Antwort „Diese Frage möchte ich nicht beantworten" ist maximal authentisch und offen, sofern sie Ihrer inneren Wahrheit entspricht. Sind Ihre innere Wahrheit und Ihre Aussage und Ihr Verhalten nach außen deckungsgleich, so zeigen Sie ein kongruentes Verhalten. Ist beides nicht deckungsgleich, zeigen Sie ein inkongruentes Verhalten. Und nochmal: Menschen spüren, wenn sich Führende inkongruent oder irgendwie „nicht koscher" verhalten.

Wahre Souveränität kommt von innen

Der Mensch wirkt mit den drei Wirkungsinstrumenten Sprache, Körpersprache und Äußeres wie zum Beispiel Kleidung, Frisur, Teint etc.

Die souveräne Wirkung droht zu leiden, wenn Ihre Sprache holprig ist, Sie sich verhaspeln, Sie zu leise reden und so weiter. Oder auch durch Körpersprache, wenn Sie mit hängenden Schultern und wenig Grundspannung im Körper auftreten. Oder durch Äußerlichkeiten wie fettige Haare oder unangemessene Kleidung.

Die Quelle wahrer Souveränität allerdings liegt in Ihnen. Wenn Sie sich kurz vor Ihrer Rede vor 500 Leuten Kaffee über das Hemd kippen und kein Ersatzhemd dabeihaben, stellt sich Frage, wie Sie diese Situation jetzt bewerten und damit umgehen. Versetzen Sie sich selbst in Panik? Was hat der Kaffeefleck mit Ihren Botschaften zu tun? Wenn Sie innerlich gelassen bleiben und auch Ihrem Publikum gegenüber den Kaffeefleck mit einem „kann jedem passieren, tut mir aber hier keinen Abbruch" bewerten, haben Sie jede Chance, souverän zu agieren. Es stimmt schon, dass „Kleider Leute machen". Aber wenn Sie sich selbst gestatten, den roten Faden zu verlieren („ups, jetzt ist mein roter Faden weg"), heute zottelige Haare zu haben oder auch Ihre rhetorischen Fehler zulassen, haben Sie jede Chance, souverän zu agieren. Und kleine Fehler, sei es sprachlich, körpersprachlich oder auch in Äußerlichkeiten, machen Sie menschlich und nahbar. Beinahe im Gegenteil: Hat der stets perfekt gestylte, unendlich eloquente Führende tatsächlich die souveränere Wirkung - von anderen Faktoren wie zum Beispiel Nahbarkeit abgesehen?

Wirklich souverän Führende ruhen in sich selbst und gestehen sich auch Macken und Schwächen zu.

2.3 Notwendiges Fachwissen

Wieviel Fachwissen benötigt eine Führungskraft? Es mag überraschend sein, aber diese Frage lässt sich eindeutig beantworten.

Eine Führungskraft benötigt so viel Fach-Know-how, dass sie beurteilungsfähig ist!

Sie muss imstande sein, ihren Mitarbeitern einen fachlichen Auftrag geben zu können. Und sie muss fachlich beurteilen können, ob der Mitarbeiter ihm das liefert, was sie in Auftrag gegeben hat.

Das bedeutet, dass ein Mitarbeiter im Detail häufig mehr weiß und wissen darf als sein Vorgesetzter. Ein Softwareentwickler wird und darf im Programm jede programmierte Zeile kennen. Die IT-Leitung braucht nicht jede einzelne Zeile zu kennen, sollte aber beurteilen können, ob die gelieferte Software tatsächlich auch die Funktionen und Leistungsfähigkeit hat, die im Auftrag formuliert wurden.

Wenn eine Führungskraft zu detailliertes und umfassendes Fachwissen hat oder zu haben glaubt, läuft sie Gefahr, sich in die Verantwortlichkeit ihrer Mitarbeiter zu sehr einzumischen. Das ist nicht selten der Fall, wenn der beste Experte oder die beste Expertin eines Teams zur Führungskraft wird. Die Organisation verliert einen guten Experten und gewinnt eine Führungskraft, die nicht wirklich delegiert, sondern sich zu sehr mit ihren Vorstellungen über Vorgehensweisen und Prozesse einbringt (sogenannte „Führungsfalle").

Wenn ein Vorgesetzter nicht genügend Fachkompetenz hat, beginnen in der Regel die Mitarbeiter, ihrem Vorgesetzten ein X für ein U vorzumachen. Und Mitarbeiter benötigen nur wenig Zeit, um herauszubekommen, dass ihr Vorgesetzter zu wenig fachliches Know-how hat.

Sollten Sie bei Übernahme einer Führungsrolle also feststellen, dass Sie zu wenig Fachwissen haben, um Ihre Mitarbeiter in die Verantwortung nehmen und die Ergebnisse und Leistungen Ihrer Mitarbeiter beurteilen zu können, sollten Sie sich dringend dorthin entwickeln. Das bedeutet, dass Sie sich das nötige Fachwissen in den ersten Wochen in Ihrer neuen Rolle aneignen sollten.

Die besten Coaches sind dabei Ihre neuen Mitarbeiter, von denen Sie sich in einigen Einzelsessions „fortbilden" lassen können. Haben Sie bitte keine Bedenken oder Hemmungen, sich für ein paar Tage an die Arbeitsplätze Ihrer Mitarbeiter zu setzen und sich „aufschlauen" zu lassen. Eher im Gegenteil, diese Maßnahme wird bei Ihren Mitarbeitern gut ankommen. Führende, die so tun, als ob sie über genügend Fachwissen verfügen, obwohl dem nicht so ist, werden recht rasch entlarvt und verlieren in dem Moment massiv an Autorität und Akzeptanz.

Zeigen Sie Stärke und Souveränität, indem Sie zu Ihren fachlichen Wissenslücken stehen. Und leben Sie vor, was Sie auch von Ihren Mitarbeitern erwarten würden: dass Sie aktiv darangehen, diese Wissenslücken in angemessener Zeit zu schließen. ■

3 Führungsstile im Spiegel der Anforderungen

3.1 Die „gängigen" Führungsstile

Unter Führungsstil versteht man, wie der Vorgesetzte Einfluss auf den Mitarbeiter nimmt. Die bekanntesten, wenn auch in reiner Form nur selten praktizierten Führungsstile sind der *autoritär-direktive* und der *kooperativ-partizipative* Führungsstil. Auch häufig genannt wird der Stil *Laissez-faire.* Unter der Lupe betrachtet ist *Laissez-faire* allerdings kein Führungsstil.

Merkmale des autoritär-direktiven Stils sind unter anderem die eher schnellen und im Alleingang getroffenen Entscheidungen mit der Neigung zu Anweisungen ohne vorherigen Dialog mit anderen. Mit anderen Worten: die Tendenz zu „schnellen, klaren Ansagen".

Der kooperativ-partizipative Stil zeichnet sich dagegen eher durch Dialog und Beteiligung der Mitarbeiter an Entscheidungen und Lösungsfindungen aus, also zum Beispiel durch gemeinsame Erarbeitung von Ergebnissen in einem Workshop oder Meeting.

Der Laissez-faire-Stil lässt sich zum kooperativ-partizipativen Stil wie folgt abgrenzen: Wenn der kooperativ-partizipativ Führende entscheidet, dass das Team etwas Bestimmtes entscheiden darf, dann hat immer noch der Führende entschieden, wie bzw. auf welchem Wege entschieden wird. Damit hat er die Zügel immer noch in der Hand. Er hat entschieden, wie entschieden wird, selbst wenn gemäß seiner Entscheidung das Team entscheiden darf! (Lesen Sie sich den letzten Satz ruhig nochmal langsam durch, denn immerhin taucht darin viermal der Begriff „entscheiden" in abgewandelten Formen auf).

Der Laissez-faire-Stil (laissez faire frei übersetzt = machen lassen) lässt sich so beschreiben: Wenn Sie beim Reiten eines Pferdes die Beine vom Körper des Pferdes wegspreizen und die Zügel loslassen, stellt sich die Frage, wer hier jetzt wen reitet? Der Laissez-faire-Führende trifft noch nicht einmal die Entscheidung, wie entschieden wird. Was nicht selten dazu führt, dass es keine klaren Entscheidungen gibt. Der Laissez-faire-Führende lässt einfach laufen und führt insofern nicht. Laissez-faire ist kein Führungsstil! Manche Laissez-faire-Führende bezeichnen ihren Führungsstil als kooperativ, was einfach nicht stimmt, weil sie zum Beispiel keine Entscheidungen herbeiführen.

Ansätze wie „das Team führt sich selbst" sollten genauestens betrachtet werden, damit es nicht zu Laissez-faire-Verhalten in neuem Gewande kommt.

Führen Sie bei sich eine Führungsstilanalyse durch. Zu welchem Führungsstil tendieren Sie? Seien Sie ehrlich mit sich selbst.

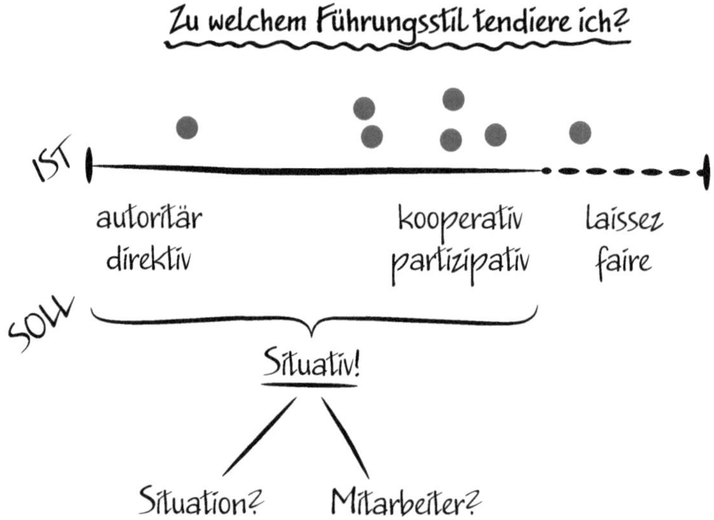

Bild 3.1 Führungsstilanalyse

Wenn Sie einmal die Bandbreite von dem autoritär-direktiven Stil über den kooperativen-partizipativen Stil hinweg bis zu dem Laissez-faire-Stil betrachten – zu welchem Stil tendieren Sie aktuell? Seien Sie sich selbst ehrlich gegenüber.

In Bild 3.1 sehen Sie, wie Seminarteilnehmer bei dieser Selbstreflexion gepunktet haben. Tendieren Sie zu „klarer Aussage"? Oder zu laissez faire? Oder beteiligen Sie Ihre Mitarbeiter kooperativ und delegieren Verantwortung?

3.2 Der empfehlenswerte Führungsstil

Führung bleibt stets ein situatives Entscheiden über Führungsverhalten. Die zentrale Frage lautet immer wieder: In welcher Situation mit welchem Mitarbeiter befinde ich mich?

Der situative Führungsstil deckt die Bandbreite vom kooperativen bis hin zum autoritären Führen ab.

Empfehlenswert ist insofern, die volle Bandbreite von kooperativ bis zu autoritär und beherrschen und situativ einzusetzen. Laissez-faire ist in dieser Bandbreite konsequent ausgeklammert. Weil es, wie bereits erläutert, gar kein Führungsstil ist.

Eine Tendenz zur kooperativen Führung ist dabei angemessen, denn niemand weiß so viel wie alle im Team zusammen. Es wäre also falsch, die Mitarbeiter nicht mit ihrem Wissen kooperativ-partizipativ einzubinden und deren Wissen zu nutzen. Zu Ihrem Vorteil und zum Vorteil der Mitarbeiter, die mit mehr Motivation bei der Sache sein werden. Prüfen Sie, ob Sie in der Lage sind, Mitarbeiter über intensives Zuhören, Frage- und Moderationstechniken und angemessene Interaktion tatsächlich einzubinden.

Kooperativ führen heißt zuhören, Fragen stellen und Dialoge führen. Und eben nicht, sich in Monologen zu ergötzen.

Je nach Situation und Mitarbeiter kann es auch erforderlich sein, autoritär(er) aufzutreten. Auch hier sollten Sie reflektieren, ob Sie in der Lage sind – wenn es darauf ankommt – autoritär zu agieren. Können Sie zum Beispiel in Krisen- oder Notsituationen, wenn ein Mitarbeiter ein Fass Ätznatron offenstehen lässt oder das Haus brennt, klare Kommandos geben?

Möglicherweise entdecken Sie für sich ein Übungsfeld: wirklich kooperativ zu agieren oder auch situativ autoritär-direktiv aufzutreten. Letzteres erwarten Mitarbeiter in Krisensituationen. Wenn das Schiff auf den Eisberg zufährt, dann möchte die Crew einen Kapitän, der jetzt bei vollem Restrisiko klare Entscheidungen trifft. Und keinen, der sich im Abstellraum versteckt oder in dieser Notsituation ein Teammeeting zur Beurteilung der aktuellen Lage einberuft. Das Meeting lässt sich nach der sofort fälligen Entscheidung immer noch anberaumen, sobald Zeit dafür ist. Auch wenn ein Mitarbeiter deutlich „über die Stränge schlägt", möchte das Team eine Führungskraft erleben, die jetzt klar und konsequent agiert.

Dabei bestehen zahlreiche Möglichkeiten, Fehlentscheidungen bzgl. des situativ richtigen Stils zu treffen bzw. Fehler im eigenen Führungsverhalten zu machen. Diesen Balanceakt gilt es zu bewältigen, denn Nicht-Entscheiden geht nicht! Auch eine nicht getroffene Entscheidung ist eine Entscheidung. Entscheidet der Kapitän nicht sofort über „Maschinen stopp", „stark Backbord" oder was auch immer fährt das Schiff voll auf den Eisberg. Denn dann lautete die unausgesprochene Entscheidung: „Wir reagieren nicht und fahren einfach weiter."

Gestatten Sie sich Führungsfehler und gestehen Sie diese vor dem Team ein. Zu große und zu viele Fehler sollten es allerdings auf Dauer nicht sein ...

Das „Prinzip der Kumpelhaften Bestimmtheit" sagt, dass Sie besser in der Lage sind, mit Ihrem Mitarbeiter beispielsweise ein kritisches Gespräch zu führen und im Anschluss daran gemeinsam „ein Bierchen trinken" zu können. Das ist genau die Unterscheidung zwischen der kompletten Persönlichkeit des Mitarbeiters und Ihrer Einflussnahme auf bestimmte Verhaltenselemente. Ein bestimmtes, zu korrigierendes Verhalten sollte eben nicht zur Folge haben, die Persönlichkeit des Mitarbeiters als Ganzes nicht mehr zu respektieren. Sie respektieren hoffentlich und grundsätzlich jeden Ihrer Mitarbeiter und können im Zweifel mit jedem „ein Bierchen trinken". Es spricht nichts gegen freundschaftliche Beziehungen zu Mitarbeitern - solange Sie in der Lage sind, in der Sache klar zu kommunizieren und auch mal zu kritisieren!

„Prinzip der kumpelhaften Bestimmtheit": Respekt für die Persönlichkeit trotz Kritik am Verhalten!

Noch hochwertiger wird Ihre Führungsleistung, wenn es Ihnen gelingt, ihren Führungsstil zu individualisieren, sprich an die jeweilige Persönlichkeit Ihrer Mitarbeiter anzupassen. Unterschiedliche Persönlichkeiten benötigen unterschiedliche Formen der Ansprache. Manche hören zum Beispiel gerne „Klartext", während andere stets ein „Wie geht es dir heute?" benötigen. Mitarbeiter mit hohem eigenem Leistungsanspruch zum Beispiel benötigen tendenziell eher ein kurzes korrigierendes Feedback statt lang und intensiv, weil sie aufgrund des eigenen hohen Anspruchs sofort auf Fehlersuche gehen (und diesen hochwahrscheinlich auch finden).

Ein prominenter Fußballtrainer sagte in einem Interview: „Ich habe 20 Persönlichkeitsprofile im Kopf, weil ich jeden von den Jungs anders führe". Dieser Trainer hatte es verstanden! Er gestaltete die Führung seiner Spieler und damit die Ansprache seiner Spieler individuell.

Sprechen Sie jeden Mitarbeiter auf „seiner Empfangsfrequenz“ an. Es spricht auch nichts dagegen, jeden einzelnen Mitarbeiter zu fragen: „Wie möchtest du von mir geführt werden?“ Hören Sie sich an, was Ihre Leute zu sagen haben. Prüfen Sie, ob das für Sie in Ordnung ist. Da können sehr wertvolle Hinweise dabei sein, um Ihre Führung zu individualisieren.

Es ist ein hoher Anspruch, den eigenen Führungsstil an den jeweiligen Persönlichkeitsprofilen der Mitarbeiter auszurichten. Einen ersten Schritt in diese Richtung ermöglicht das Reifegradmodell, in das Sie Ihre Mitarbeiter einordnen können und das Ihnen erste Hinweise gibt, wer wie zu führen ist (Bild 3.2).

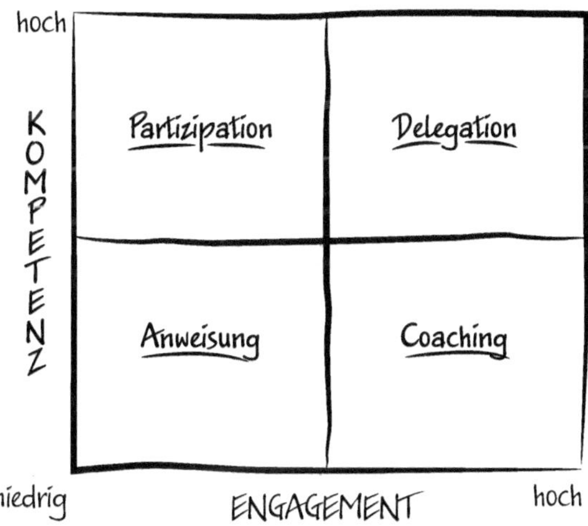

Bild 3.2 Reifegradmodell: Welcher Mitarbeiter ist wie zu führen?

Wenn Sie es mit einem Mitarbeiter zu tun haben, der eher geringes Engagement und wenig Kompetenz aufweist (Bild 3.2, siehe Quadrant unten links), ist ein anweisender Stil gefragt. Zu prüfen ist allerdings, ob Sie einen solchen Mitarbeiter in Ihrem Team gebrauchen können. Das hängt von mehreren Faktoren wie zum Beispiel Ihrem Fachbereich ab. In diesen Quadranten fallen auch die Mitarbeiter, die keine Verantwortung übernehmen möchten. Das heißt allerdings nicht, dass Sie nicht versuchen sollten, diese Mitarbeiter in die Verantwortungsübernahme hinein zu entwickeln. Und wenn es auch punktuell mit Einfordern und engem Führen zu tun hat.

Verfügt Ihr Mitarbeiter über hohe Kompetenz, zeigt aber nicht mehr das höchste Engagement, kommen zwei Ansätze zusammen. Das eine ist, diesen Mitarbeiter mit spannenden Projekten oder einer neuen Verantwortung zu betrauen, um eventuell neue „Lebensgeister“ zu wecken. Der andere Ansatz ist, dem Mitarbeiter mit Verständnis zu begegnen. Denn wer sind diese Mitarbeiter, die in diesem Quadranten sind? Das sind nicht selten Mitarbeiter, die kurz vor dem Ruhestand stehen und schon ein wenig vom Gaspedal gegangen sind. Unter Umständen auch deswegen, weil sich das Alter bemerkbar macht oder auch, weil sie einfach viele Jahre Vollgas gegeben haben und das in dem Maße in den letzten Jahren nicht mehr möchten.

Häufig hadern Führungskräfte mit solchen Mitarbeitern. Aber spätestens dann, wenn diese mit neuen Aufträgen nicht mehr zu ködern sind und auch keine Konsequenzen mehr anwendbar sind, sollten Sie Verständnis entwickeln. Falls Sie kein Verständnis entwickeln können, droht Ihnen der tägliche Ärger, der schließlich Sie selbst innerlich vergiftet. Schließen Sie dann lieber Ihren Frieden mit diesem Mitarbeiter und respektieren Sie dessen langjährigen Leistungen – falls dem so war.

Eine zweite Gruppe in dieser Kategorie sind Burnout- oder andere Krankheitsrückkehrer, die die ärztliche oder psychologische Empfehlung bekommen haben, bewusster mit ihrer Gesundheit und Kraft umzugehen. Diese Menschen haben also sogar den dringenden Hinweis erhalten, etwas vom Gaspedal zu gehen. Da greift eine Fürsorgepflicht, darauf zu achten, dass sich diese Mitarbeiter nicht überfordern.

Mitarbeiter, die ein hohes Engagement zeigen, aber noch keine hohe Kompetenz besitzen, sind häufig Berufseinsteiger oder Branchenwechsler. Diese sind coachend zu führen, damit die Kompetenz weiterentwickelt und gefördert wird. Diese Mitarbeiter sollten in den rechten oberen Quadranten entwickelt werden. Coachend führen heißt, den Mitarbeiter wiederholt vor angemessene Herausforderungen zu stellen, Lösungen und Ideen einzufordern, aus Fehlern lernen zu lassen sowie intensiv Feedback zu geben.

Die meisten Führenden wünschen sich Mitarbeiter im oberen rechten Quadranten. Dort können Sie delegieren, sprich vollständige Verantwortungsbereiche übertragen und sich auf Ergebnis- und teils Zwischenergebniskontrolle beschränken. Das entlastet Sie am meisten und macht tendenziell auch den Mitarbeitern am meisten Spaß, die Verantwortung übernehmen möchten, was bei qualifizierten Mitarbeitern überwiegend der Fall ist. Im besten Fall müssen Sie sich nicht mehr um kleinteilige Dinge kümmern und auch keine Arbeitsanweisungen mehr geben, sondern können sich aus einer Hubschrauberperspektive heraus mit strategischen Antworten befassen.

Selbstanalyse: Decken Sie die notwendige „Bandbreite" in Ihrem Führungsverhaltensrepertoire ab? Führen Sie überwiegend kooperativ? Sind Sie in der Lage, direktiv zu führen, wenn es die Situation verlangt? Kennen Sie Ihre Mitarbeiter gut genug, um Ihren Führungsstil und Ihr Führungsverhalten an deren Persönlichkeit auszurichten?

3.3 Führungsstil und Entscheidungsmodelle

Für welchen Führungsstil und damit für welches Entscheidungsmodell Sie sich entscheiden, hängt davon ab, mit welchem Beteiligten Sie sich in welcher Situation befinden. Auf der einen Seite sollten Sie Entscheidungsfreude und -fähigkeit vorleben. Auf der anderen Seite können Sie Entscheidungen von Mitarbeitern einfordern und damit die Entscheidungsfähigkeit fördern.

Alleinentscheidungen

Der autoritär Führende trifft seine Entscheidung im Alleingang und tendenziell schnell, teils ohne Einholung weiterer Informationen. Das kann gerade in Notsituationen, in denen nicht viel Zeit bleibt, genau das richtige Entscheidungsverhalten sein. Mit dem vollen Risiko einer Fehlentscheidung. Aber was wollen Sie schon tun, wenn keine Zeit mehr bleibt? Lieber gar nichts entscheiden? Welche Art von Führungsverhalten wollen Ihre Mitarbeiter in einer Notsituation sehen: nicht Entscheiden oder klare Entscheidung mit Risiko?

Entscheidungen mit Beteiligung der Mitarbeiter

Der etwas kooperativere Entscheidungsweg besteht darin, zumindest Mitarbeiter nach Informationen oder Meinungen zu befragen, um dann zu entscheiden. Sie können Ihren Mitarbeitern sagen, vor welcher Entscheidung Sie stehen, und reihum Informationen und Statements dazu einholen, um im Anschluss Ihre Entscheidung kundzutun. Dabei hat eine begründete Entscheidung ihren Charme. So wie Richter auch ihr Urteil begründen, nachdem sie alle Plädoyers gehört haben.

Noch kooperativer werden Sie, wenn Sie nicht nur Statements zur Entscheidung einholen, um im Anschluss selbst zu entscheiden, sondern Entscheidungen zum Beispiel durch Abstimmung herbeiführen. Dabei sollten Sie allerdings jedes Entscheidungsergebnis akzeptieren können.

Delegation der Entscheidung

Die kooperativste Variante ist, die Entscheidung komplett an die Mitarbeiter zu übergeben. Beispiel: „Ich habe (im Alleingang) über ein Budget für die Abteilungsfeier entschieden - Ihr dürft entscheiden, für welche Art von Feier wir es verwenden.“

Oder: „Ihr dürft über den diesjährigen Urlaubsplan unter Einhaltung folgender Rahmenparameter selbst entscheiden!“ Bei diesem Beispiel allerdings sollte klar sein: Können sich die Mitarbeiter nicht auf einen Plan einigen, geht die Entscheidung an Sie zurück. Und zwar bevor die Mitarbeiter darüber in einen Streit geraten. Es gibt Führende, die solche Entscheidungen ins Team delegieren und dann verärgert sind, wenn die Teammitglieder nicht im Konsens entscheiden. Stattdessen sollte der Führende ruhig und sachlich erkennen, dass die Entscheidung mangels Konsens an ihn zurückfällt. Nun käme wieder das Entscheidungsmodell in Frage, alle Betroffenen zu ihrem Statement zu befragen, um im Anschluss eine begründete Entscheidung kundzutun – mit dem Anspruch, möglichst salomonisch und weise zu urteilen.

Nicht-Entscheiden geht in vielen Situationen des Lebens nicht: Wenn Sie täglich mit dem Gedanken spielen, ein bestimmtes Wertpapier zu kaufen, und Sie haben es heute wieder nicht gekauft, dann haben Sie sich heute bewusst oder unbewusst gegen den Kauf entschieden.

Entscheiden Sie über den Entscheidungsweg, den Sie wählen wollen, und entscheiden Sie! Gestatten Sie sich Fehlentscheidungen.

Je mehr Sie entscheiden, desto geübter werden Sie darin. Sie werden im Laufe der Zeit immer weniger Fehlentscheidungen treffen. ■

4 Werkzeuge und Techniken der Führung

Führung ist in erster Linie Gesprächsführung – deshalb sind viele Führungsinstrumente Gesprächsführungstechniken (Bild 4.1).

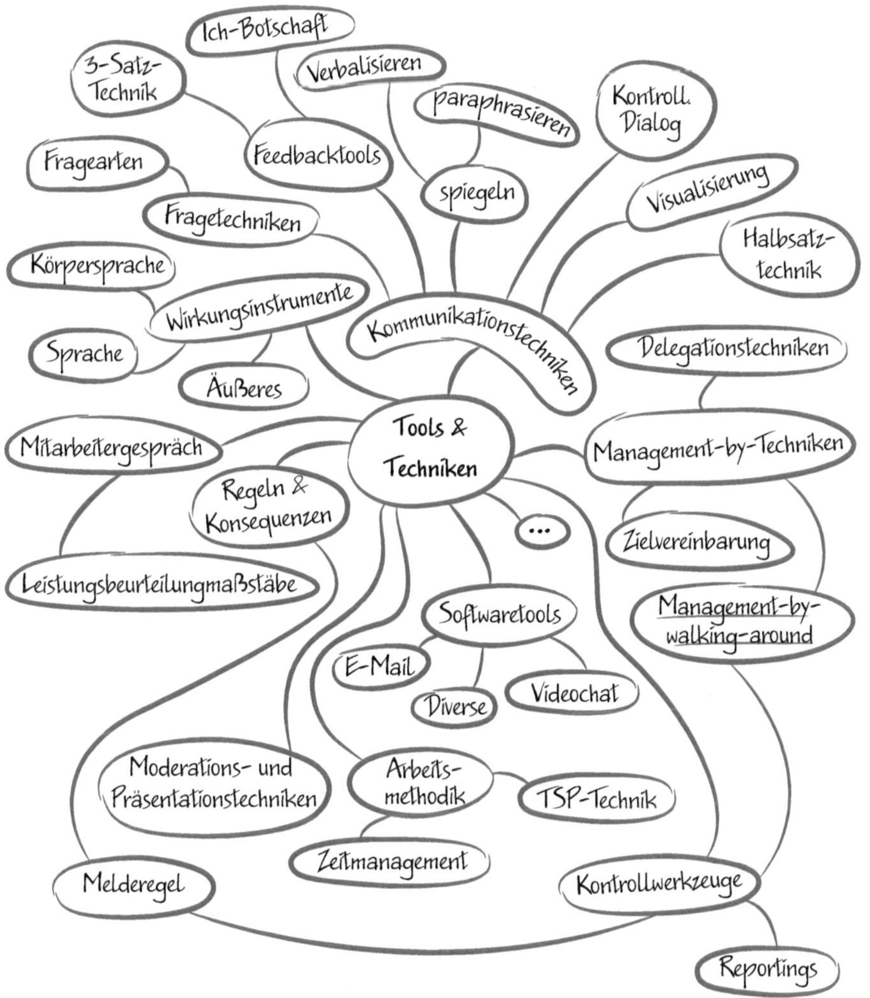

Bild 4.1 Übersicht über Werkzeuge und Techniken

Die meisten Aufgaben, Rollen und Kernprozesse bedürfen in irgendeiner Form Kommunikation oder Gesprächsführung.

Führung ist in erster Linie Gesprächsführung!

Gesprächsführung findet empfehlenswerterweise in vielen Situationen auf dem besten Kommunikationskanal, dem persönlichen Gespräch, statt. Falls das persönliche Gespräch aus irgendeinem Grund nicht möglich ist, zum Beispiel bei Homeoffice-Mitarbeitern, ist ein Ausweichen auf den zweitbesten Kommunikationskanal Videokonferenz sinnvoll beziehungsweise notwendig.

Führende, die sich zu sehr auf ein „Management by E-Mail" stützen, werden auf Dauer nicht erfolgreich führen. Schriftsprache ist anders als Sprechsprache. Die Interpretationsgefahr ist größer und in schriftlichen Kanälen wie zum Beispiel der E-Mail findet kein Dialog statt. Die E-Mail ist asynchron. Die Informationsweitergabe von Mensch zu Mensch ist genauso erschwert wie das Erzeugen von Vereinbarungsqualität und Verbindlichkeit. Einem Menschen eine E-Mail zugestellt zu haben, bedeutet noch lange nicht, dass die Informationen in der Mail gelesen wurden. Und falls sie gelesen wurden, ist noch lange nicht klar, wie sie verstanden wurden und ob der Leser daraus die richtige Handlung ableitet. Die Mail ist deutlich besser als ein Protokollinstrument geeignet. Zum Beispiel im Anschluss an einen echten Dialog von Angesicht zu Angesicht, in dem das beiderseitige Verständnis zu einem Thema abgeglichen und dann protokolliert wurde.

Nachstehende Werkzeuge und Techniken erleichtern Ihnen das Führungsleben bzw. Sie machen Sie in Ihrer Führungsrolle erfolgreicher.

4.1 Das „Multitool": Management by walking around

Führende, die sich hinter ihrem Schreibtisch verschanzen, bis ihnen Efeu um die Füße wuchert, machen einen Fehler. Sie nabeln sich ab von den wichtigen Informationen, die es auf Mitarbeiterebene, in deren Büros, auf dem Flur, an der Kaffeemaschine, in der Raucherecke etc. zu gewinnen gibt. Die Erfahrung zeigt: Jedes Mal, wenn ein Führender aktiv in Kontakt zu seinen Leuten tritt, bekommt er Informationen, die er ansonsten nicht gehabt hätte.

„Mbywa" ist einerseits Beziehungsarbeit (Small Talk und Privates), andererseits auch ein Informations- und Kontrollinstrument, wenn das Gespräch auf aktuelle Themen kommt oder der Führende auch Stimmungen und informelle Dinge mitbekommt. Es passiert regelmäßig, dass sich Führender und Mitarbeiter über etwas Außerbetriebliches unterhalten und ein „ach, übrigens ...“ dann doch eine betriebliche Information einleitet.

Die von Führenden gern zitierte Variante „meine Tür ist jederzeit offen für meine Mitarbeiter“ klingt erstmal gut, aber sie reicht nicht. Das ist zu passiv. Erfahrungsgemäß nutzen nur wenige Mitarbeiter aktiv die Möglichkeit, durch die „offene Tür“ zu gehen. Viele Mitarbeiter handeln nach dem Motto „gehe nur zum Fürsten, wenn Du gerufen wirst“ (das ist legitim!) und kommen nicht - so dass der Führende auf Dauer Entscheidendes nicht mitbekommt. Auch arbeitsmethodisch ist die „jederzeit offene Tür“ nicht empfehlenswert, weil Sie jederzeit störbar sind. Sie haben das Recht, die Tür auch mal geschlossen zu haben, um konzentriert zu arbeiten oder ein Gespräch führen zu können.

Wer führen will, sollte regelmäßig aktiv in Kontakt zu den zu führenden Mitarbeitern treten. Gemäß dem „Lokomotivenmodell“, bei dem die Lok immer wieder aktiv an die Waggons ankoppelt.

Schon von Napoleon Bonaparte hält sich das Gerücht, er sei regelmäßig durch die Reihen seiner Soldaten gelaufen und hätte dadurch sehr gut mitbekommen, wie die Stimmung in der Truppe ist.

Auch von Spitzenmanagern ist das „mbywa“ bekannt. Der oberste Geschäftsführer eines großen deutschen Unternehmens der Hausgerätebranche war so viel auf dem Werksgelände und auch bei Kunden unterwegs, dass er sehr viel mitbekam und wusste. Er kannte Stimmungen am Markt genauso wie in der Belegschaft. Dieser Geschäftsführer war deutlich mehr bei Mitarbeitern und bei Kunden anzutreffen als in seinem eigenen Büro und führte sein Unternehmen über viele Jahre konstant erfolgreich. Vom ehemaligen obersten Manager eines großen deutschen und sehr erfolgreichen Medienkonzerns ist Ähnliches bekannt.

Und schließlich gibt es die Geschichte des ehemaligen Vorstandsvorsitzenden eines deutschen Sportwagenherstellers. Dort wird heute noch erzählt, dass dieser Vorstandsvorsitzende mindestens einmal in der Woche durch die Fertigung lief. Und nicht nur das: Angeblich kannte er die Namen der Mitarbeiter am Band. Und es sollen sich folgende Szenen dort abgespielt haben:

Szenen bei einem Automobilhersteller

Der Vorstandsvorsitzende VV näherte sich bei einem seiner Rundgänge wieder einmal einem Mitarbeiter am Band, den ich jetzt Herrn Müller taufe, und es ergab sich folgendes Gespräch ...

VV: „Guten Tag Herr Müller. Sie haben mir doch letzte Woche erzählt, dass Ihre Tochter krank ist. Wie geht es ihr denn?“

Anmerkung: Herr Müller fühlt sich bereits jetzt wertgeschätzt und „verbal gestreichelt“ durch den Tagesgruß sowie die Anrede mit Namen und das Interesse am persönlichen Thema. Wobei es keine Rolle spielt, ob der VV sich den Namen und das Thema der Vorwoche im internen Speicher (Gehirn) gemerkt hat oder auf einem externen Speicher (eine Art Facebook oder Notizblock) in der Jackettasche hinterlegt hatte. Entscheidend ist die Aufmerksamkeit und Wirkung gegenüber dem Mitarbeiter.

Müller: „Danke Herr VV. Leider immer noch nicht so gut.“

VV: „Haben Sie bereits eine gute Behandlungsmethode gefunden oder darf ich Ihnen eine Empfehlung geben, denn meine Tochter hatte das auch schon?“

Anmerkung: So läuft das Gespräch zwei bis drei Minuten über die Erkrankung der Tochter weiter, bis der VV fragt …

VV: „Herr Müller, wir haben doch seit ein paar Tagen das neue Modell auf dem Band. Wie läuft das denn?“

Anmerkung: Dem aufmerksamen Betrachter fällt auf, dass der VV jetzt von der „Bauch- und Beziehungsebene (Thema Tochter)“ auf die „Kopfebene“ (Thema neues Modell) wechselt. Und aufgrund der vorangehenden Beziehungs- und Vertrauensarbeit – heute und in den vergangenen Wochen – traut sich Herr Müller etwas zu sagen, was er ansonsten dem Vorstandsvorsitzenden nicht unbedingt gesagt hätte …

Müller: „Eigentlich ganz gut. Aber immer, wenn ich mit meinem Schrauber hier unten links die Schraube anziehen möchte, wird es schwierig. Wir hatten heute schon zwei Mal Bandstopp wegen dieser Schraube.“

Was hat der VV nach diesem Gespräch, welches er freundlich und mit besten Genesungswünschen und einem „bis nächste Woche“ beendet, getan? Er ist zu seinem Konstruktionsleiter gegangen und hat ihn am Modell im Labor gebeten, einmal die Schraube unten links anzuziehen.

Konstruktionsleiter: „Oh, das geht aber schwer.“

VV: „Genau, wir hatten heute schon zweimal Bandstopp wegen dieser Schraube. Dafür benötige ich von dir eine Lösung. Ich schaue morgen nochmal bei dir vorbei und dann lass uns über deine Lösungsideen sprechen.“

Auch wenn der Konstruktionsleiter jetzt vielleicht mit den Zähnen knirschen mag … in seinem Vorstandsbüro hinter seinem Schreibtisch hätte der VV das Thema nicht mitbekommen, geschweige denn zu einer Lösung führen können.

Zu einer Lösung führen heißt es nicht, selbst für alles Lösungen zu haben, sondern Lösungen von den Experten, den Mitarbeitern, einzufordern.

4.2 Verbindlichkeit schaffen: der „kontrollierte Dialog"

Der „kontrollierte Dialog" bedeutet, am Ende eines Vereinbarungs- oder Delegationsgesprächs den Mitarbeiter zu bitten, in eigenen Worten wiederzugeben, was vereinbart wurde bzw. wofür der Mitarbeiter jetzt verantwortlich ist. Dadurch lassen sich mehr Verbindlichkeit, mehr Vereinbarungsqualität und ein höheres Verantwortungsbewusstsein erzeugen.

Einleiten lässt sich diese Nachfrage oder Bitte zum Beispiel mit den Worten „um Missverständnisse zu vermeiden, spiegele mir doch bitte nochmal zurück ...". Wir alle kennen das seit der Grundschule. Menschliche Kommunikation ist davon betroffen, dass Informationen in der Kommunikation zwischen Menschen untergehen oder anders wahrgenommen werden, dass der Transfer von Informationen von Großhirn zu Großhirn immer durch Übertragungsfehler bedroht ist. Noch haben Homo Sapiens beobachtbar keinen USB-Anschluss in Stirnnähe, der den Informationstransfer eventuell absichern würde. Wir sind also darauf angewiesen, hochqualitativ zu kommunizieren. Eine Technik zur Qualitätssicherung, also zur Absicherung der korrekten Informationsübertragung von Mensch zu Mensch ist der kontrollierte Dialog.

Vergleichen Sie es mit einer Bestellung bei einem Online-Händler. Nachdem Sie Ihre Bestellung abgesendet haben, bekommen Sie in kürzester Zeit eine Bestellbestätigung per Mail, in der der Händler bestätigt, was genau er wann und wohin zu liefern gedenkt, so dass Sie diese Lieferabsicht nochmals prüfen können und, falls sie korrekt ist, ein besseres Gefühl haben. Falls sie nicht korrekt ist, können Sie unmittelbar korrigieren.

So ähnlich verhält es sich mit dem Mitarbeiter auch. Sie bestellen etwas bei einem Mitarbeiter: das Erreichen des folgenden Projektziels, stets korrekte Zahlen in der Buchhaltung, folgende Absatzzahlen zum Jahresende oder was auch immer. Lassen Sie sich nach Ihrer Beauftragung bestätigen, was der Mitarbeiter jetzt wann, in welcher Qualität und Quantität und wohin zu liefern gedenkt.

Verantwortungsbewusstsein lässt sich messen!

Erst, wenn der Mitarbeiter seinen Auftrag, sein Ziel oder seine Verantwortung richtig rezitiert, hat er ein hohes Verantwortungsbewusstsein. „Ich denke, also bin ich!" hat mit Sprache zu tun. Wir sind uns all der Dinge bewusst, die wir formulieren können. Ist sich ein Mitarbeiter also seiner Verantwortung oder seines Auftrags bewusst, kann er ihn korrekt rezitieren. Die konsequenten Führenden entlassen einen Mitarbeiter nicht eher aus dem Delegations- oder Zielvereinbarungsgespräch, als dieser seinen Auftrag nicht richtig wiedergegeben hat. Das hat eine gewisse Logik: Formuliert der Mitarbeiter bei der Rückmeldung „Wischwaschi" oder irgendein „nebulöses Zeug", hat er kein ausreichendes Verantwortungsbewusstsein. Und was glauben Sie, wie seine „Lieferung" aussehen wird? Genau. Ein Wischiwaschi-Verständnis wird höchstwahrscheinlich ein Wischwaschi-Ergebnis zur Folge haben. Stellt ein Mitarbeitender seine Verantwortung sehr unpräzise und unklar dar, ist es mit dem Verantwortungsbewusstsein nicht gerade gut bestellt.

Es ist von hoher Bedeutung für Ihren Führungserfolg, am Anfang beim Mitarbeiter für ein hohes Verantwortungsbewusstsein bzw. eine hohe Auftragsklarheit zu sorgen, um die Chance auf passende Ergebnisse zu erhöhen. Es hängt von Ihrer Kommunikation ab.

Gleichzeitig sorgt der kontrollierte Dialog für mehr Verbindlichkeit, weil der Mitarbeiter den Auftrag auch nochmal für sich selbst formuliert und seine „Lieferabsicht" ausgesprochen hat.

4.3 Verantwortungsbewusstsein erzeugen: „Visualisierung"

Visualisierung ist ein Werkzeug, das unter anderem für Delegations- und Vereinbarungsgespräche gut zu gebrauchen ist. Sie haben einen klaren Auftrag oder eine klare Verantwortung für den Mitarbeiter formuliert? Visualisieren Sie diesen und wenn es nur auf einem Blatt Papier ist.

Häufig ist in Delegationsgesprächen zu beobachten, dass Führende ihren Auftrag rein verbal formulieren und im schlimmsten Fall auch noch hohe Redeanteile haben. Mitarbeiter sind dann in der Regel von den ganzen Informationen überwältigt. Und die Wahrscheinlichkeit, dass Informationen untergehen, steigt.

Sie haben ein didaktisches Ziel: Sie wollen Ihren Auftrag in irgendeiner Synapse des Hirns Ihres Mitarbeiters gespeichert wissen. Nutzen Sie daher auch die Kraft des Bildes! Bilder bleiben zumeist leichter haften als abstrakte Aussagen.

Bilder sprechen im menschlichen Gehirn andere Areale an als rein digitale Informationen wie Buchstaben und Zahlen. Werden sowohl Bilder als auch digitale Informationen eingesetzt, ist die Wahrscheinlichkeit auf ein erfolgreiches „Speichern" am höchsten. Wobei die digitalen Informationen eher spärlich verwendet werden sollten. Zum Beispiel in Form von Schlüsselbegriffen („Keywords"), die sich wiederum leichter „einbrennen" als Fließtexte, in denen der Betrachter „den Wald vor lauter Bäumen nicht sieht".

Warum sollten Sie Ihren Mitarbeiter nur auditiv ansprechen, wenn Sie ihn auch visuell ansprechen können? Nutzen Sie beide Sinneskanäle getreu dem Motto:

In die Augen, in den Sinn!

Visualisieren Sie die Verantwortung, das Ziel oder den Auftrag. Begrüßen Sie Ihren Mitarbeiter, sagen Sie ihm „ich würde dich gerne für Folgendes verantwortlich machen“, schieben Sie ihm die Visualisierung über den Tisch (Blatt Papier, Bildschirm ... welches Medium auch immer) und schweigen Sie.

Wenn Sie ein Medium eröffnen, schaut der Mensch hin. Ihr Mitarbeiter wird auf den Zettel oder Bildschirm schauen und in seinem Tempo lesen und wahrnehmen. Deswegen ist Schweigen so wichtig an dieser Stelle: Es ist didaktisch vorteilhaft, wenn der Mitarbeiter ungestört und in seinem Tempo wahrnehmen kann, was dort steht. Und was wird Ihr Mitarbeiter als Nächstes tun? Er wird darüber reden oder/und Fragen dazu stellen. Und dann entwickelt sich ein guter Frage-Antwort-Dialog.

Didaktisch ist der Einsatz einer Visualisierung eines Auftrags sinnvoll, zumal viele Menschen den visuellen Kanal präferieren.

Auch gemeinsam erstellte Ergebnisprotokolle lassen sich an die Wand beamen, um mit allen gemeinsam die Formulierungen des Protokolls gestalten und prüfen zu können. Auch hierbei sind Visualisierungen vorteilhaft.

In Coaching-Prozessen helfen Visualisierungen häufig, um die Situationen besser zu erkennen. Und wenn es lediglich darum geht, Beteiligte einer Situation als Kegel- oder Strichmännchen darzustellen, mit Beziehungspfeilen zu versehen etc. Wie oft erlebe ich in Coaching-Prozessen, dass der Coachee über die Visualisierung zu einer neuen Betrachtung der Situation kommt. Ein Geschäftsführer sagte einmal zu mir: „Sie malen immer so tolle Bilder. Daran wird einiges deutlich und die bleiben auch im Gedächtnis.“

Stehen Sie in Meetings auf und visualisieren Sie die Themen am Flipchart. Das passiert in Meetings viel zu selten und manchmal drehen sich diese - rein verbal geführt - im Kreis.

Nutzen Sie neben dem auditiven auch den visuellen Sinneskanal Ihrer Mitarbeiter. Bilder sagen nicht immer mehr als tausend Worte - aber sie bleiben im Gedächtnis! Wobei Bilder einfach und klar sein sollten. Komplexe Folien mit tausend Kästchen und Pfeilen sind didaktisch nachteilig. Sie verwirren und sorgen nicht für Verständnis.

Visualisierungen geben Orientierung und Klarheit und steigern die Gedächtnisleistung.

4.4 Bessere Antworten bekommen: „Fragetechniken“

Fragetechniken sind eines der Themen, über die sich ein ganzes Buch schreiben ließe. Sie kennen Sätze wie „wer fragt, der führt“ oder „in der Qualität der Frage liegt die Qualität der Antwort“. So ist es. Beides ist wahr. Führungsqualität lässt sich ergo auch durch die Form der Fragestellungen steigern.

Fragen Sie bitte Ihren Mitarbeiter zum Ende eines Gesprächs hin nicht: „Hast du alles verstanden?“ Erstens kann diese Frage wunderbar als Affront wahrgenommen werden (zweifeln Sie am Verstand des Mitarbeiters?). Zweitens antwortet dieser mit „Ja“, weil er zum Beispiel der festen Überzeugung ist, alles verstanden zu haben. Und bei dieser Antwort wissen Sie nichts, außer dass er glaubt, alles verstanden zu haben.

Bevorzugen Sie konsequent die Frage: „Was hast du verstanden (was jetzt dein Auftrag ist oder was unser Ergebnis ist)?“ Sie provozieren mit der Frage eine andere, ausführlichere Antwort, die Ihnen deutlich mehr und brauchbarere Informationen liefert.

Es gibt eine enge Beziehung zwischen Zuhör- und Fragequalität. Je besser Sie zuhören, desto besser werden tendenziell Ihre Fragen sein. Hören Sie auch, was Ihr Gesprächspartner Ihnen noch nicht gesagt hat, und fragen Sie gezielt nach.

Es ist nicht so gut, vor einem Gespräch schon eine lange Frageliste vorbereitet zu haben. Die lenkt Sie im Gespräch möglicherweise sogar vom guten Zuhören ab. Seien Sie lieber aufmerksam bei dem, was Ihr Gesprächspartner sagt und was er nicht sagt. Fragen Sie gezielt in seine Aussagen hinein.

Um das zu verdeutlichen, nehmen Sie einen einfachen Satz: „Das hat heute wieder keinen Spaß gemacht.“ Nach diesem einen Satz haben Sie noch recht wenige Informationen. Was wissen Sie noch nicht? Welche Fragen könnten Sie stellen?

Zum Beispiel „Was ist „das“ genau?“, „Wie war es gestern?“, „Wie oft war es schon so?“, „Wie oft hat es Spaß gemacht?“, „Was fehlt, damit es Spaß macht?“ und so weiter. Sie merken, wie viele Fragen allein bei diesem kurzen Satz möglich sind. Und Sie entscheiden durch Ihre Fragestellung, in welche Richtung das Gespräch weitergeht. Sie führen über Fragen.

Zentrale Fragetypen, mit denen Sie etwas anzufangen wissen sollten:

Offene Fragen

Eine offene Frage lässt einen großen Beantwortungsspielraum. Sie ist nicht einfach mit Ja oder Nein zu beantworten. Eine offene Frage ist häufig eine „W“-Frage.

Beispiel: „Was meinen Sie damit?“

Die offene Frage ist in vielen Situationen die beste Frageform, weil sie die ausführlichste Antwort provoziert und der Informationsgewinn damit am höchsten ist.

Eine offene Frage ist auch die Frage: „Inwiefern?“ Dieses Fragewort ist unter anderem für das Thema Einwandbehandlung zu gebrauchen. Wenn Ihnen jemand zum Beispiel sagt „das wird doch eh nichts“ oder „das wird doch viel zu teuer“, können Sie mit einem schlichten „Inwiefern?“ und sicherem Augenkontakt reagieren. Wer ist denn gerade an der Reihe, Argumente zu liefern? Derjenige, der gerade in einem Satz behauptet hat, es würde eh nichts oder es werde zu teuer! Alles, was fehlt, sind die Belege für diese Behauptungen. Machen Sie nicht den Fehler, selbst argumentieren zu wollen, warum es doch funktionieren oder nicht zu teuer wird.

Mit offen gestellten Fragen (in der Regel: W-Fragen) interessieren wir uns aktiv für die individuelle Haltung unseres Gesprächspartners zu einem bestimmten Thema. Wir können so nach persönlichen Erfahrungen, Einschätzungen, Sichtweisen und Erlebensweisen fragen. Dies bewirkt zum einen eine Aktivierung des Gesprächspartners (zentrales Kommunikationsbedürfnis: „Ich möchte nach meiner Meinung gefragt werden!“) und zum anderen bieten die dann ausführlicheren Antworten viele Anknüpfungspunkte für weitere Fragen oder auch persönliche Stellungnahmen. Es entsteht so eine verbindliche Gesprächsatmosphäre, ein persönlicher Dialog, ein angenehm entspannter Kontakt zwischen zwei Menschen. Auf diese Weise wird insbesondere in schwierigen Gesprächen (erster Kontakt, Reklamation, Vorstellungs- oder Einstellungsgespräch etc.) der Stress abgebaut, der gerade mit Kennenlernsituationen grundsätzlich (nicht jedem bewusst!) verbunden ist.

Offene Fragen: Formulierungsbeispiele

- Wie möchtest du das Ziel erreichen? (das ist das „in die Verantwortung nehmen“, weil der Mitarbeiter die Wie-Frage beantwortet und nicht etwa Sie selbst)
- Warum hast du dich so verhalten? (Analyse eines Fehlverhaltens)
- Wie kam es dazu? (Fehleranalyse)
- Wie stellst du sicher, dass dieser Fehler nicht nochmal vorkommt? (konstruktive Lösungssuche)
- Wie fühlst du dich gerade? Was genau hat dieses Gefühl ausgelöst? (emotionales Monitoring)
- Was würde dich motivieren, diese Verantwortung/dieses Projekt zu übernehmen? (Motivationscheck)
- Was hast du jetzt als deine Verantwortung wahrgenommen? (Kognitivcheck)

- Wie geht es dir mit dieser Verantwortung? (Bauchschmerzencheck)
- Wie möchtest du dieser Verantwortung gerecht werden? (Kompetenzcheck)
- Was ist genau geschehen? (Situationsanalyse)
- Wie meinst du das? (Vermeidung von Fehlinterpretationen)
- Was sollte sich aus deiner Sicht ändern? (konstruktive Lösungssuche)
- Was ist das Gute am Schlechten? (Perspektivwechsel in Veränderungssituationen)
- Was würde uns der Andere über die Situation erzählen? (vermutetes Fremdbild)

Das sind nur ein paar Beispiele für offene Fragen, mit denen Führende über Fragestellungen zum Denken und Antworten anregen und damit auch Einfluss nehmen auf Grundeinstellungen, Denken, Fühlen und am Ende auch Handeln bzw. Leistungsverhalten von Mitarbeitern.

Die offene Frage bzw. die W-Frage (wieso, weshalb, warum, wer, wie etc.) ist oftmals die bessere.

Geschlossene Fragen

Geschlossene Fragen erlauben nur zwei Antworten: „Ja" oder „Nein" – sie bringen häufig einen Gesprächsverlauf ins Stocken. Und es kann mühsam sein, einem Gesprächspartner über geschlossene Fragen Informationen zu entlocken.

Beispiel: „Hast du eine Idee?" (statt besser zu fragen: „Welche Ideen/Gedanken hast du dazu?")

Manchmal lohnt es sich, aus einer geschlossenen Ja/Nein-Frage eine offene zu machen. Beispiel: Statt zu fragen „bist du willens, diesen Auftrag zu übernehmen?" fragen Sie lieber „wie willens bist du?". Sie bekommen mehr Informationen als ein einfaches Ja oder Nein.

In einzelnen Situationen kann die geschlossene Frage jedoch genau richtig sein. Zum Beispiel, wenn Sie einfach nur kurz den Vollzug bestätigt haben möchten: „Hast du es geschafft?"

Alternativfragen

Die Alternativfrage enthält zwei direkte Fragen, die zueinander konträr sind. Meist kann aus der Bejahung des ersten Teils die Verneinung des zweiten Teils gefolgert werden.

„Wollen Sie die große Maschine oder reicht Ihnen auch die kleine?"

Die Alternativfrage bietet Ihnen die Chance, die Antwortmöglichkeiten, die für Sie in Ordnung sind, bereits in der Fragestellung zum Ausdruck zu bringen. Falls Sie zum Beispiel nicht beliebig Termine anbieten können und daher die offene Frage „Wann passt es Ihnen?“ Antworten liefern könnte, die Sie terminlich gar nicht befriedigen können, böte sich eher die Alternativfrage mit den Terminen an, die für Sie möglich sind:

„Würde es Ihnen besser heute um 16 Uhr oder morgen um 8 Uhr passen?“

Fragen geschickt kombinieren

Gesprächsstrategisch ist es geschickt, zunächst offen zu fragen und situativ gestützte Fragen folgen zu lassen. Beispiel: „Warum hast du dich so verhalten?“ als offene Einstiegsfrage. Falls Sie keine befriedigende Antwort bekommen, können Sie Ihrem Mitarbeiter eine Brücke bauen, indem Sie gestützt fragen: „Kann es sein, dass dein Verhalten mit Folgendem zu tun hat ...?“ So bauen Sie Ihrem Mitarbeiter insofern eine Brücke, als dass er nur noch mit „Ja“ oder „Nein“ zu antworten braucht. Die Kombination aus offenen und geschlossenen Fragen kann also sinnvoll sein. Nur starten Sie bitte nicht mit der gestützten Frage, denn es besteht die Möglichkeit, dass sich der Mitarbeiter das Leben einfach macht und mit „Ja“ antwortet, ohne sich richtig Gedanken gemacht zu haben.

Weitere Fragetypen wie zum Beispiel die Suggestivfrage werden hier nicht weiter ausgeführt. Es gilt, zunächst einmal die zentralen Fragetypen anwenden zu können. Das ist reine Übungssache.

Beispiel: Ihr Mitarbeiter sagt Ihnen: „Ich habe ja bereits alles probiert.“ Naheliegende Frage: „Was genau haben Sie probiert?“

4.5 Themen platzieren: die „Halbsatztechnik“

Nehmen Sie an, Sie möchten mit einem Mitarbeiter für heute Nachmittag einen Termin vereinbaren und dieser sagt Ihnen am Telefon: „Geht heute leider nicht, ich muss zu einer Beerdigung.“ Sie kommen schließlich zu einem Termin ein paar Tage später ...

Abgesehen davon, dass Sie mitbekommen, um was für eine Beerdigung es sich handelt, wenn Sie nah genug an Ihrem Team dran sind – sollten Sie das Thema zu Ihrem dann stattfindenden Termin noch ansprechen? Ja, denn es zeugt von Ihrem Interesse und Sie können es nicht außen vor lassen, weil es möglicherweise Einfluss auf den Zustand des Mitarbeiters und damit betriebliche Interessen haben könnte.

Aber wie ansprechen? „Wer wurde denn beerdigt?“ oder „Wie war es auf der Beerdigung?“ sind zu direkte beziehungsweise ungeeignete Fragen bei einem solch persönlichen Thema.

In diesen Situationen ist die Halbsatztechnik hilfreich. Sie sagen zum Beispiel einfach „Sie erwähnten am Telefon eine Beerdigung ...“ und schweigen. Das Thema ist auf dem Tisch, Ihr Mitarbeiter wird irgendwie darauf reagieren. Er wird Ihnen sprachlich oder körpersprachlich zu verstehen geben, ob er weiter und im Detail darüber sprechen möchte oder nicht. Ohne dass Sie ihm eine zu direkte Frage gestellt haben, bleiben dem Mitarbeiter alle Möglichkeiten.

Halbsatztechnik heißt, ein Thema einfach kurz zu erwähnen, also quasi in einem halben Satz, und es somit ohne spezifische Fragestellung ins Gespräch zu bringen. Es liegt dann am Gegenüber, welchen Raum das Thema bekommt.

Die Halbsatztechnik funktioniert auch in Kombination mit Feedback: Als erste Intervention wird es bei manchen Mitarbeitern ausreichend sein, zu sagen „du trägst keine Sicherheitsschuhe ...“. Andere werden Sie explizit darauf hinweisen müssen, dass es sich hier um einen Regelverstoß handelt und Sie sich Regeleinhaltung wünschen.

4.6 Korrekt dokumentieren: das Ergebnisprotokoll

Der Protokollantenjob ist häufig unbeliebt. Dahinter steckt nicht selten die irrige Annahme oder auch Gepflogenheit, dass sich der Protokollant Gedanken über die Formulierungen im Protokoll machen muss. Ganz schlimm ist, wenn ein Protokollant nach einem Gespräch oder Meeting im „stillen Kämmerlein“ sitzt und sich Formulierungen „aus den Fingern saugt“ und nach Protokollversand Rückmeldungen bekommt wie „in welchem Meeting warst du denn?“ oder „ich hatte das aber anders verstanden?“. Da ist es kein Wunder, dass Protokollant kein beliebter Job ist.

Grundregel: In ein Ergebnisprotokoll gehen nur abgestimmte Formulierungen!

Verlaufsprotokolle („Franz sagte ... woraufhin Paul antwortete ...“) liest kein Mensch, denn diese neigen zu viel zu viel Text. Die volle Textlänge interessiert keinen und sie kann sich auch keiner merken.

Ist ein Gesprächsziel oder ein Meetingziel zuvor klar beschrieben (woran es auch öfter in der Meetingplanung mangelt), dann halten wir im Protokoll Ergebnisse fest – und zwar im laufenden Meeting, vielleicht auch gleich an die Wand gebeamt (siehe Visualisierung) und damit für jeden sichtbar. Der Protokollant ist derjenige, der „nur" schreibt. Die Anwesenden stimmen über die gemeinsame Formulierung ab!

Das mag aufwendig klingen, lohnt sich aber. Die Ergebnisse sind klarer, die Teilnehmer haben bereits dazu genickt (ggf. zuvor so lange korrigiert, bis sie abnicken können – es gibt also wirklich gemeinsame Ergebnisse) und das Protokoll kann sofort nach Meetingende in den Versand.

Hat der Protokollant sogar zuvor schon den Verteiler aufgebaut, so drückt er am Meetingende nur noch Return und das Protokoll ist bei den Teilnehmern, bevor diese zurück am Arbeitsplatz sind ...

Führen Sie also in Ihren Gesprächen und Meetings konsequent Ergebnisprotokolle, die während des Gesprächs oder Meetings gut sichtbar für alle Anwesenden entstehen. Und nicht erst hinterher.

4.7 Missverständnisse vermeiden: spiegeln – paraphrasieren – verbalisieren

„Spiegeln" lässt sich auch als Qualitätskontrolle in der Kommunikation bezeichnen. Wir alle kennen den „Stille-Post-Effekt" und die „Sender-Empfänger-Thematik": Missverständnisse sind in der menschlichen Kommunikation an der Tagesordnung, weil wir decodieren und interpretieren, was der andere uns sprachlich und körpersprachlich gesendet hat. Spiegeln bedeutet, dem Sender einer Nachricht zurückzumelden, was bei einem selbst angekommen ist bzw. was man verstanden hat.

„Paraphrasieren" ist dabei ein Spiegeln auf Sach- bzw. Faktenebene. „Verbalisieren" ist ein Spiegeln auf emotionaler Ebene oder ein „Gefühle und Eindrücke in Worte fassen".

Beides dient dazu, zu hinterfragen und sicherzustellen, den Gesprächspartner richtig verstanden zu haben, und damit Missverständnissen vorzubeugen. Fragen („Wie meinst du das?") und spiegeln („bei mir kommt gerade Folgendes an ...") geht vor Interpretieren. Und zum Interpretieren einer Botschaft neigen wir Menschen. Wir ergänzen gerne durch „eigene Logik". Nur dass die Interpretation von der Intention des Senders abweichen kann – und schon ist das Missverständnis perfekt.

Ein Beispiel

Nehmen wir an, einer Ihrer Mitarbeiter war zwei Wochen im Urlaub auf Gran Canaria. Er ist den ersten Tag zurück im Unternehmen. Um neu „anzukoppeln" (siehe „Lokomotivenmodell"), gehen Sie zu ihm und fragen Sie ihn, wie es im Urlaub war. Und nun erzählt Ihnen der Mitarbeiter, dass es ein toller Urlaub war. Dass Hotel, Essen, Wetter etc. sehr gut waren. Nur, dass es in der zweiten Woche des Urlaubs etwas langweilig wurde, weshalb sich der Mitarbeiter und seine Familie einen Mietwagen bestellten. Dieser wurde sogar zum Hotel gebracht und zur großen Freude aller war es ein gelbes Cabrio. Nachdem der Schlüssel und die Papiere übergeben waren, wollte die Familie losfahren und stellte nach nur 500 Metern fest, dass der Reifen vorne rechts platt war …

Soweit erstmal die Geschichte. Es handelt sich zwar bei diesem Gespräch über den Urlaub in erster Linie um eine beziehungspflegende Kommunikation, aber nehmen wir dennoch an, Sie wollten die Botschaften des Mitarbeiters korrekt erfassen.

Paraphrasieren würde nun bedeuten, dass Sie inhaltlich wiedergeben, was bei Ihnen angekommen ist, um Missverständnissen vorzubeugen:

> „Also, Sie waren zwei Wochen auf Gran Canaria. So weit war alles gut. Nur der rote Mietwagen, ein Cabrio, das Sie sich wegen der Langeweile in der zweiten Woche geordert hatten, hatte vorne links einen Platten, was Sie allerdings erst nach dem Losfahren bemerkten."

Nun hat der Mitarbeiter Gelegenheit zur Bestätigung, falls alles korrekt war, oder zur Korrektur, falls irgendetwas nicht oder nicht korrekt ankam. In diesem Fall:

> „So weit korrekt, außer dass das Cabrio gelb war und der Platten vorne rechts."

Verbalisieren würde nun bedeuten, Ihre Eindrücke zu spiegeln:

> „So, wie Sie das erzählen, habe ich den Eindruck, dass Sie das mit dem Platten sehr geärgert hat …".

Auch jetzt kann der Mitarbeiter wieder bestätigen oder korrigieren: „Ja, Ärger ist genau das richtige Wort" oder „Ärger war es nicht, es war eher Enttäuschung über den Vermieter, der mir zuvor versichert hatte, dass das Fahrzeug in Ordnung sei". Mit Begriffen wie Ärger oder Enttäuschung fassen Sie Emotionen in Wörter bzw. in Gefühlsvokabeln.

„Habe ich den Eindruck" leitet eine „Ich-Botschaft" ein, mit der Sie sehr gut nichtfaktische Kommunikationsinhalte wie Emotionen oder Eindrücke transportieren können. „Ich habe mich angegriffen gefühlt" ist mein eigenes Gefühl und damit unangreifbar. Der Vorwurf „Du hast mich angegriffen" wird hingegen eher eine Abwehrhaltung oder einen Gegenangriff provozieren. „Ich habe den Eindruck, dass du überfordert bist" ist ebenfalls unangreifbar und damit vorteilhaft gegenüber der unbewiesenen Behauptung „du bist überfordert". Die Eindrücke und Emotionen, die Sie in Ihrer Ich-Botschaft transportieren, sollten wiederum Ihrer „inneren Wahrheit" entsprechen.

Beides, sowohl Paraphrasieren als auch Verbalisieren, sichert den korrekten Informationstransfer von Hirn zu Hirn bzw. Mensch zu Mensch.

Häufig wird jedoch nicht genug hinterfragt und auch gespiegelt. Und es entstehen Missverständnisse, die zu Konflikten oder auch schlechten Ergebnissen führen können.

„Umgang mit Killerphrasen"

Sollten Ihnen in der Kommunikation mit Ihren Mitarbeitern „Killerphrasen" entgegenschlagen, zum Beispiel „das ist doch komplett falsch" oder „das wird nie funktionieren", kommt es zunächst auf Ihre Grundhaltung an. Ihre Grundhaltung sollte sein: Es handelt sich bei der Aussage um eine unbewiesene Behauptung und der „Behaupter" ist dran, zu belegen beziehungsweise zu argumentieren. Sie können mit einer positiven Rückfrage reagieren: Inwiefern? Wie meinen Sie das? Was genau ist Ihrer Meinung nach daran verkehrt?

Sie können die „Jiu-Jitsu-Technik" verwenden, indem Sie die Energie des „Angreifers" für sich nutzen: „Danke für Ihre Aussage. Das gibt mir Gelegenheit, noch folgendes zu erläutern ...".

Oder Sie wechseln in die „Meta-Kommunikation". Das bedeutet, Sie betrachten das Geschehen aus der Hubschrauberperspektive („Was geschieht hier gerade?") und formulieren Ihren Eindruck als Ich-Botschaft. Beispielsweise: „Mein Eindruck ist, dass hier folgendes noch eine Rolle spielt ...". Dadurch entsteht auch die Option, Klärungen „auslagern" zu können. Beispielsweise aus einem Meeting in ein Vier-Augen-Gespräch.

4.8 (Nicht-)Eignung der E-Mail und anderer Software-Tools

Das ist von Unternehmen zu Unternehmen unterschiedlich, aber generell lässt sich sagen, dass Mailprogramme, Projektmanagementsoftware, Kalender, Notizprogramme, Stückzahlenübersichten und so weiter Führenden in ihrer Rolle dienen. Aber Vorsicht:

Führung bleibt Gesprächsführung und das beste Programm ersetzt nicht den menschlichen Kontakt - in der Linie genauso wenig wie im Projekt.

Es gibt Führungspersonen, die glauben, ihr Team überwiegend per E-Mail „ansprechen“ zu können, oder Projektleitungen, die ihre Projektmanagementsoftware für das entscheidende Instrument halten. Dem ist nicht so.

Software-Tools sind nützliche Hilfsmittel, die allerdings die Kommunikation und den echten Dialog mit den Mitarbeitern in keinster Weise ersetzen.

Die E-Mail ist ein wunderbares Instrument, wenn es darum geht, Dokumente in Sekunden rund um den Globus zu versenden. Auch Bestätigungen, Protokolle, Dankesschreiben und generell positive und sachliche Texte lassen sich per E-Mail transportieren.

Wofür die E-Mail ungeeignet ist, das sind in erster Linie kritische und konfliktäre Themen. Alles, was mit Kritik oder Konfliktklärung zu tun hat, gehört ins persönliche Gespräch, in Notsituationen auch in eine Videokonferenz, aber niemals in eine Mail. Erfahrungsgemäß eskaliert die Situation in kritischen Mails – es schaukelt sich hoch.

Auch interpretierbare Inhalte gehören nicht in die E-Mail, weil daraus in der Regel Missverständnisse resultieren. Möglicherweise entsteht im Anschluss gleich ein „E-Mail-Ping-Pong“, ein Hin und Her von Mails. Schriftsprache wird gern interpretiert. Das ist das „zwischen den Zeilen lesen“. Die meisten von uns werden schon die Erfahrung gemacht haben, wie schnell es auf schriftlichen Kanälen wie E-Mail oder auch anderen Messenger-Diensten zu Missverständnissen kommen kann.

Die E-Mail ist auch kein Delegationsinstrument. Das Ergebnisprotokoll eines Delegationsgesprächs kann in einer E-Mail versendet werden. Und zwar gleich am Ende des Gesprächs. Aber ein hohes Verantwortungsbewusstsein und eine hohe Verbindlichkeit können nur in sehr wenigen Ausnahmefällen per E-Mail erzeugt werden. Und das auch nur, wenn Sie sich rückbestätigen lassen, was Ihr Mitarbeitender verstanden hat oder zu leisten plant. Wobei dann immer noch nicht klar ist, ob Ihr Mitarbeitender das über die geschriebene Mail hinaus verinnerlicht hat.

Zwei Grundregeln zum Umgang mit E-Mails

- Wenn Sie beim Schreiben einer E-Mail überlegen, wie Sie den Text formulieren, damit ihn der Empfänger „bloß nicht falsch versteht“ (Sie kennen diese Situation) ... oben rechts ist bei den meisten Mailprogrammen ein rotes Kästchen mit einem weißen Kreuz darin. Bitte anklicken. Schließen Sie das Mailprogramm, denn Sie sind auf dem falschen Kanal unterwegs. Die Gefahr, dass der Adressat die Nachricht fehlinterpretiert, werden Sie auch durch langes Nachdenken nicht großartig mindern. Sie würden damit ein zu großes Risiko eingehen. Suchen Sie stattdessen das persönliche Gespräch oder zumindest ein Telefonat.
- Wenn Sie eine E-Mail erhalten, die ein wenig „spannungsgeladen“ ist bzw. „kritische Töne“ enthält (auch das kennen Sie) – bitte niemals inhaltlich antworten. Auch hier droht E-Mail-Ping-Pong bzw. Eskalation. Wenn Sie schon

„Antworten“ anklicken, dann bitte nur, um einen Kanalwechsel einzuleiten. Schreiben Sie Ihrem Mailpartner, dass Sie über das Thema lieber sprechen möchten. Gilt für E-Mails übrigens genauso wie für moderne Messenger-Dienste. Manch destruktives oder konfliktäres schriftliches Hin und Her sollte lieber ersetzt werden durch einen persönlichen Dialog. ■

Führende, die ihre Mitarbeiter überwiegend per E-Mail führen, also Management by E-Mail praktizieren, bekommen zu wenige unmittelbare sprachliche und körpersprachliche Reaktionen auf ihr Führungs- und Kommunikationsverhalten. Die persönliche Beziehung ist gefährdet und emotionale Anteile werden nicht mehr ausreichend transportiert. Daran ändern auch Emojis nichts, denn selbst diese werden unterschiedlich interpretiert und verwendet.

Es ist so verführerisch einfach, etwas in ein paar Zeilen zu schreiben, am Ende „return“ zu drücken und das Thema „los zu sein“. Lassen Sie sich nicht verführen und pflegen Sie weiter einen persönlichen Dialog mit Ihren Mitarbeitern! Management by E-Mail ist unzureichend!

■ 4.9 Zusammenarbeit „regeln“

Der richtige Umgang mit Regeln

Hape Kerkeling hat mal gesungen, das ganze Leben sei ein Quiz. Ein Quiz ist ein Spiel, also ist das ganze Leben ein Spiel. Ein Spiel funktioniert aber nur, wenn die daran Beteiligten nach denselben Regeln spielen. Sonst mündet das Ganze im Chaos.

Arbeiten Menschen zusammen, sind Regeln notwendig. Jeder Mensch hat eine eigene Sicht der Welt. Treffen unterschiedliche Sichten aufeinander, braucht es Regeln zum Beispiel für den Umgang mit Smartphones, dem Verhalten in Meetings, dem Einhalten von Pausenzeiten etc. ■

Nun dürfen es auch nicht zu viele Regeln sein, sonst droht Überregulierung. Gibt es zu viele Regeln oder sind diese zu lang oder zu kompliziert formuliert, haben diese Regeln kaum eine Chance auf Einhaltung. Der Mensch hätte keine Chance, diese Regeln zur Anwendung wirklich parat zu haben.

Wie bringen Sie Regeln so ins Team, dass diese eine Chance haben, gelebt zu werden? Aussage reizt zum Widerstand, Frage reizt zur Antwort! Es ist die schlechtere Idee, vor ein Team zu treten, eine Folie an die Wand zu beamen und zu ergänzen

„ab sofort gelten folgende Regeln!“. Diese „klare Ansage“ dürfte eher Widerstand als Akzeptanz der Regeln erzeugen.

Alternativ fragen Sie Ihr Team zu einem spezifischen Thema, wie dieses aus gegebenem Anlass heraus geregelt sein sollte. Die Wahrscheinlichkeit, dass Ihr Team selbst bereits brauchbare Formulierungsvorschläge macht, ist hoch. Das heißt ja andererseits nicht, dass Sie nicht selbst noch „nachjustieren“ können. Ein gegebener Anlass kann sein, wenn mehrere Mitarbeiter ihre Smartphones mit ins Meeting bringen und es bislang noch keine Regel dazu gibt. Wenn also das Team schon „Klingelton aus“ vorschlägt, können Sie „bitte auch keinen Vibrationsalarm“ immer noch ergänzen.

Formulieren und vereinbaren Sie Regeln am besten gemeinsam mit Ihren Mitarbeitern.

In Einzelfällen ist es in Ordnung, eine Regel als klare Erwartung in das Team zu bringen. Hier allerdings erzielt das Einzelgespräch wiederum die höhere Verbindlichkeit. Beispiel Melderegel: Sagen Sie dem Mitarbeiter im Einzelgespräch, dass es Ihnen wichtig ist, dass er sich sofort und aktiv meldet, sobald etwas geschieht, dass seine Zielerreichung unmöglich macht. Lassen Sie sich diese Regelvereinbarung zurückmelden.

Eine Regel sollte eindeutig und möglichst einfach formuliert sein. Komplizierte Regeln laufen Gefahr, nicht eingehalten zu werden.

Schon allein, weil nur derjenige ein hohes Regelbewusstsein hat, der die Regel fehlerfrei rezitieren kann. Und wer kann das schon bei einer komplizierten Regel? Und dann sind mit dem korrekten Rezitieren die Akzeptanz und die Einhaltung noch längst nicht gesichert.

Theoretisch könnten Sie Tausende von Regeln mit Ihrem Team – neben den von Staat und Geschäftsführung gegebenen – vereinbaren. Aber welche Regeln sollten Sie vereinbaren und wie viele?

Eine Regel pflegen Sie bitte nur bei Notwendigkeit in Ihr Team ein. Benötigen Sie zum Beispiel die Regel „du sollst nicht töten“ in Ihrem Team. Klare Antwort: nein. Nicht, solange es keine Auffälligkeiten gibt …

So wenige Regeln wie möglich, so viele wie nötig!

Die meisten Seminarteilnehmer antworten auf die Frage: „Wie viele Regeln verträgt aus Ihrer Sicht eine spezifische Situation (Teammeeting, Kundentelefonat, Urlaubsplanung …), damit diese Regeln eine Chance haben, gelebt zu werden?“

mit einer Zahl zwischen drei und zehn. Ableitung: je weniger, desto besser. Maximal zehn - und das sind schon viele!

Statt fünfzehn Regeln, die niemand alle befolgen kann, ist es besser, wenn Sie mit Ihrem Team nur drei Regeln für Ihre Meetings vereinbart haben, die ihre Berechtigung haben, deren Einhaltung konsequent gefordert wird und die sich Ihre Mitarbeiter auch merken können.

Konsequenzen - unabdingbar bei Regelverstößen

Einmal vereinbarte Regeln müssen von den Beteiligten eingehalten werden. Ein Regelverstoß muss Konsequenzen nach sich ziehen! Zum Umgang mit Konsequenzen gelten folgende Empfehlungen:

Gut über die angemessene Konsequenz nachdenken, diese konkret benennen bzw. ankündigen und im Wiederholungsfall die angekündigte Konsequenz durchziehen!

Bereits das kritische Vier-Augen-Gespräch mit dem Mitarbeiter zu einem Regelverstoß oder einer sonstigen Fehlleistung ist eine erste Konsequenz.

4.10 Der „Konsequenzenkatalog"

Sollte sich Ihr Mitarbeiter trotz gelungenen Feedbacks entscheiden, nicht ausreichend auf Ihr Feedback zu reagieren, sind Sie quasi gezwungen, in den nachfolgenden Konsequenzenkatalog einzusteigen. Tun Sie dies nicht - siehe auch Fußballfeldmodell - gewinnt Ihr Mitarbeiter Macht über die Situation und Ihr Team gerät aus der Balance.

Grundregeln zum Umgang mit Konsequenzen

- **Konsequenzen müssen angemessen/wohl überlegt sein!**
  Angemessen heißt, „nicht mit Kanonen auf Spatzen schießen". Die von Ihnen gezogene Konsequenz muss zum Fehlverhalten passen und darf weder zu milde noch zu hart sein. Dem erstmaligen Zuspätkommenden eine Abmahnung für den Wiederholungsfall anzukündigen, ist unangemessen. Abgesehen davon, dass diese Konsequenz vor dem Arbeitsgericht wohl kaum Chancen auf Anerkennung haben dürfte.

  Wohl überlegt heißt auch, aufzupassen, sich mit einer Konsequenz nicht „ins eigene Knie zu schießen". Wenn der Trainer seinen besten Stürmer zur Strafe auf die Tribüne verbannt und ihn wochenlang nicht spielen lässt, schadet er sich vermutlich gerade selbst, weil das Team weniger Tore erzielt und Spiele verliert.

- **Kündigen Sie die Konsequenzen an (das ist fair)!**
  Es ist fair, dem Mitarbeiter konkret zu sagen, welche Konsequenz Sie im Wiederholungsfall ziehen. Beispiel: „Sollten Sie noch einmal gegen unsere Arbeitszeitregel verstoßen, so sehen wir uns in einem Gespräch wieder, in dem mein Vorgesetzter und ein Personaler mit anwesend sein werden."

  Der Mitarbeiter hat nun Wahlfreiheit: Er unterlässt sein Fehlverhalten und es passiert nichts weiter. Oder er wird zum Wiederholungstäter und dann kommt es zur angekündigten Konsequenz.

  Der faire Schiedsrichter sagt dem Spieler beim Zeigen der gelben Karte: „Lass es, dann spielst du hier in Ruhe zu Ende oder mache es nochmal, dann muss ich dir leider Rot zeigen."

  Zu vermeiden ist auf jeden Fall eine „Hohldrohung", bei der nicht gesagt wird, welche Konsequenzen ein Wiederholungsfall haben wird: „Das wird Konsequenzen haben" – am besten noch begleitet von einem erhobenen Zeigefinger. Das ist weder besonders glaubwürdig, da nicht konkret, noch fair.
- **Kündigen Sie nur Konsequenzen an, die Sie im Fall X auch herbeiführen!**
  Sichern Sie daher die Konsequenz im Zweifel beim Vorgesetzten ab (evtl. auch in der Personalabteilung und beim Betriebsrat)!

  Die dritte Regel gilt für die Kindeserziehung genauso wie in der Führung von Mitarbeitern: Ziehe durch, was du angekündigt hast, sonst wirst du unglaubwürdig. Wenn die Mama dem Kleinen androht, dass er kein Abendessen bekommt, wenn er sein Spielzeug nochmal im Flur liegen lässt, der Kleine macht es nochmal und bekommt dennoch Abendessen … dann weiß selbst ein Einjähriger schon, wie das Spiel funktioniert. Ob die Idee mit dem entzogenen Abendessen eine gute ist, wäre ebenfalls zu überlegen … ■

Falls Sie eine Maßnahme nicht im Alleingang entscheiden oder durchziehen können – stimmen Sie sich ab. Je nachdem mit Ihrem Vorgesetzten, der Personalabteilung oder dem Betriebsrat.

Über das Vier-Augen-Gespräch, das enger führen, das Teamgespräch und die Verantwortlichkeitsänderung innerhalb Ihres Teams können Sie in den meisten Organisationen selbst entscheiden. Bei allen anderen Maßnahmen gilt: „You'll never walk alone."

Ihrer souveränen Ausstrahlung tut es sehr gut, wenn Sie immer genau wissen, was Sie als Nächstes tun, falls der Mitarbeiter weiterhin nicht ausreichend leistet, sind nicht an vereinbarte Regeln hält oder Verhaltenserwartungen nicht erfüllt. Dann haben Sie alle Möglichkeiten, mit einem 60er Puls und in Ruhe zu agieren. Es tut also gut, zu wissen, welche „Pfeile Sie noch im Köcher" haben. Nicht, dass Sie damit schießen wollen. Nur, wenn Sie dazu gezwungen werden.

Und der Umkehrschluss ist auch erlaubt:

> Wenn Sie nicht wissen, was Sie als Nächstes tun sollen, laufen Sie Gefahr, emotional zu werden und Ihre souveräne Wirkung zu verlieren.

Lassen Sie in Situationen mit Mitarbeitern, die auf Ihr Feedback nicht ausreichend reagieren, Ihren Blick über die nachfolgend beschriebenen Möglichkeiten schweifen und entwickeln Sie eine Strategie für Ihre nächsten Schritte. Stimmen Sie sich mit Ihrem Vorgesetzten und situativ auch mit der Personalabteilung und dem Betriebsrat in schwierigen Fällen ab. Erzeugen Sie ein hohes Bewusstsein in sich selbst, welche Schritte Sie und in Abstimmung auch das Unternehmen bereit sind zu gehen. Angemessen, fair, abgestuft. Es sei denn, ein Mitarbeiter versucht, mit einem kompletten Rechner am Pförtner vorbeizukommen - der ist doch recht schnell bei der roten Karte.

Bild 4.2 fasst die wichtigsten Konsequenzen zusammen, die Ihnen bei Regelverstößen oder bei mangelndem Leistungsverhalten zur Verfügung stehen. Dieser Konsequenzenkatalog hat keine Reihenfolge in den gelisteten Maßnahmen. Er dient dazu, in kritischen Situationen eine Übersicht über die Maßnahmen zu haben, die für den Einzelfall in ihrer Angemessenheit und Durchführbarkeit zu prüfen sind. Manchmal haben Sie zum Beispiel gar keine realen Möglichkeiten auf eine monetäre Veränderung oder eine Versetzung.

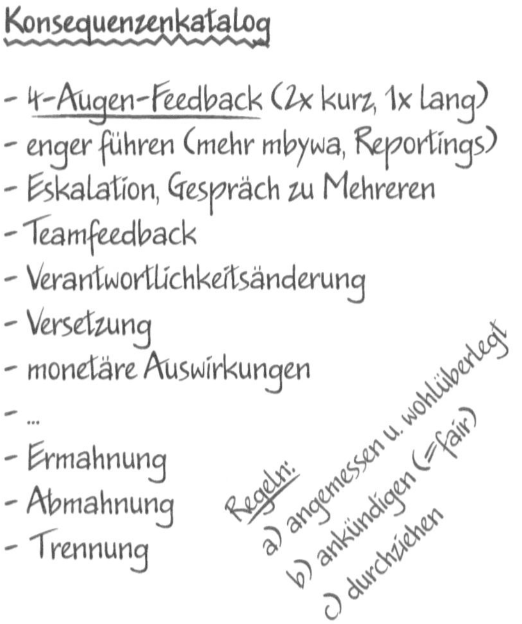

Konsequenzenkatalog

- 4-Augen-Feedback (2x kurz, 1x lang)
- enger führen (mehr mbywa, Reportings)
- Eskalation, Gespräch zu Mehreren
- Teamfeedback
- Verantwortlichkeitsänderung
- Versetzung
- monetäre Auswirkungen
- ...
- Ermahnung
- Abmahnung
- Trennung

Regeln:
a) angemessen u. wohlüberlegt
b) ankündigen (=fair)
c) durchziehen

Bild 4.2 Der Konsequenzenkatalog

Vier-Augen-Gespräch

Aus dem Bauch heraus: Wie viele *Vier-Augen-Feedbackgespräche* würden Sie mit einem Mitarbeiter führen, ehe Sie keine Motivation mehr zu weiteren Gesprächen hätten?

Die meisten Seminarteilnehmer antworten zwischen zwei und drei. Und genau das ist die Faustformel: maximal zwei kurze und ein langes Gespräch, situativ auf einmal kurz und einmal lang zu verkürzen. Kurz heißt, den Mitarbeiter ohne Vorlauf und ad hoc auf etwas anzusprechen. Ein Mitarbeiter kommt entgegen sonstiger Gewohnheiten erstmalig zu spät ins Meeting. Sie bitten ihn vor versammeltem Team um ein kurzes Gespräch nach dem Meeting (damit das Team ein Signal bekommt, dass Sie das nicht einfach durchgehen lassen, ohne dass Sie dabei inhaltlich werden und den Mitarbeiter bloßstellen würden). Sie sprechen den Mitarbeiter nach dem Meeting kurz auf den Grund seines Zuspätkommens an und bitten fortan wieder um Pünktlichkeit. Beim zweiten Mal entscheiden Sie situativ über ein kurzes oder langes Gespräch. Spätestens beim dritten Mal laden Sie zu einem Termin ein und setzen Sie sich mit dem Mitarbeiter an einen Tisch. Heißt, Sie verändern über die Einladung und das veränderte Setting bereits die Signale an den Mitarbeiter. Sie weisen darauf hin, dass Sie dazu bereits gesprochen hatten, und Sie nennen vor allem die nächste Konsequenz für den Wiederholungsfall. Das ist das wichtigste Element des langen Gesprächs. Sie sind nicht willens, weitere Vier-Augen-Gespräche zu führen, und ziehen im Wiederholungsfall ohne jeden Zweifel die genannte Konsequenz durch.

Enger führen

Enger führen bedeutet, den Mitarbeiter in der Konsequenz mehr zu kontrollieren, d.h. häufiger an seinem Arbeitsplatz vorbeizuschauen (mbywa), einen Jour fixe einzuführen, Zwischenberichte oder Etappenziele zu vereinbaren etc.

Im Interesse der Projektzielerreichung kann das z.B. die richtige Maßnahme sein, um erstmal über die Ziellinie zu kommen. In den Lessons learned nach dem Projekt lassen sich dann weitere Konsequenzen ableiten.

Eskalation

Das *Eskalationsgespräch* ist ein Gespräch unter sechs, acht oder sogar zehn Augen, je nachdem, wie groß Sie die „Kanonenkugel" wählen möchten. Der erste Kandidat für die Eskalationsrunde ist der nächsthöhere Vorgesetzte, also Ihr direkter Vorgesetzter. Weitere Kandidaten sind ein Personaler und ein Betriebsrat.

Sie sind und bleiben Gesprächsführender. Erstens kennen Sie die Historie des „Falls“ besser als alle anderen Anwesenden und zweitens bleibt es Ihr Mitarbeiter. Wenn zum Beispiel Ihr Vorgesetzter das Gespräch führen oder an sich reißen würde, wäre das Signal an den Mitarbeiter: „Ich, dein Chef, komme nicht weiter, darum macht das jetzt der Papa“. Nein. Papa, sprich Ihr direkter Vorgesetzter, ist Beisitzer. Er darf gerne, während Sie das Gespräch beginnen, zustimmend mit dem Kopf nicken, um körpersprachlich schon mal Rückendeckung zu signalisieren. Ihr Vorgesetzter kann dann auch etwas sagen - und dabei bestenfalls ins selbe Horn blasen. Nur sollte über die Gesprächseröffnung klar sein, dass es Ihr Gespräch ist! Auch ein eventuell anwesender Personaler oder Betriebsrat hat im Eskalationsgespräch eine Beisitzerrolle.

Es kann Charme haben, wenn Sie in bestimmten Situationen als Führender einen Betriebsrat zu einem solchen Gespräch hinzuziehen. Stellen Sie sich vor, einer Ihrer Mitarbeiter fällt durch unangemessenes Teamverhalten auf. Er behandelt Kollegen sehr schroff. Auch ein Betriebsrat akzeptiert nicht das Verhalten eines Einzelnen, das alle anderen Teamkollegen in Mitleidenschaft zieht.

Ich durfte es in meiner Praxis selbst erleben, dass ein Betriebsrat zu einem Mitarbeiter in einem Eskalationsgespräch sagte: „Wenn du so etwas nochmal tust, bekommst du eine Abmahnung. Das haben wir vorbesprochen. Und obwohl ich als Betriebsrat keine Abmahnung unterschreiben muss ... diese Abmahnung für ein solches inakzeptables Verhalten würde ich freiwillig mitunterschreiben.“ Ich sah seinerzeit, wie der Mitarbeiter ganz schön zu schlucken hatte. Keine Überraschung, wenn schon der Betriebsrat ihm so deutliche Worte sagte.

Hinweise zum Eskalationsprozess

- Sie haben ein bis maximal zwei kurze Vier-Augen-Feedbacks zu einem Sachverhalt gegeben. Ihr Mitarbeiter hat das Fehlverhalten dennoch wiederholt. Es steht nun ein langes Vier-Augen-Gespräch an. Sie vereinbaren einen Gesprächstermin und buchen ein Besprechungszimmer.
- Bevor Sie in dieses dritte Vier-Augen-Gespräch hineingehen, schauen Sie sich im Konsequenzenkatalog an, welche nächste Maßnahme Sie für angemessen erachten und für den Wiederholungsfall ankündigen möchten. Sollten Sie sich für das Eskalationsgespräch entscheiden, würden Sie zunächst mit Ihrem Vorgesetzten über die Situation und auch die gewünschte Ankündigung eines Eskalationsgesprächs sprechen. Ihr Vorgesetzter kann nun zustimmen und damit Rückendeckung für diesen speziellen Fall geben oder auch ein Veto einlegen und eine andere Maßnahme vorschlagen.
- Sollte Ihr Vorgesetzter zustimmen, kündigen Sie im „langen“ Vier-Augen-Gespräch das Eskalationsgespräch für den Wiederholungsfall an.
- Im Fall der Wiederholung führen Sie als der direkte Führende das Eskalationsgespräch, der Vorgesetzte (und optional Personaler, Betriebsrat) fungiert als „Beisitzer“.

Bitte lassen Sie nicht darauf ein, wenn Ihr Vorgesetzter mit Ihrem Mitarbeiter allein sprechen möchte. Sie bekommen nicht mit, was in dem Gespräch tatsächlich besprochen wird, und Sie sind im wahrsten Sinne des Wortes „raus". Das Signal an den Mitarbeiter ist: „Mein direkter Vorgesetzter hat hier nichts mehr zu sagen."

Der Geschäftsführer eines marktführenden Unternehmens hatte seinem Abteilungsleiter gesagt: „Lassen Sie mich mal mit dem sprechen. Ich werde dem schon ein paar Takte sagen." Nach dem Gespräch sagte der Geschäftsführer: „Den habe ich passend eingenordet", während der Mitarbeiter erzählte, er habe ein tolles Gespräch mit dem Geschäftsführer gehabt und „man habe sogar über eine mögliche Gehaltserhöhung gesprochen".

Diese Variante, die immer noch in manchen Unternehmen zu beobachten ist, hat die Nachteile, dass Sie kräftig Autorität verlieren und nicht wissen, was zwischen Ihrem Vorgesetzten und Ihrem Mitarbeiter wirklich besprochen wurde.

Teamfeedback

Das *Teamgespräch oder -feedback* benötigt Methodenkompetenz. Es geht hier darum, dass ein Mitarbeiter beispielsweise über sein geringschätzendes Teamverhalten Feedback bekommt. Allerdings darf dies keinesfalls in Form eines Tribunals geschehen. Nach dem Motto: „Setz dich mal dorthin - das Team hat dir etwas zu sagen." Wenn der Mitarbeiter nach dieser Veranstaltung zum Betriebsrat geht und sich darüber beschwert, vom gesamten Team auf Anleitung des Vorgesetzten gemobbt worden zu sein - dann hat er Recht.

Eine Methodik, mit der ich über viele Jahre gute Erfahrungen gemacht habe, ist das Feedback „Gruppe an Einzelnen", bei der reihum jedes Teammitglied aus den Reihen der Kollegen ein vorbereitetes Feedback über konkretes „bitte-weiter-so"- und „bitte-anders"-Verhalten bekommt. Dieses Verfahren ist fair, weil nicht ein Einzelner auf dem „heißen Stuhl" Platz nehmen soll und Feedback bekommt, sondern reihum jeder. Bekommt ein Mitarbeitender etwas mehr kritisches Feedback als andere, liegt es an seinem gezeigten Verhalten.

Es geht bei allen aufgeführten Maßnahmen darum, den Mitarbeiter zu einer Verhaltensänderung zu bewegen, und nicht um Strafe. Es besteht immerhin die Chance, dass ein Mitarbeitender auf das Feedback seiner Kollegen reagiert, nachdem er das Feedback seines Vorgesetzten ignoriert hatte. Diese Methodik ist gleichzeitig eine der Teamentwicklungsmaßnahmen, die die Feedbackkultur in Richtung „offenes Visier" entwickelt. Die Abfragen bei meinen Teilnehmern ergeben regelmäßig, dass diese Feedbackübung beziehungsfördernd ist und eben nicht, wie zuvor oft vermutet, beziehungsgefährdend. Voraussetzung ist, dass die „Sende- und Empfangsqualität" beim Feedbackaustausch hoch ist. Genau das ist bei dieser Maßnahme Ihre Rolle als Führender: auf Sende- und Empfangsqualität im Feedbackprozess zu achten.

Verantwortlichkeitsänderung

Eine weitere mögliche Konsequenz ist eine *Änderung in der Verantwortlichkeit.* Falls ein Mitarbeiter mit einem bestimmten Auftrag nicht zurechtkommt, vielleicht ist er in einem anderen Auftrag erfolgreicher. Wenn sich der Spieler offenkundig als linker Verteidiger nicht eignet, vielleicht ist er ein wunderbarer Rechtsaußen.

Bitte kreieren Sie keinen „Window-Seater“: Einen Mitarbeiter, der keine Verantwortung mehr bekommt, dafür aber einen Fensterplatz, damit er wenigstens etwas zu gucken hat. Das ist unfair gegenüber dem Mitarbeiter, negativ in der Außenwirkung und wird gerne als Form des Mobbings oder „Raus-Ekelns“ bezeichnet.

Versetzung

Versetzung heißt „raus aus diesem Team, hinein in ein anderes“ oder im Projekt auch Projektausschluss und zurück in die Linie. Und auch hier kann es sein, dass ein Mitarbeiter in einem anderen Team deutlich besser zurechtkommt als im alten Team und alle Beteiligten (altes und neues Team sowie Mitarbeiter selbst) glücklicher und erfolgreicher sind. Auch im Teamsport lässt sich gut beobachten, dass manche Spieler in irgendein Team nicht passen und in einem anderen Team „aufblühen“. Es ist zu prüfen, ob es eine reelle Möglichkeit zur Versetzung im Unternehmen oder in der Organisation gibt.

Monetäre Auswirkung

Monetäre Auswirkungen sind auf ihre Machbarbarkeit hin zu prüfen. Dann lässt sich darüber nachdenken, ob eine monetäre Auswirkung zu jener Fehlleistung des Mitarbeiters passt. Naheliegend sind zum Beispiel Boni- oder Prämienkürzungen. Ich habe in meiner Praxis einmal sogar einen Fall tariflicher Herabstufung mitbekommen, als ein Mitarbeiter mit einer neuen Führungsrolle nachweislich nicht zurechtkam und zurück in eine Sachbearbeiterrolle wechselte. Seinerzeit hatten der Maßnahme alle zugestimmt, auch der Mitarbeiter selbst sowie der Betriebsrat.

Ermahnung

Die *Ermahnung* wird in manchen Unternehmen als Mittel eingesetzt. Häufig erfolgt sie in der Form, dass der Mitarbeiter offiziell in Beisein eines Zeugen ermahnt wird und es einen Eintrag dazu in die Personalakte gibt.

Bei der Ermahnung wird in aller Regel keine Kündigung für den Wiederholungsfall angedroht. Allerdings sind die Durchführungsmodi je nach Unternehmen unterschiedlich. Als Zeuge wird auch gerne ein Betriebsrat hinzugenommen.

Abmahnung

Die *Abmahnung*, die stets schriftlich ist, sollte mit Zahlen, Daten, Fakten nur so gespickt sein, um im Fall des Falles vor dem Arbeitsgericht bestehen zu können. Sollte der Mitarbeiter gegen die Abmahnung vorgehen, besteht die Gefahr, dass das Arbeitsgericht diese für unwirksam erklärt. Aus diesem Grunde wird die Personalabteilung, die die Abmahnung in der Regel verfasst, von Ihnen als Führendem Zahlen, Daten und Fakten abverlangen, um die Abmahnung „gerichtsfest" zu machen.

Sollte die Abmahnung vom Arbeitsgericht für unwirksam erklärt werden, gewinnt der Mitarbeiter Macht über die Situation. Dadurch würde Ihr Führungsauftrag deutlich erschwert.

Trennung

Wenn alle Maßnahmen nicht reichen, muss es zur *Trennung* in Form einer Kündigung oder eines Aufhebungsvertrags kommen. Und auch hier sollte das Vorgehen juristisch korrekt und „gerichtsfest" sein. Darauf wird in aller Regel die Personalabteilung Wert legen.

Vereinbaren, was durchsetzbar ist

Manchmal ist von einem Tipp zu hören, die Mitarbeiter einen Regelvertrag unterschreiben zu lassen und zum Beispiel darin auch eine Geldstrafe für Zu-spät-Kommen zu vereinbaren. Gegen den Vertrag ist nichts zu sagen, denn empfehlenswerterweise werden die Regeln gemeinsam vereinbart: Dann lässt sich das Ganze auch unterschreiben. Noch entscheidender als die Unterschrift ist allerdings die konsequente Verfolgung der Einhaltung der Regeln. Was die Geldstrafe als Konsequenz anbetrifft, so ist davon eher abzuraten. Stellen Sie sich vor, ein Mitarbeiter soll zehn Euro für Zu-spät-Kommen bezahlen und weigert sich. Juristisch lässt sich die Geldforderung nicht durchsetzen und ein Leistungsbeurteilungsparameter ist die Zahlung auch nicht. Sie können also mangels Durchsetzungsmöglichkeit an Führungsautorität verlieren und stattdessen „gewinnen" Sie möglicherweise einen Konflikt, weil sich die Teamkollegen über die Nicht-Zahlung ärgern und sich genauso ohnmächtig (= ohne Macht) fühlen wie Sie. ■

■ 4.11 Geeignete Kommunikationskanäle für Führung

Führende haben im besseren Fall ein hohes Bewusstsein und eine hohe Sensibilität darüber, welche Kommunikationskanäle sie für welchen Zweck einsetzen. Die zur Verfügung stehenden Kommunikationskanäle sind von recht unterschiedlicher Qualität.

- Das *persönliche Gespräch* ist der Kommunikationskanal mit der allerhöchsten Qualität. Sie erleben Ihren Mitarbeiter dreidimensional und mit allen Sinnen. Sie nehmen Sprache und Körpersprache wahr und Ihr Unterbewusstsein erfasst permanent mit allen Sinnen weitere Signale. Kritische und konfliktäre Themen sollten Sie nach Möglichkeit in persönlichen Gesprächen besprechen.
- Die *Videokonferenz* auf Platz 2 bringt schon Einschränkungen mit sich: Zwei- statt Dreidimensionalität, keine weiteren Sinneseindrücke, technische Veränderung des Tonfalls. Auch wenn vieles heute schon wirklich gut funktioniert per Videokonferenz, diese Handicaps lassen sich nicht wegdiskutieren. Allerdings bietet die Videokonferenz in Zeiten der Globalisierung, von Distance oder Remote Leadership, Homeoffice etc. einen klaren Kosten-Nutzen-Vorteil in vielen Situationen. Falls ein persönliches Gespräch wirklich nicht zu realisieren ist, können Sie ein Delegations-, ein Beurteilungs- und notfalls auch ein Feedbackgespräch in einer Videokonferenz führen. Sie nehmen dabei allerdings die oben genannten Einschränkungen in Kauf und ein kritisches Feedback per Videokonferenz ist als grenzwertig zu bezeichnen. Was explizit auszuklammern ist, sind Konfliktklärungsgespräche mit Konfliktpartnern per Videokonferenz. Für diese Thematik gibt es schon in Präsenzgesprächen keine Garantie auf Klärung und in einer Videokonferenz erst recht nicht. Die Gefahr, dass das Gespräch eskaliert, ist um ein deutliches höher.
- Das *Telefonat* auf Platz 3 ist noch stärker gehandicapt. Kein optischer Eindruck, teils verzerrte Stimmen. Hier ist schon genau abzuwägen, welche Themen Sie telefonisch besprechen und zu welchen Themen Sie im Minimum eine Videokonferenz oder besser noch ein persönliches Gespräch haben möchten. Wenn es geht, vermeiden Sie den Kanal „Telefonat" für kritische und konfliktäre The-

men. Und auch für Delegations- und Beurteilungsgespräche scheidet aufgrund der nicht-sichtbaren mimischen Reaktion das Telefonat aus.

- Mit viel Abstand auf Platz 4 folgen die *schriftlichen Kanäle* wie E-Mail, Messenger oder auch das schwarze Brett, der Sharepoint etc. Gesprochene Sprache unterscheidet sich von der Schriftsprache. Eine E-Mail und auch ein Schriftstück sind asynchron. Sie wissen nicht, ob und wann Ihr Mitarbeiter die schriftliche Nachricht liest. Sie wissen nicht, wie er schaut, wenn er sie liest. Sie wissen nicht, wie er die Inhalte der Mail versteht, welche Gedanken und Gefühle die Nachricht auslöst usw. Die E-Mail oder der Aushang werden teilweise sogar nicht als Kommunikationskanäle bezeichnet, weil kein Dialog stattfindet. Schriftsprache ist interpretierbar (das zwischen-den-Zeilen-lesen). Gemeinsam formulierte Schriftstücke wie zum Beispiel das Ergebnisprotokoll sind in Ordnung, auf viele andere schriftliche Inhalte sollte, wenn nicht vorher, dann hinterher, ein Dialog folgen.

Bleiben Sie sensibel und bewusst in der Wahl des Kommunikationskanals in spezifischen Situationen und Themen!

4.12 Management by delegation und Management by objectives

Management by delegation und Management by objectives bedeuten zum einen Führen durch Delegation und zum anderen Führen durch Zielvereinbarung. Ihr Unternehmen oder Ihr Team wird umso leistungsfähiger, je mehr Menschen wirklich Ziele verfolgen und Verantwortung übernehmen.

Management by delegation und Management by objectives sind insofern verwandt miteinander, als dass die einzusetzenden Gesprächstechniken dieselben sind. In beiden Fällen ist eine klare, eindeutige Formulierung der Verantwortlichkeit oder des Ziels unverzichtbar. Ob es die Verantwortung ist, stets alle Zahlen der Buchhaltung korrekt zu haben oder das Ziel, eine bestimmte Software bis Jahresende programmiert zu haben.

Für beide Managementtechniken ist die Visualisierung vorteilhaft und auch die Anwendung des kontrollierten Dialogs („Was hast du jetzt als Auftrag oder Ziel wahrgenommen?").

Management-by-Delegation und Management-by-Objectives schöpfen die Ressourcen der Mitarbeiter am besten aus, weil die Mitarbeiter über das „Wie?" der Zielerreichung oder Verantwortlichkeitserfüllung selbst entscheiden dürfen und sollen.

Es ist Ihre Aufgabe als Führungskraft, Ziele zu vereinbaren und Verantwortung zu delegieren.

Für diejenigen Mitarbeiter, die partout keine Verantwortung übernehmen wollen, sind Verwendungsmöglichkeiten zu prüfen. Wobei auch hier die Erfahrung zeigt: Formulieren Sie eine Verantwortung richtig und übertragen Sie sie mithilfe der entsprechenden Gesprächstechniken, wachsen die meisten Menschen erfolgreich in die Verantwortung hinein. Manche Menschen trauen sich die Verantwortungsübernahme nicht zu und brauchen einen kleinen Schubs, um selbst festzustellen, dass sie einer bestimmten Verantwortung gewachsen sind.

4.13 Formalisierte Mitarbeitergespräche

Mitarbeiter- bzw. Jahresgespräche dienen häufig neben der strukturierten Leistungsbeurteilung dazu, Mitarbeitern Entwicklungsmöglichkeiten aufzuzeigen und Zielvereinbarungen zu treffen. Zumeist wird als Grundlage ein Fragebogen benutzt. Mit einem formalisierten Mitarbeitergespräch wird die im letzten Halbjahr oder Jahr erbrachte Leistung mittels einer Skala bewertet und definiert, was im nächsten Jahr oder Halbjahr erreicht werden soll.

Bild 4.3 fasst die zentralen Aspekte eines Mitarbeitergesprächs zusammen.

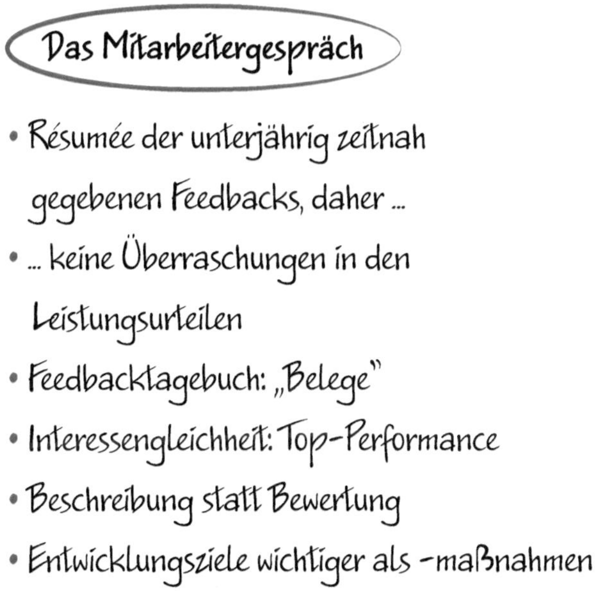

- Résumée der unterjährig zeitnah gegebenen Feedbacks, daher ...
- ... keine Überraschungen in den Leistungsurteilen
- Feedbacktagebuch: „Belege"
- Interessengleichheit: Top-Performance
- Beschreibung statt Bewertung
- Entwicklungsziele wichtiger als -maßnahmen

Bild 4.3 Zentrale Inhalte eines Mitarbeitergesprächs

Nur Resümee und ohne Überraschungen

Da Sie Ihre Feedbacks stets zeitnah geben sollten, darf das jährliche Mitarbeitergespräch (MAG) keine Überraschungen enthalten. Wenn ein Mitarbeiter im MAG erstmalig erfährt, in einer Kategorie in Ihrem Leistungsurteil nicht gut abzuschneiden, ist in den zurückliegenden Monaten etwas „schiefgelaufen". Sie wären Ihrer Führungsaufgabe Feedback nicht gerecht geworden. Der Mitarbeiter muss in dem Moment, in dem Sie Korrekturbedarf erkennen, davon in Kenntnis gesetzt werden, damit er eine Chance hat, darauf zu reagieren. Kein Feedback zu geben bzw. den Korrekturbedarf nicht zu äußern, ist unfair! Mal davon abgesehen, dass Mitarbeiter korrigierendes und bestätigendes Feedback erhalten möchten, um zu wissen, wo sie leistungsmäßig stehen.

Das jährliche oder halbjährliche MAG ist ein Resümee der unterjährig zeitnah gegebenen Feedbacks!

Belege mit dem „Feedbacktagebuch"

Jede Leistungsbeurteilung braucht mindestens einen Beleg und das Mitarbeitergespräch ist ein Resümee der unterjährig zeitnah gegebenen Feedbacks. Um dem gerecht zu werden, ist ein „Feedbacktagebuch" von großem Nutzen, wobei das „Feedbacktagebuch" keine Geheimakte ist.

In ein „Feedbacktagebuch" wird nur eingetragen, was tatsächlich ausgesprochen wurde!

Damit ähnelt es eher Gesprächsnotizen, die Sie transparent behandeln können. Auch im Mitarbeitergespräch können Sie offen darauf zurückgreifen, um Ihr Leistungsfeedback „belegen" zu können. Sie können dem Mitarbeiter darlegen, dass Sie bereits an folgenden Tagen mit ihm zu dem Thema gesprochen hatten.

Auch im Eskalationsfall ist ein Feedbacktagebuch nützlich, wenn Ihr Mitarbeiter beispielsweise gegen Ihre Leistungsbeurteilung vorgehen möchte, seine Unterschrift verweigert oder Ähnliches. Der nächsthöhere Vorgesetzte als Eskalationsinstanz ist dann in der Rolle, auf Basis aller Belege von Ihrer Seite und vonseiten Ihres Mitarbeiters ein Urteil zu fällen. Und je besser Sie belegen können, eben auch mithilfe Ihres Feedbacktagebuchs, desto eher wird Ihre Leistungsbeurteilung Anerkennung finden.

Machen Sie es sich zur Gewohnheit, eine kurze Gesprächsnotiz zu gegebenen Feedbacks zu machen. Das erleichtert auch Ihre Vorbereitung auf ein formales Mitarbeitergespräch und bewahrt Sie vor dem Beurteilungsfehler, in Ihrer Beurteilung nur auf den Zeitraum zurückzugreifen, der Ihnen noch im Gedächtnis ist. Und das sind manchmal nur die letzten Wochen und eben nicht der komplette Beurteilungszeitraum eines ganzen oder halben Jahres.

Interessengleichheit zwischen Führendem und Mitarbeiter

Streng genommen haben Mitarbeiter und Führender im Mitarbeitergespräch eine Interessengleichheit. Beide möchten, dass der Mitarbeiter eine gute Beurteilung erhält. Auch der Führende sollte das wollen. Denn der Führende hat den Auftrag, den Mitarbeiter zu einer Top-Leistung zu führen.

Bei manchen Führenden entsteht der Eindruck, dass diese das Mitarbeitergespräch nutzen, um dem Mitarbeiter „einen mitzugeben“ oder ihn „mal richtig einzunorden“. Von manchen Führenden ist gar zu hören: „Bloß kein gutes Leistungsurteil, nachher kommt der noch mit Gehaltswünschen.“ Das ist genau die falsche Grundeinstellung zum MAG.

Der Erfolg des Mitarbeiters ist Ihr Erfolg! Und der Misserfolg ebenso!

Bumerang Leistungsbeurteilung

Falls also Ihr Mitarbeiter im Mitarbeitergespräch schlecht abschneidet, könnte Ihr Vorgesetzter Sie darauf ansprechen. Warum ist es Ihnen nicht gelungen, den Mitarbeiter zu einer besseren Performance zu führen und zu entwickeln? Napoleon Bonaparte wird der Satz zugeschrieben: Es gibt gar keine schlechten Soldaten, es gibt nur schlechte Offiziere.

Es ist Ihr Auftrag, ein Top-Team zu formen und die Leistung jedes Einzelnen zu entwickeln!

Schön also, wenn Ihr Mitarbeiter im Mitarbeitergespräch gut abschneidet. Dann haben auch Sie einen guten Job gemacht. Dann haben Sie ihn zum Beispiel gut gefördert und entwickelt oder den selbstständig arbeitenden, kompetenten Mitarbeiter passend „in Ruhe gelassen“.

Es sollte auch Ihr Streben sein, dem Mitarbeiter zu Beginn einer Beurteilungsperiode Leistungsmaßstäbe zu kommunizieren, anhand derer er selbst und auch Sie die Leistung beurteilen können und werden. Um danach zeitnah zu Ereignissen Feedback zu geben, den Mitarbeiter ggf. zu besserer Leistung zu coachen und im resümierenden Gespräch eine gute aktuelle Leistung zu attestieren.

Ein schlechtes Abschneiden Ihres Mitarbeiters im Mitarbeitergespräch könnte also auf Sie zurückfallen bzw. zum „Bumerang“ werden.

Umgang mit der Skalierung

Skalierungen in Mitarbeitergespräch-Konzepten sind unterschiedlich beschaffen. Skalierung bedeutet in diesem Kontext beispielsweise eine Bewertung nach Schulnoten. Von einer Schulnotenskala ist allerdings abzuraten. Denn die naheliegende Assoziation bei dieser Skalierung ist Schule. Das dürfte nicht jedem Mitarbeitendem gefallen, denn diese haben die Schulzeit hinter sich.

Je mehr Möglichkeiten eine Skala bietet, desto eher kann sich ein Gespräch darüber entwickeln, warum Sie Ihr Kreuz nicht ein Kästchen weiter links oder rechts gesetzt haben. Also warum sollten Sie sich mit einer Sechser- oder Achter-Skala quälen. Eine Vierer-Skala reicht völlig aus. Bei einer Viererskala ist keine Tendenz zur Mitte möglich und auch keine allzu große Differenzierung notwendig, da es nur vier Kategorien gibt.

In der Beschreibung könnte diese dann von „Erwartungen voll erfüllt“ über „überwiegend erfüllt“ und „teils erfüllt“ bis zu „in geringem Maße erfüllt“ reichen.

Von einem „übererfüllt“ ist dringend abzuraten. Das „voll erfüllt“ käme dann nur an zweiter Stelle in der Skala, was regelmäßig Mitarbeiter nicht zufriedenstellt. Diese streben dann das „ganz links in der Skala“ an und sind mit dem Eindruck des zweiten Platzes nicht zufrieden.

Hinzu kommt, dass Übererfüllung nicht in jedem Auftrag gefragt ist. Wenn die Flasche voll ist, ist sie voll. Ein Weiterkippen würde sie zum Überlaufen bringen, was dann Ressourcenverschwendung und damit Minderleistung ist. Kann ein Mitarbeiter der Buchhaltung, dessen Zahlen stets korrekt sein müssen, bei diesem Anspruch übererfüllen?

Sollte eine Übererfüllung in einem Auftrag, einer Verantwortung oder einer Zielsetzung von Interesse sein (zum Beispiel bei Umsatzzielen) und dem Mitarbeiter auch tatsächlich gelungen sein, sollte dieses in einem Freitext explizit und „fett“ zum Ausdruck gebracht werden. Das hat gegenüber einem einfachen Kreuzchen auch noch eine höhere Wertschätzung.

Tun Sie sich den Gefallen und belassen Sie die beste Bewertung in der Skalierung bei „voll erfüllt“ oder 100 %. Alle bisherigen Erfahrungen zeigen, dass Ihre Mitarbeiter ansonsten nach 120 % – ob sinnvoll und gefragt oder nicht – streben. Selbst der Buchhalter, dessen Zahlen und Buchungen verantwortungsgerecht korrekt sind, möchte dann wie alle anderen auch 120 % dafür haben ... ein Thema, das Sie über Jahre immer wieder in schwierige Gesprächssituationen bringen würde.

Lassen Sie sich nicht auf eine Diskussion darüber ein, ob eine Leistung nun eher „überwiegend" oder „teils" erfüllt ist. Hier können Sie dem Mitarbeiter gern entgegenkommen und aus einem „teils erfüllt" ein „überwiegend erfüllt" machen. Das ändert nichts an der Tatsache, dass der Mitarbeiter nicht „voll erfüllt" hat. Besprechen Sie, statt über ein Kreuzchen zu diskutieren, wie der Mitarbeiter sich in Richtung „voll erfüllt" entwickeln kann.

Bleiben Sie in Ihrer persönlichen Wortwahl exakt in der Titulierung der Skalierung. Wenn Sie anfangs von „prima" und „gut" sprechen, um kurz darauf ein „überwiegend erfüllt" zu präsentieren, kann auch das zu überflüssigen Diskussionen führen. Bleiben Sie konsequent in der Wortwahl „voll, überwiegend, teils oder in geringem Maße erfüllt" oder wie auch immer Ihre Skalierung tituliert ist.

Klare Ziele und Erwartungen formulieren

Ob wir über Verantwortlichkeiten, Ziele, Regeln oder spezifische Verhaltenserwartungen reden – es gilt stets, klar, eindeutig und messbar zu formulieren. Sowohl den „goldenen Verantwortlichkeitssatz", der Ergebnisse des Mitarbeiters beschreibt, als auch spezifische und messbare Zielformulierungen wie etwa bei Vertriebs- und Projektzielen. Regeln sind ebenso kurz, knapp und eindeutig zu formulieren. Komplizierte und lange Regeln sind schwerer zu verstehen und anzuwenden – siehe beispielsweise die Abseitsregel im Fußball, die für manche Menschen ein Mysterium ist. Spezifische Verhaltenserwartungen sind gleichfalls konkret und beschreibend zu formulieren. Und eindeutig bedeutet, dass es eben keine weiteren Deutungsmöglichkeiten gibt, sonst wäre es mehrdeutig.

Klarheit, Eindeutigkeit und Messbarkeit in der Ergebnis-, Regel- und Erwartungsformulierung legen den Grundstein für die Leistung und das Leistungsfeedback der kommenden Periode. ■

Es lässt sich ab und zu beobachten, dass unklar, uneindeutig und/oder nicht messbar formuliert wird. Und dann werden Leistungsbeurteilung und Feedback wieder eine unsichere Angelegenheit. Wenn beispielsweise Kundenzufriedenheit eine Zielgröße sein soll, dann empfiehlt es sich, eine Zielgröße zu definieren und diese auch tatsächlich zu messen: „Die Kundenzufriedenheit deiner Kundengruppe soll in diesem Jahr auf einer Skala von 0 bis 10 bei mindestens 8,0 liegen." Gemessen wird die Zielerreichung dann über Kundenbefragungen, bei denen nach Ihrer Zufriedenheit auf einer Skala von 0 bis 10 gefragt wird. Kundenzufriedenheit soll häufig ein Ziel für einen Mitarbeiter sein und die Beurteilung stützt sich dann einzig auf die drei Kundenbeschwerden, die dem Führenden im Laufe des Jahres zu Ohren gekommen sind …

Dasselbe gilt für Qualifizierungsziele im Mitarbeitergespräch: „Teilnahme an einer Software-X-Schulung“ ist kein Ziel, sondern eine Maßnahme! Da nimmt der Mitarbeiter an der Schulung teil, achtet darauf, dass seine Unterschrift auf der Teilnehmerliste erscheint, und das „Ziel“ ist erreicht ... wow.

Das Ziel ist zum Beispiel: „Der Mitarbeiter ist ab dem (Datum) in der Lage, mit der Software X sämtliche Buchungsvorgänge zu bewältigen.“ Das ist ein (Qualifizierungs-)Ziel!

Gestatten Sie sich auch bei Qualifizierungszielen, klar, eindeutig und messbar Ergebnisse zu formulieren. „Der Mitarbeiter kann ab dem (Datum) sämtliche schriftliche Korrespondenz auf Russisch führen“ statt „nimmt an einem Russischkurs teil“. Das mit der „sämtlichen Korrespondenz auf Russisch“ lässt sich prüfen und das Datum ebenfalls.

Häufig nehmen Personen an einer Qualifizierungsmaßnahme teil, ohne dass zuvor klare Zielvorstellungen formuliert wurden, die auch mit dem Vorgesetzten besprochen wurden und deren Erreichungsgrad auch nach der Maßnahme evaluiert wird. Was möchte der Vorgesetzte im Verhalten des Mitarbeitenden beobachten können, was er heute noch nicht beobachten kann? Welches Wissen oder Können soll der Mitarbeitende erwerben? Die blanke Teilnahme an einem Seminar oder Coaching hat mit klaren Erwartungen seitens des Führenden schrecklich wenig zu tun.

Thema „Gehalt“ im Mitarbeitergespräch

Manche Führende befürchten höhere Gehaltswünsche Ihrer Mitarbeiter, sobald sie ein positives Leistungsfeedback geben, und vermeiden dann lieber ein durchgängig positives Leistungsfeedback. Das wird allerdings ihrer eigenen Verantwortung nicht gerecht, den Mitarbeiter zu einer Top-Leistung zu entwickeln.

Dabei ist es doch so: Wenn ein Mitarbeiter eine 100 %-Leistung erbringt, dann hat er seine aktuelle Gegenleistung, sprich sein Gehalt, vollends verdient.

Das setzt allerdings voraus, dass aktuell Leistungserwartung und Gegenleistung (= Gehalt) im passenden Gleichgewicht sind. Sollte das zum Nachteil des Mitarbeiters nicht so sein, sollte folgerichtig über eine Gehaltsanpassung nachgedacht werden. Ein tolles Signal, wenn Führende das auf eigene Initiative hin tun.

Was das Mitarbeitergespräch angeht, so ist eine Trennung zwischen dem Leistungsbeurteilungsgespräch und einem Gehaltsgespräch ratsam. Trennen Sie die beiden Gespräche, selbst wenn sie unmittelbar nacheinander stattfinden. Im Leistungsbeurteilungsgespräch geht es darum, zu einer korrekten, belegten und resümierenden Abschlussbeurteilung zu kommen. Darauf liegt der Fokus.

Im Gehaltsgespräch geht es darum, zu ermitteln, ob eine Mehrleistung vorliegt, die ein Mehrentgelt rechtfertigt. Und diese Mehrleistung hat der Mitarbeiter zu dokumentieren. Kommt also ein Mitarbeiter mit dem Wunsch nach einem Gehaltsgespräch, bleiben Sie entspannt. Machen Sie es sich auf Ihrem Stuhl bequem und bitten Sie den Mitarbeiter, „loszulegen".

„Loszulegen?" Womit? Nun, nicht Sie als Führender sind an der Reihe, zu argumentieren, warum eine Gehaltserhöhung gerade „nicht drin ist" oder so ähnlich. Das wäre auch ein recht destruktives Signal an den Mitarbeiter. Der Mitarbeiter ist dran, zu argumentieren, warum eine Gehaltserhöhung gerechtfertigt sei. Hören Sie aufmerksam zu. Lassen Sie sich die Argumente des Mitarbeiters konkretisieren. Seien Sie offen für das, was der Mitarbeiter sagt. Hat er Recht mit seiner Argumentation und Sie haben beispielsweise gesonderte und dauerhafte Leistungen übersehen (Einmalleistungen rechtfertigen lediglich eine Einmalzahlung), sollten Sie sich ernsthaft mit einer Gehaltserhöhung auseinandersetzen.

Kann der Mitarbeiter hingegen keine Mehrleistung vorweisen, bieten sich zwei Dinge an: Erstens zu hinterfragen, ob der Mehrgehaltswunsch möglicherweise ein unbewusster Kompensationswunsch wegen unbefriedigter anderer Bedürfnisse ist (Mitarbeiter bekommt zum Beispiel zu wenig Streicheleinheiten oder hat wegen starker privater Finanzprobleme ein unbefriedigtes Sicherheitsbedürfnis ...) und mit unzureichend vergüteter Mehrleistung nichts zu tun hat.

Zweitens lässt sich in die Zukunft schauen. Gibt es irgendwelche künftigen Mehrleistungen, die dieser Mitarbeiter erbringen kann und die für das Unternehmen von Interesse sind? Auch darüber lässt sich sprechen, um zumindest eine Perspektive aufzubauen.

Sie erkennen an den Inhalten der Gespräche, dass das Mitarbeitergespräch und ein Gehaltsgespräch besser nicht „durchmischt" werden sollten.

Bleiben Sie in Ihrer Grundhaltung bei Gehaltswünschen konstruktiv, aber prüfen Sie auch konsequent die Argumentation Ihres Mitarbeitenden. ■

5 Kernprozesse der Führung

Bild 5.1 liefert eine Übersicht der Ebenen und Kernprozesse, auf denen sich die Zusammenarbeit zwischen Führendem und Mitarbeiter abspielt.

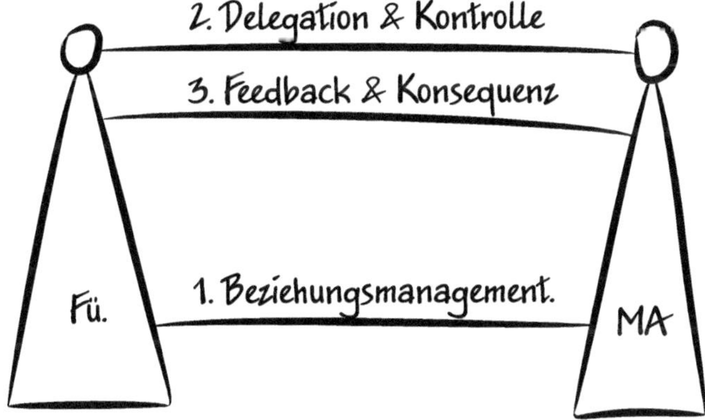

Bild 5.1 Kernprozesse der Führung

5.1 Führungsaufgabe Beziehungsmanagement

Wenn Sie erfolgreich führen möchten, benötigen Sie eine ungestörte Beziehung zu Ihren Mitarbeitern. Liegt eine Beziehungsstörung vor, so sind häufig auf Sach- und Fachebene Widerstände und Unlust zu erkennen. Deren Ursache ist jedoch auf der emotionalen Ebene zu suchen.

Um auf Sach- und Fachebene gut führen zu können, muss eine möglichst gute Beziehung zum Mitarbeiter aufgebaut und gepflegt werden. Die Kunst der Führung besteht dann darin, eine ungestörte Beziehung trotz der punktuellen Notwendigkeit von Korrektur, Kritik und Konsequenz aufrechtzuerhalten.

Beziehungsmanagement fängt schon damit an, sich dem Mitarbeiter im Kennenlerngespräch als Mensch vorzustellen, auch mit privaten Informationen, eigenen Schwächen etc. Führende machen einen Fehler, wenn sie sich ihren Mitarbeitern auf rein fachlicher Ebene präsentieren, sich also zum Beispiel nur mit dem eigenen Karriereweg vorstellen. Das reicht höchstens, wenn Ihr Team ausschließlich aus „verkopften" Typen besteht - was höchst unwahrscheinlich ist.

Also stellen Sie sich als Mensch mit einem Privatleben vor, was Ihnen auch die Chance eröffnet, etwas Privates von Ihren Mitarbeitern zu erfahren. Je besser Sie Ihren Mitarbeiter kennen, desto besser können Sie ihn führen. Seine Motive, seine Lebenserfahrungen, sein Lebensumfeld sind nützliche Informationen.

Wenn Sie wissen, dass Ihr Mitarbeiter daheim seine schwerkranke Mutter pflegt, entstehen andere Thesen in Ihrem Kopf, wenn er morgens mal unausgeschlafen wirkt, als wenn Sie wissen, dass er im Schützenverein ist. Wenn Ihnen klar ist, dass Ihr Mitarbeiter glühender Fan eines bestimmten Fußballclubs ist, betrachten Sie seine üble Laune am Montagmorgen nach dem 0:5 am Wochenende anders als ohne dieses Wissen. Das wiederum eröffnet Ihnen andere Handlungsoptionen.

Sich gegenseitig auf beruflicher und privater Ebene kennenzulernen, ist ein wichtiger Baustein im Beziehungsaufbau. Zur Beziehungspflege gehören dann banal klingende Elemente wie Tagesgruß, Small Talk, empathische Gespräche, Gratulationen zum Geburtstag, ein „wie war es im Urlaub?" oder „wie geht es dir jetzt nach deiner Erkrankung?". Ein aufrichtig gemeintes „wie war es im Urlaub?" oder „wie geht es dir nach deiner Erkrankung?" zeugt von Interesse und wird förderlich für die Beziehung sein. Die Aufrichtigkeit ist abhängig von Ihrer inneren Einstellung. Je mehr Sie der Mitarbeiter wirklich interessiert, desto aufrichtiger und authentischer wird Ihre Nachfrage wahrgenommen werden.

Zur Führungsaufgabe Beziehungsmanagement gehört nicht nur die Beziehungsgestaltung zu den zu führenden Mitarbeitenden, sondern auch die Einflussnahme auf die Beziehungen der Teammitglieder untereinander, sprich die Führungsaufgabe Teamentwicklung.

Relevanz ungestörter Beziehungen zu Mitarbeitern

Ihre Beziehung zu Ihren Mitarbeitern ist permanent in Gefahr, eine Störung zu erleiden. Sie „treten einem Mitarbeiter auf die Füße", ohne es zu merken. Da reicht schon das falsche Wort, der unterlassene Tagesgruß oder irgendein Verhalten, das der Mitarbeiter „in den falschen Hals bekommt" oder als Störpunkt erlebt. Und wie ein Mitarbeiter eine Ihrer Verhaltensweisen erlebt, liegt eben in seinem Auge. Entscheidend ist die subjektive Wahrnehmung des Mitarbeiters.

Auflösen lässt sich die Störung nur, indem Sie die subjektive Wahrnehmung und damit ausgelöste Störung kennenlernen.

Nicht jeder Mitarbeiter ist so feedbackaffin, und wird Ihnen diesen Störpunkt auch gleich mitteilen. Manche Menschen geben nicht gerne Feedback und erst recht ihrem Chef oder ihrer Chefin nicht. Seien Sie deshalb aufmerksam. Richten Sie Ihre Antennen auf die Mitarbeiter. Empfangen Sie Störungen, sprechen Sie Ihr Bauchgefühl offen an. Sollten Sie den Eindruck irgendeiner Störung haben, formulieren Sie unter vier Augen gegenüber jenem Mitarbeiter eben genau dieses Gefühl, dass „irgendetwas nicht stimmt", und achten Sie genau auf die sprachlichen und körpersprachlichen Signale.

Auch die Wahrnehmung von Führungsaufgaben birgt die Gefahr, Störungen zu erzeugen. Es ist als Kunst der Führung zu bezeichnen, einem Mitarbeiter beispielsweise ein kritisches Feedback zu geben oder ihn in Phasen der Veränderung aus seiner Komfortzone herauszuführen, ohne dass die Beziehung darunter leidet.

Eine Faustformel lautet: über den Bauch in den Kopf. Kreieren Sie zunächst eine Beziehung, ehe Sie auf Sach- und Kopfebene beginnen, zu führen. Das gilt nicht nur in unmittelbarer Führungsbeziehung vor Ort, sondern auch und erst recht bei Führung auf Distanzen oder/und über kulturelle Grenzen hinweg. Bauen Sie zu Ihren Mitarbeitern an anderen Standorten oder in anderen Ländern eine persönliche Beziehung auf und wechseln Sie erst dann auf fachliche Themen.

Die Faustformel lautet „über den Bauch in den Kopf"!

Individualisiert und je nach Persönlichkeitstyp kann das Ankoppeln auf Bauchebene unterschiedlich intensiv sein, aber es ist unverzichtbar. Auch bei interkulturellen Führungsbeziehungen lässt sich immer wieder beobachten, dass zunächst und am besten vor Ort beim Mitarbeiter eine persönliche Beziehung aufgebaut werden sollte, ehe die Führung auf Sachebene beginnen kann.

Aufbau und Pflege ungestörter Beziehungen

„Wehret den Anfängen" steht schon in der Bibel. Bereits zu Beginn Ihres Führungsauftrags geht es darum, erfolgreich eine Beziehung zu Ihren Mitarbeitern aufzubauen. Und es beginnt scheinbar banal mit der Art Ihrer Selbstvorstellung. Erzählen Sie nicht nur über Ihren rein fachlichen Karriereweg. Berichten Sie auch von privaten Dingen, das macht Sie für Ihre Mitarbeiter nahbar und als Mensch wahrnehmbar. Was Sie genau privat berichten und wie weit das ins Persönliche hineingeht, bleibt selbstverständlich und gemäß Paragraf 1 des Grundgesetzes Ihre eigene Entscheidung.

Erzählen Sie ruhig von Ihrem Lieblingsfußballclub, von familiären Dingen, von zentralen Lebenserfahrungen oder auch von Ihren Schwächen. Das hat einen weiteren Vorteil: Ihre Mitarbeiter werden dadurch eingeladen und animiert, ebenfalls Privates kundzutun. Und das wiederum ist für Ihren Führungsauftrag wichtig. Je mehr Sie über Ihre Mitarbeiter wissen – private Lebensumstände oder auch zentrale Werte und Motive Ihrer Mitarbeiter –, desto besser können Sie sie einschätzen und sich ein bestimmtes Verhalten erklären.

In Matthäus 7, Vers 12 (der Matthäus aus der Bibel, nicht der vom Sportkanal) steht sinngemäß: „Zeige genau das Verhalten, das du vom anderen erwartest." Damit ist bereits in der Bibel eine Vorbildrolle für jedermann definiert, die im betrieblichen Kontext insbesondere für Führende gilt. Wenn Sie möchten, dass Ihnen Menschen zum Geburtstag gratulieren, fangen Sie am besten an, Menschen zum Geburtstag zu gratulieren.

Stellen Sie sich selbst als Mensch dar und nehmen Sie Ihre Mitarbeiter als Menschen wahr – beginnend mit dem Kennenlernen!

Von zentraler Bedeutung ist das Thema Wertschätzung: Wenn ein Mitarbeiter Geburtstag hat, ist klar, dass Sie demjenigen gratulieren. Aber wann? Am besten gleich morgens in der ersten Stunde seiner Anwesenheit. Seien Sie einer der ersten Gratulanten, das zeugt von hoher Wertschätzung. Ihr Mitarbeiter denkt schon nach zwei bis drei Stunden darüber nach, warum Sie als Führender immer noch nicht gratuliert haben.

Wenn einer Ihrer Mitarbeiter in einem längeren Urlaub war, dann ist er gemäß „Lokomotivenmodell" erstmal entkoppelt. Koppeln Sie als Lokomotive neu an, indem Sie ihn morgens empfangen und nach dem Urlaub fragen. Das fachliche Briefing darf gerne im Anschluss stattfinden, um auf Beziehungs- und auch Sachebene angekoppelt zu haben. Die Gewichtung dabei können Sie empfängerorientiert gestalten: Welcher Mitarbeiter braucht etwas mehr Urlaubstalk und wer weniger? Und denken Sie daran: Die Lok kommt zum Waggon und nicht andersherum! Ich hatte mal eine Führungskraft im Seminar, die darauf bestand, dass sich Mitarbeiter bei ihr nach einem Urlaub zurückmeldeten, und sauer reagierte, wenn dies nicht der Fall war. Falscher Ansatz.

Wer Menschen führen will, muss aktiv auf diese zugehen.

Analog zum Verhalten beim Urlaubsrückkehrer ist der Empfang von Krankheitsrückkehrern zu betrachten. Koppeln Sie neu an. Fragen Sie nach dem Befinden und bleiben Sie situativ länger oder kürzer bei dem Gesundheitsthema, ehe Sie den Mitarbeiter fachlich briefen. Ihre Nachfrage zeugt von Interesse, Sie gewinnen wertvolle Eindrücke und Informationen (auch wenn Sie nicht nach dem Grund der Erkrankung fragen dürfen) und Sie sind im besseren Fall sofort wieder in einem vertrauensvollen Kontakt zu Ihrem Mitarbeiter.

Richten Sie dauerhaft Ihre Antennen in Ihr Team. Seien Sie aufmerksam und empfangen Sie Zwischentöne, die auf Störungen hindeuten. Sprechen Sie im Zweifel auch vermeintlich kleinere Störungen an. Es ist leichter, eine kleine Flamme im Keim zu ersticken als einen großen Waldbrand zu löschen.

5.2 Führungsaufgabe Delegation

Am Anfang steht die saubere Vereinbarung! Wenn Sie erfolgreich führen und selbstverantwortlich handelnde Mitarbeiter haben möchten, dann steht am Anfang auf der fachlichen Ebene die gelungene Delegation von Verantwortung an den Mitarbeiter. Was wollen Sie an Verantwortungsbewusstsein oder Selbstverantwortlichkeit schon erwarten, wenn Sie die Verantwortlichkeit oder den Auftrag an den Mitarbeiter nicht gelungen kommuniziert haben?

Nach der Delegation steht die Kontrolle. Dies erfolgt auch im Interesse des Mitarbeiters, damit seine Erfolge gesehen werden. Das Ergebnis Ihrer Kontrolle teilen Sie mit, womit wir beim Feedback wären.

Die meisten Führungskräfte wünschen sich selbstverantwortlich sowie verantwortungsbewusst handelnde Mitarbeiter und beklagen sich über zu wenig Verantwortungsbewusstsein ihrer Mitarbeiter und dass sie alles „haarklein“ anweisen müssen.

Aber wie delegieren Sie richtig? Und wie erzeugen Sie ein hohes Verantwortungsbewusstsein und eine hohe Verbindlichkeit?

Wie so manch anderes auch hängt es überwiegend von Ihrer Kommunikation ab …

Verantworten heißt Antworten geben

Wenn wir uns das Wort VerANTWORTung genauer anschauen, entdecken wir das Wort ANTWORT.

Menschen, die Verantwortung übernehmen, geben Antworten.

Sie beantworten in der Regel die Frage, WIE das vereinbarte Ziel zu erreichen ist bzw. wie ein bestimmtes Ergebnis sicherzustellen ist (Bild 5.2).

Bild 5.2 Verantwortung – eine Antwort auf eine Frage

Einer der größten Fehler, den Führende machen können, ist, das WIE selbst zu beantworten oder den Mitarbeitern sogar Anweisungen ins WIE hinein zu geben. Damit erziehen Sie Mitarbeiter dahin, sich zum WIE keine eigenen Gedanken mehr zu machen.

Stattdessen sollten Sie lieber (zum Beispiel im Delegationsgespräch) den Mitarbeiter fragen, WIE er denn der vereinbarten Verantwortung gerecht werden möchte. Damit regen Sie den Mitarbeiter an, sich Gedanken zu machen. Sie nehmen ihn über die WIE-Frage unmittelbar in die Verantwortung, weil er antworten muss. Im Zweifel wird sich der Mitarbeiter mit einer eigenen Antwort mehr identifizieren als mit einer vorgegebenen – und wahrscheinlich sogar motivierter sein.

Verantwortung richtig formulieren!

Verantwortung hat nichts mit Tätigkeiten zu tun, sondern mit Ergebnissen! Also stellt sich nicht die Frage, was ein Mitarbeiter „tun“ soll (Menschen sind sowieso „Spezialisten im sich beschäftigen“ und dadurch zumeist „vollbeschäftigt“), sondern was er für das Unternehmen/die Organisation täglich liefern bzw. welches Ergebnis er gewährleisten soll.

Am besten formulieren Sie eine Verantwortung daher in Form einer „Endzustand- oder Ergebnisformulierung“. Beispiel: Bestimmt gibt es irgendwo in Ihrem Unternehmen einen Mitarbeiter, der dafür verantwortlich ist, dass „jede Rechnung, die das Haus verlässt, inhaltlich, kaufmännisch und juristisch korrekt ist“. Das ist die Beschreibung eines permanenten Ergebnisses, das Sie gerne hätten.

Diesen Satz nenne ich den „goldenen Verantwortlichkeitssatz“. Gleichzeitig könnte man diese Formulierung auch als Daseinsberechtigung für eine Funktion bezeichnen. Streng genommen ist es uninteressant, was ein Mitarbeiter den ganzen Tag „tut“. Tätigkeiten sind Input ins Unternehmen und damit irrelevant. Relevant ist der Output bzw. die Ergebnisse, die aus Tätigkeiten resultieren. Was nützt es dem Unternehmen, wenn ein Mitarbeiter zwar immer beschäftigt ist, aber daraus kein relevantes Ergebnis oder Nutzen für das Unternehmen resultiert?

Im schönsten Fall kennt jeder Mitarbeiter der Organisation seine Verantwortlichkeit(en) und kann diese frei Hand rezitieren!

In Stellenbeschreibungen und -ausschreibungen werden bis zum heutigen Tage gerne Tätigkeiten aufgezählt (in der Regel mithilfe von etlichen Spiegelstrichen), aber mit keinem Wort oder Satz beschrieben, für welche Ergebnisse der Mitarbeiter verantwortlich sein soll. Dabei würde die Formulierung einer Verantwortlichkeit oder der erwarteten Ergebnisse die Stelle wesentlich lukrativer machen und den Bewerber von vornherein mit seiner Verantwortung vertraut machen.

Das erhöht nicht nur die Wahrscheinlichkeit, dass diese Verantwortlichkeiten auch wahrgenommen werden, es hat zudem eine motivatorische Wirkung (Amerikaner sprechen hier gerne von Empowerment) sowie eine positive Außenwirkung. Es ist ein großer Unterschied, ob ein Mitarbeiter seinen Freunden erzählt, dass er dafür „verantwortlich ist, dass alle bestellten Waren pünktlich sowie in der passenden Anzahl und Qualität auf den Lkws der Spediteure sind“ oder ob er sagt „Ich belade den ganzen Tag nur Lkws.“ Welche der Aussagen „wertiger“ oder „aufwertender“ ist, sowohl in der Wirkung auf den Mitarbeiter selbst als auch in der Außenwirkung, liegt auf der Hand.

Beispiele für Verantwortlichkeiten in Unternehmen

Eine Personalleitung ist in der Regel dafür verantwortlich, dass das Unternehmen zu jeder Zeit mit qualitativ und quantitativ ausreichend „Human Resources“ versorgt ist! Das ist die Verantwortung einer Personalleitung in einem Satz.

Sollte auch die Lohn- und Gehaltsabrechnung hinzukommen, so hätten wir es mit einem zweiten Satz zu tun: Die Personalleitung ist auch dafür verantwortlich, dass jede Gehaltsabrechnung vertragsgemäß und juristisch korrekt ist und die Gehälter bis zum (Datum) eines Monats auf den Konten der Mitarbeiter sind.

Wenn sich jetzt die Personalleitung Gedanken darüber macht, wie sie der Verantwortung der „Human-Resources-Versorgung“ gerecht wird, kommt sie vermutlich recht rasch darauf, dass sie einen guten Personalauswahlprozess (Recruiting) und einen guten Personalentwicklungsprozess (Development) benötigt. Aber das ist bzw. sollte bereits der Entscheidungsspielraum der Personalleitung sein, welche Prozesse sie wählt und wie sie diese Prozesse gestaltet.

Der Entscheidungsspielraum eines Mitarbeiters, egal in welcher Funktion, sollte stets zu seiner Verantwortlichkeit passen. Der Mitarbeiter sollte vollumfänglich über Erfolg oder Misserfolg in Bezug auf seine Verantwortlichkeit entscheiden können. Kann er das nicht, können Sie ihn als sein Chef oder seine Chefin auch nicht vollumfänglich zur Verantwortung ziehen. Manchmal werden Mitarbeiter in Unternehmen für etwas verantwortlich gemacht, das sie aber nicht vollständig selbst beeinflussen können. Dann sollten in der Tat die Verantwortlichkeitsbeschreibungen und die dazugehörigen Entscheidungsrechte kritisch überprüft werden.

Eine Vertriebsleitung ist in der Regel dafür verantwortlich, dass die turnusmäßig vereinbarten Absatz-, Umsatz- oder Deckungsbeitragsziele erreicht werden. Punkt. Oder dass eine Kundenzufriedenheitsquote X erreicht wird (die sich z. B. durch Kundenbefragungen messen lässt). Vertriebsmitarbeiter sind entsprechend für Teilziele, zum Beispiel die Umsatz- oder Deckungsbeitragsziele eines bestimmten Bundeslands oder einer bestimmten Produktgruppe, verantwortlich.

Ein Pförtner oder ein Empfangschef sind unter anderem dafür verantwortlich, dass sich ausschließlich befugte Personen durch das Eingangstor auf das Firmengelände begeben. Dazu gehört die Befugnis, von jedem, der auf das Firmengelände möchte, einen Firmenausweis abverlangen zu dürfen – selbst wenn es der Geschäftsführer ist. Und es ist ein Unterschied, ob ich dem Pförtner diese Verantwortlichkeit kommuniziere, oder ob ich ihm im Anweisungsmodus sage: „Kontrollieren Sie bitte die Werksausweise“ – am besten ohne jeden weiteren Hinweis auf Sinn und Zweck! ■

Das Modell des „Verantwortungskuchens“

Ein Linienbeispiel

Der Hausmeister eines Unternehmens ist „dafür verantwortlich, dass stets alle Funktionen der Gebäude und des Geländes zur Verfügung stehen“. Das ist der goldene Verantwortlichkeitssatz des Hausmeisters. Als Fußnote sollten hier die Funktionen oder Nutzen der Gebäude aufgeführt werden, die da sind: Trockenheit, Temperatur, Hygiene, Wasser, Strom, Licht, ... das sind die Dinge, die der Hausmeister zu gewährleisten oder sicherzustellen hat, damit alle Mitarbeiter diese Rahmenbedingungen vorfinden, um gescheit arbeiten zu können. Die Funktion WLAN oder LAN grenzen wir ab und vergeben die Verantwortung dafür in die IT-Abteilung.

Den goldenen Satz bezeichne ich auch als seinen Verantwortungskuchen, den er zu stemmen hat.

Falls der Hausmeister dieser Verantwortung alleine gerecht werden kann, ist ja alles gut. Kann er das mangels Kapazität oder Kompetenz nicht, benötigt er Ressourcen. Ressourcen können Maschinen und Roboter (oder in Zukunft Künstliche Intelligenzen) sein oder eben auch Human Resources, also menschliche Ressourcen. Bekommt der Hausmeister beispielsweise einen Mitarbeiter, nimmt er diesen in die Verantwortung, indem er ihm einen Teil seines Verantwortungskuchens übergibt.

Er schneidet also einen Teil seines Kuchens heraus und zwar mit einem möglichst glatten Schnitt, damit die Verantwortungsbereiche klar abgegrenzt sind. Unklar definierte Verantwortungsbereiche (oder zerbröselte Kuchenstücke) erhöhen das Konfliktpotenzial (Kompetenzgerangel) im Team und auch die Gefahr, dass manche Teile nicht abgedeckt werden („wegducken“ oder „Rosinen picken“).

Hier gilt das Highlander-Prinzip: Es kann nur einen geben! Zu viele Köche verderben den Brei, sagt der Volksmund. Ergo sollte in einem Topf stets nur einer rühren. Jeder Mitarbeitende sollte also sein eigenes Kuchenstück bzw. seinen eigenen Verantwortungsbereich bekommen.

Das hat nichts damit zu tun, dass es nicht auch eine „Back up-“ oder Stellvertreterregelung geben sollte für den Fall, dass ein Mitarbeiter wegen Krankheit, Unfall oder Urlaub (temporär) ausfällt. Über diese Back-up-Lösung sollte der Mitarbeiter bereits selbst entscheiden können und müssen: Beauftragen Sie Ihren Mitarbeiter einfach, innerhalb einer angemessenen Frist eine funktionierende (!) Back-up-Lösung zu präsentieren. Der Mitarbeiter wird mit seiner eigenen Back-up-Lösung zufriedener sein als mit einer, die Sie ihm vorgeben. Sie lassen sich vom Mitarbeiter dokumentieren, dass es sich tatsächlich um eine funktionierende Lösung handelt. Abzuraten ist von einer Stellvertreterlösung „nach oben“: Der Vorgesetzte sollte nicht der Stellvertreter seiner Mitarbeiter sein, weil er schnell an Kapazitäts- und eventuell auch Kompetenzgrenzen stößt und andererseits Führungsaufgaben vernachlässigt werden, wenn er seine Mitarbeitenden operativ vertreten muss. Eine Stellvertreterlösung sollte also stets „horizontal“ (Kollegen untereinander) oder „vertikal nach unten“ (Mitarbeitender, vielleicht auch mal Aushilfe, Werkstudent etc.) kreiert werden.

Im nächsten Schritt führt der Hausmeister mit seinem Mitarbeiter (in Bild 5.3 mit „Light Manager“ betitelt, was hier nichts mit Weight Watchern, sondern mit Licht zu tun hat) ein Delegationsgespräch. In diesem macht er ihn „dafür verantwortlich, dass zur Erbringung der Arbeitsleistung stets ausreichend Licht vorhanden ist“ oder „jeder Leuchtkörper im Hause zu jeder Zeit funktioniert“.

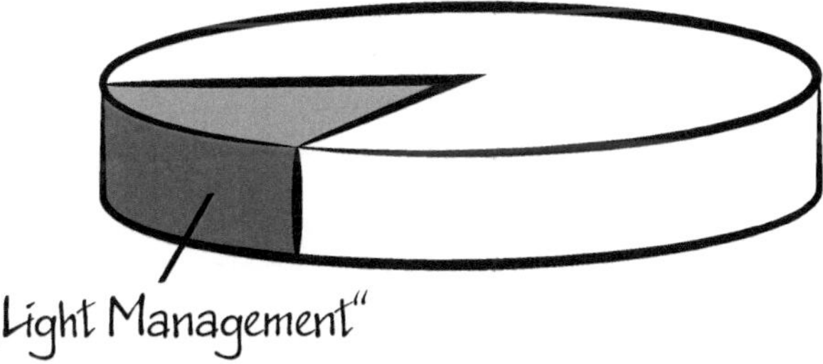

Bild 5.3 Der Verantwortungskuchen des Hausmeisters

Nehmen wir an, Sie sind Vorgesetzter oder die Vorgesetzte des Light Managers und Sie beobachten bei einem Rundgang durch das Haus, dass in einem Raum eine Leuchtstoffröhre flackert. Was tun Sie jetzt?

Falls Sie sich dafür entscheiden, den Light Manager anzurufen und ihm zu sagen, er möge „doch bitte in Raum X eine Leuchtstoffröhre wechseln“, würden Sie in den Anweisungsmodus wechseln. Sie würden dem Mitarbeiter sagen, was er als Nächstes tun soll, und ihn damit seiner Selbstverantwortung berauben. Anders ausgedrückt: Sie „entmündigen“ Ihren Mitarbeiter. „Entmündigung“ ist das Ende des Mundes, das sagt ja schon das Wort. Viele Mitarbeiter fühlen sich entmündigt und frustriert, weil sie nichts selbst entscheiden dürfen, werden aber recht rasch kritisiert, wenn irgendetwas nicht gut läuft.

Sollte Ihr Führungsstil dauerhaft so angelegt sein, wundern Sie sich bitte nicht, wenn Sie Ihren Mitarbeitern häufig sagen müssen, was sie als Nächstes tun sollen, damit überhaupt irgendetwas getan wird – Sie haben sie selbst dorthin „erzogen“. Und bitte wundern Sie sich auch nicht, wenn Ihre Mitarbeiter dabei nicht die allergrößte Motivation ausstrahlen.

Eine Alternative zur „stumpfen“ Anweisung ist... erst mal gar nichts zu tun und stattdessen morgen nochmal in jenem Raum vorbeizuschauen. Flackert die Röhre dann nicht mehr, ist ja alles bestens. Vielleicht war sogar die Verantwortung bzw. das Ziel, dass jeder Leuchtkörper zu jeder Zeit funktioniert, ein wenig zu ambitioniert oder gar unrealistisch. Ein angemessener Zeitraum zur Behebung eines Fehlers ist nur real und fair. Flackert die Röhre indes immer noch, könnten Sie den Light Manager ansprechen (am besten von Angesicht zu Angesicht) und ihn mit Ihren Beobachtungen konfrontieren. Die Wahrheit ist, dass Sie gestern das Flackern der Leuchtstoffröhre bemerkt haben und heute auf Ihrem Rundgang eigens nochmal danach geschaut haben. Und leider stellten Sie fest, dass die Röhre immer noch flackert. Jetzt fragen Sie den Light Manager, warum ihm das noch nicht aufgefallen ist. Und im nächsten Schritt fragen Sie ihn, wie er sicherstellen kann, dass ihm das künftig auffällt – und zwar am besten, bevor Sie es bemerken ...

Sie kennen den Satz: „Wer fragt, der führt!“ Hier wird es deutlich.

Indem Sie dem Mitarbeiter Fragen stellen, erbitten Sie von ihm Antworten und nehmen ihn damit in die Verantwortung.

Immer wenn Sie fragen, „Wie willst du das hinbekommen?“, nehmen Sie den Mitarbeiter unmittelbar in die Verantwortung, weil er antworten muss.

Das ist genau das Gegenteil des Anweisungsmodus, bei dem der Mitarbeiter seinen Kopf ausschalten kann (denn ihm wird gesagt, was er tun soll). Wenn Sie ihm Fragen nach dem WIE stellen, muss er nachdenken und Antworten liefern. Sie lassen ihn in der Verantwortung. Sie fordern und fördern seine Selbstverantwortlichkeit. Sie erhöhen das Innovationspotenzial des Unternehmens (er wird andere Ideen haben als Sie - was auch gut so ist, sonst machen ja alle „denselben Stiefel" wie Sie - wo bitte ist da die Innovation?). Sie entlasten sich selbst, weil Sie sich keine Gedanken über das WIE machen brauchen. Sie erhöhen die Mitarbeiterbindung über den Stolz („ich trage Verantwortung") und haben eine positiv motivatorische Wirkung.

Das heißt andererseits aber nicht, dass Sie sich die Antworten Ihres Mitarbeiters nicht genau anhören und dazu auch Fragen stellen. Sie würden Ihrem Mitarbeiter auch ein wohlwollendes Feedback geben, wie Sie seine Ideen finden, und ihn gegebenenfalls auf Gefahren und Risiken seiner Ideen und Lösungsvorschläge aufmerksam machen. Sind im Umgang zwischen Führendem und Mitarbeiter solche Verhaltensweisen zu beobachten, lässt sich von einem gesunden Führenden-Mitarbeiter-Verhältnis sprechen.

Nutzen der Delegation

- Selbstverantwortlich handelnde Mitarbeitende
- Bessere Ressourcennutzung bzw. weniger Ressourcenverschwendung
- Förderung und Weiterentwicklung von Mitarbeitenden („der Mensch wächst mit seinen Herausforderungen")
- Positiv motivatorische Wirkung
- Steigendes Selbstwertgefühl des Mitarbeitenden
- Positive Wirkung auf Bindung und Identifikation mit dem Unternehmen
- Eigene Entlastung

Ein Projektbeispiel

Nehmen wir an, ein Einwohner Ihrer Heimatstadt spaziert eines Tages in das größte Hotel in Ihrer Heimatregion und sucht ein Gespräch mit dem Direktor des Hotels.

Der Bürger bzw. Kunde fragt an, ob er am letzten Samstag im kommenden Monat den großen Saal des Hotels mieten kann, und bestellt für diesen Samstag ab 19 Uhr ein Buffet, welches er dem Direktor genauestens beschreibt. Er zählt exakt auf, welche Fleischsorten er gerne auf dem Buffet hätte und in welcher Menge jeweils. Selbiges gilt für die Beilagen, die Salate, die Desserts ...

Dann bestellt der Bürger beim Direktor noch zwei Suppen für das Buffet: Und zwar zum einen fünf Liter Zwiebelsuppe mit einer etwas festeren Konsistenz und ganzen „Früchten", zum anderen fünf Liter Tomatensuppe mit einer leichten „Chilinote im Abgang" und einer Innentemperatur bei Buffeteröffnung um 19 Uhr von genau 57° Celsius. Endlich mal ein Kunde, der weiß, was er möchte und das auch noch klar zum Ausdruck bringt ...

Der Direktor, ein cleveres Wesen, spiegelt und visualisiert seinen Auftrag nochmal an den Kunden zurück und lässt ihn sich als richtig bestätigen. Danach bittet der Direktor den Chefkoch des Hauses, ihm zu dem angefragten Buffet einmal die Herstellkosten innerhalb von 48 Stunden mitzuteilen, damit er im Anschluss das Angebot mit dem Endpreis an den Kunden versenden kann. Wiederum sehr clever, bei abnormen Anfragen mal in der „Produktion" nachzufragen, was die Sonderbestellung an Kosten verursacht, ehe man einem Kunden irgendeinen Preis anbietet.

Der Chefkoch liefert seine Herstellkosten innerhalb von Stunden, denn er kennt das bereits. Solche Eventanfragen haben Projektcharakter. Sie liegen außerhalb des Tagesgeschäfts bzw. der Tageskarte und haben in der Regel spezifische, neuartige Anforderungen zum Inhalt.

Der Direktor schlägt auf sämtliche Kosten einen Gewinnzuschlag auf und versendet das Angebot an den Kunden. Zur Überraschung aller nimmt der Kunde das Angebot sofort an.

Nun führt der Direktor ein Delegationsgespräch mit dem Chefkoch, in dessen Verlauf er ihn dafür verantwortlich macht, dass das Buffet wie bestellt, also in passenden Mengen und Qualitäten, zum vereinbarten Zeitpunkt am letzten Samstag im Folgemonat um 19 Uhr und zu maximal folgenden (vorab kalkulierten) Herstellkosten zur Endabnahme auf dem Buffettisch im großen Saal steht.

Warum zu „maximal" folgenden Kosten: Sollte der Chefkoch das Ziel unter geringerem Kostenaufwand erreichen, ließe sich sogar ein variabler Entlohnungsanteil oder Bonus vereinbaren: „Von jedem gesparten Euro ein Bonus von 50 Cent in bar für dich unter der Voraussetzung, dass die Qualitäten und Quantitäten, der Zeitpunkt sowie der Lieferort eingehalten werden."

Aus Projektmanagementsicht ließe sich sagen, dass der Kunde externer Auftraggeber des (Event-) Projekts ist, der Direktor ist Projektleitung „Gesamtevent" und der Chefkoch Teilprojektleitung „Buffet".

Der Projektmanagementansatz ist in diesem Falle „klassisch", weil die bestellten Quantitäten, Qualitäten, der Lieferzeitpunkt und -ort sowie das Budget bereits feststehen. Hätten notwendige Qualitäten und Quantitäten erst noch im Verlauf des Projekts ermittelt werden müssen, wäre ein „agiler" Projektmanagementansatz empfehlenswert gewesen, bei dem über regelmäßige Reflektionsmeetings das Projektziel immer weiter konkretisiert und schließlich finalisiert wird.

Sollte der Chefkoch das gesamte Buffet alleine auf den Buffettisch „zaubern" können, ist ja alles gut. Sollte das mangels Kapazität oder auch spezifischer Kompetenz nicht zu machen sein, benötigt der Chefkoch für sein Teilprojekt Ressourcen. Das können beispielsweise Maschinen, Roboter, künstliche Intelligenzen oder auch menschliche Ressourcen sein.

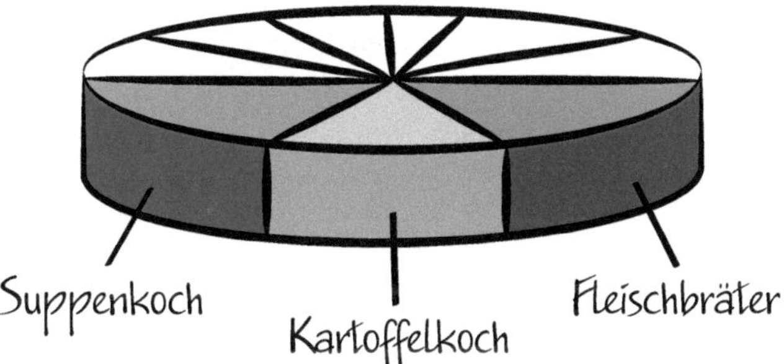

Bild 5.4 Der Verantwortungskuchen des Chefkochs

Was macht er dann mit seinem Verantwortungskuchen? Jawohl, er teilt ihn auf. Und zwar mit möglichst sauberen Schnitten, um Kompetenzgerangel, Konflikten und Unerledigtem vorzubeugen.

Nehmen wir klassisch an, der Chefkoch bekommt unter anderem einen Suppenkoch „SK".

Mit diesem würde er wiederum ein Vier-Augen-Delegationsgespräch führen, in dem er ihn dafür verantwortlich macht, dass „die beiden bestellten Suppen in den erforderlichen Qualitäten und Quantitäten zu folgenden maximalen Kosten an jenem Samstag um 19 Uhr auf dem Buffettisch stehen". Sollte der Suppenkoch unter Wahrung aller anderen Zielgrößen Kosten sparen, bekommt er für jeden gesparten Euro einen Bonus von 25 Cent in bar.

Das ist fair, denn der Chefkoch würde von seinem Bonus, der in diesem Falle entsteht, die Hälfte an den Suppenkoch durchreichen und die andere Hälfte für sich behalten. Diese andere Hälfte hätte er allein für Führungsleistung verdient, auch wenn er nicht eine Speise selbst zubereiten sollte, also gar keine eigenen operativen Anteile hat.

Ein Führender verdient sich sein Entgelt über seine Führungsleistung! Und nicht über operative Leistungen!

Wer ist nun für was verantwortlich? Der Suppenkoch ist nach dem Delegationsgespräch zu 100 % dafür verantwortlich, dass die beiden Suppen wie bestellt pünktlich und innerhalb des Kostenrahmens produziert am richtigen Ort stehen. Der

Chefkoch ist zu 100 % dafür verantwortlich, dass das Gesamtbuffet wie bestellt pünktlich und innerhalb des Kostenrahmens produziert am richtigen Ort steht. Und der Direktor ist zu 100 % dafür verantwortlich, dass das Gesamtevent sämtliche Kundenwünsche bzw. Vereinbarungen erfüllt.

Dass jeder Beteiligte zu 100 % verantwortlich ist, mag mathematisch Quatsch sein - philosophisch ist es richtig!

Formulierungen wie „ich bin mitverantwortlich“ oder „ich trage Teilverantwortung“ oder „wir sind zusammen verantwortlich“ deuten häufig auf unklare Verantwortlichkeiten in Organisationen oder zumindest unglückliche Verteilungen der Verantwortlichkeiten hin. Mit der häufigen Folge unzureichender Ergebnisse.

Das klare und transparente „who is who“ bzw. „wer liefert was“ ist nicht nur für das Teamgefüge, sondern für das Ergebnis ein entscheidender Faktor.

Überhaupt werden Sie in Organisationen selten Mitarbeiter antreffen, die spontan und auf den Punkt formulieren können, was Sie für das Unternehmen sicherstellen, gewährleisten oder liefern bzw. für welches Ergebnis Sie verantwortlich sind.

Meistens, wenn ich Mitarbeiter in Unternehmen nach ihrer Verantwortung frage, bekomme ich beschrieben, was der Mitarbeiter den ganzen Tag tut - also eine Aufzählung von Tätigkeiten! Es geht aber nicht um Tätigkeiten, sondern um Ergebnisse!

Dabei ist es eine Führungsaufgabe, in Mitarbeitern ein hohes Verantwortungsbewusstsein und eine hohe Zielklarheit zu erzeugen. Das ist eine Frage der Kommunikation und der eingesetzten Techniken. Hier kommen die Management-by-Ansätze Management by delegation und Management by objectives (Führen durch Delegation und Zielvereinbarung) zum Tragen. Angefangen mit der klaren Verantwortlichkeits- oder Zielformulierung über den Einsatz der nachfolgend beschriebenen Gesprächstechniken.

Zurück zu unserem Küchenbeispiel. Wer in dieser Küche sollte bevollmächtigt sein, mit den beiden Suppenlöffeln in den beiden Suppentöpfen zu rühren? Der Suppenkoch? Der Chefkoch? Beide? Die richtige Antwort lautet: Bevollmächtigt sollte der Suppenkoch sein und jeder Stellvertreter, den er selbst dazu benennt!

Warum nicht der Chefkoch? Die Suppe wird nicht besser, wenn mehrere Leute anfangen, in der Suppe zu rühren, vielleicht noch nachzuwürzen etc. Wie das bereits erwähnte „Highlander-Prinzip“ sagt, sollte nur einer die Suppenverantwortung tragen und entsprechend dazu mit den Suppenlöffeln rühren dürfen.

Aus Führungssicht ist es sogar klasse, wenn Sie als Chefkoch dem Suppenkoch den Auftrag geben, Ihnen eine Stellvertreterlösung zu präsentieren (Neudeutsch: „Back-up“) für den Fall, dass der Suppenkoch mal aus irgendeinem Grund ausfällt.

Bereits die Antwort auf die Frage „Wie stellst du sicher, dass die beiden Suppen auf dem Buffettisch erscheinen, selbst wenn du ausfällst?“ sollte der Mitarbeiter/Suppenkoch selbst beantworten. Mit der eigenen Lösung wird er tendenziell glücklicher sein.

Insgesamt stellt dieses „in-die-Verantwortung-nehmen“ eine Aufwertung des Mitarbeiters dar – mit den entsprechenden Wirkungen auf Selbstwertgefühle, Motivation, Identifikation mit dem Unternehmen etc.

Was macht jetzt noch der Chefkoch? Beobachtbar laufen Chefköche durch die Küche und schauen ihren Köchen zu. Damit wenden Sie das „Management by walking around“ an. Und auch hier sollten wir auf den Führungsstil schauen. Mal abgesehen davon, dass in Küchen häufig ein rauer Ton herrscht (zumindest wird das häufig und teils kokettierend berichtet), nachstehend zwei unterschiedliche Szenarien:

> Szene 1: Der Chefkoch nähert sich dem Suppenkoch, der an seinem Herd steht, grüßt ihn und greift dann zu den Suppenlöffeln, um die Suppe kurz zu kosten.
>
> Szene 2: Der Chefkoch nähert sich dem Suppenkoch, grüßt ihn und fragt: „Darf ich mal kosten?“

Welche Szene gefällt Ihnen besser? Auch wenn das in vielen Küchen wohl tatsächlich eher rauer zugehen wird – Szene 2 ist der empfehlenswerte Führungsstil. Die Bevollmächtigung für die Suppenlöffel hatten wir bereits geklärt, ebenso die Verantwortlichkeit für die Suppen. Beides liegt beim Suppenkoch. Bricht dem Chefkoch nicht ein Zacken aus der Krone, seinen Mitarbeiter um Erlaubnis zu fragen („darf ich mal kosten?“)? Er ist doch schließlich der Chef. Klares Nein. In Szene 1 greift der Chefkoch in das „Hoheitsgebiet“ des Mitarbeiters ein. Das ist mit Folgendem vergleichbar: Stellen Sie sich vor, Sie kommen nach Abwesenheit zu Ihrem Arbeitsplatz zurück und Ihr Chef sitzt an Ihrem Rechner, um sich mal den Posteingang Ihrer Mailadresse anzuschauen. Das würde Ihnen vermutlich nicht so gut gefallen. Der Posteingang Ihrer Mailadresse ist Ihr Hoheitsgebiet!

Der Chefkoch sollte das Hoheitsgebiet seines Mitarbeiters respektieren. Der Suppenkoch hat rund um den Suppenherd das Sagen und der Chefkoch sollte nur in begründeten Ausnahmefällen von seinem Vetorecht als Chefkoch Gebrauch machen.

Die Frage „Darf ich mal kosten?“ hat obligatorischen Charakter. „Darf“ ist die Frage nach Genehmigung und damit eine Respektbekundung sowie eine verbale Streicheleinheit. Sollte der Suppenkoch wider Erwarten mit „Nein“ antworten, wäre ein „Warum nicht?“ legitim. Wie dankbar dürfte der Chefkoch seinem Suppenkoch jetzt sein, wenn dieser antwortet: „Im Moment ist es zu heiß zum Abschmecken. Da verbrennst du dir alles. Komm bitte in zehn Minuten wieder. Dann reiche ich dir gerne den (meinen) Löffel.“

Wenn der Chefkoch nun in wenigen Minuten die Suppen probiert und damit „mbywa“ als Kontrollinstrument eingesetzt hat, gibt er seinem Suppenkoch sogleich ein bestätigendes oder/und korrigierendes Feedback, welches in jedem Fall auch wertschätzend ist.

Falls der Chefkoch konsequent seiner Kontrollaufgabe nachkommt, ist ein Misserfolg - konsequent zu Ende gedacht - ausgeschlossen.

Nehmen wir dennoch mal an, dass der Chefkoch bei der Endabnahme des Buffets am Samstag kurz vor 19 Uhr feststellt, dass das Buffet wie bestellt auf dem Buffettisch steht. Auch die Zwiebelsuppe: fünf Liter mit einer etwas festeren Konsistenz und ganzen Früchten. Nur bei der Tomatensuppe bemerkt er Abweichungen. In dem Suppentopf befinden sich drei Liter Tomatensuppe mit einer leichten Petersiliennote im Abgang und einer Innentemperatur von 57° Fahrenheit. Kurzum: Dieses Kind ist in den Suppentopf gefallen. Die Suppe steht nicht wie bestellt auf dem Buffet.

Wer gehört jetzt als Erstes für die Fehlleistung sanktioniert und von wem?

Als Erstes sollte der Suppenkoch vom Chefkoch sanktioniert werden. Der Suppenkoch war schließlich zu 100 % dafür verantwortlich, dass die Suppen wie bestellt auf dem Buffettisch stehen. Und wir hatten in Aussicht gestellt, dass der Suppenkoch neben seinem Grundgehalt einen Bonus für Kostenersparnis bekommt. Und wir hätten ihn im Fall der korrekten Suppenlieferung intensiv gelobt und ihn damit mit dem Grundnahrungsmittel Wertschätzung versorgt. Der Mensch lebt ja nicht von Wasser und Brot allein ...

Ergo können wir im Fall des Misserfolgs den Suppenkoch nicht plötzlich aus der Verantwortung nehmen. Er war verantwortlich, also sollte der Chefkoch ein entsprechend kritisches Gespräch mit ihm führen. Weitere Konsequenzen dürften in dieser Situation eher unangemessen sein.

Als Zweites dürfte der Chefkoch vom Direktor zu einem kritischen Gespräch geladen werden, denn er war für das Gesamtbuffet verantwortlich.

Schließlich wird der Kunde die Liefermängel beim Direktor reklamieren. Den Kunden wird es nicht interessieren, dass der Chefkoch seine Kontrollaufgaben scheinbar nicht konsequent genug wahrgenommen hat und dass der Suppenkoch falsch geliefert hat. Seinen Ansprechpartner und seine Liefervereinbarung hatte der Kunde mit dem Direktor. Welche Erfüllungsgehilfen der Direktor eingesetzt hat, ist dem Kunden egal.

Sanktioniert gehören tatsächlich der Suppenkoch, der Chefkoch und der Direktor. Alle drei sind ihrer Verantwortung nicht gerecht geworden.

Falls zum Beispiel der Suppenkoch nicht sanktioniert würde - und wenn es erstmal nur ein kritisches Gespräch ist -, wäre der Effekt nachteilig. Das Signal an den Mitarbeiter wäre: Ich kann hier Fehlleistungen abliefern und dennoch hat es keinerlei für mich spürbare Konsequenzen. In welche Richtung würde dieses Signal wohl wirken? Wie würde der Suppenkoch ab jetzt agieren und leisten?

Bei „Konsequenzen“ muss es nicht gleich um die großen „Kanonenkugeln“ gehen. Es sollte doch erstmal das kritische Gespräch erfolgen, in dem unter anderem die Ursachen einer Fehlleistung ermittelt werden.

Bei dem Beispiel mit der verpatzten Suppe handelt es sich nur um ein theoretisches Beispiel. Nur Theorie? Ja, unter der Voraussetzung, dass sowohl der Direktor als auch der Chefkoch ihre Kontrollfunktion konsequent und gekonnt wahrnehmen.

Die beiden Delegationsleitsätze für Ihren Alltag

Delegationsleitsatz 1: Eine Verantwortung ist auf der Ebene am besten aufgehoben, auf der für ihre Erfüllung gerade noch gesorgt ist!

Alles andere ist Ressourcenverschwendung. In Warendorf, der Reiterstadt, sagt man: Ein gutes Pferd springt nicht höher, als es muss. Das ist clever und schont Ressourcen! Geben Sie eine Verantwortlichkeit hierarchisch betrachtet immer so weit „nach unten“, dass für die Erfüllung gerade noch gesorgt ist. Das entlastet Sie und es erzeugt beim Mitarbeiter jene Wirkung, die ich zuvor schon beschrieben hatte: Gefühle höherer Wertigkeit, mehr Motivation, mehr Identifikation …

Voraussetzung für das Thema Delegation ist, dass Sie es mit Mitarbeitern zu tun haben, die sich willens erklären, Verantwortung zu übernehmen. Es gibt Mitarbeiter, die lieber per Anweisung geführt werden möchten. In diesem Fall ist zu prüfen, ob Sie Verwendung für ebensolche Mitarbeiter haben. Möglicherweise ja, möglicherweise nein.

Es kann sich sehr lohnen, mit jedem Mitarbeiter zumindest den Versuch der Verantwortungsübertragung zu starten. Manche Menschen sind mehr zu leisten imstande, als sie sich selbst zutrauen. Mit der konsequenten Übertragung von Verantwortung und einer coachenden Führung können Sie Ihre Mitarbeiter zu Erfolgen führen, auf die diese stolz sein werden. Es kann auch ein Ergebnis sein, dass ein Mitarbeiter einer spezifischen Verantwortung aktuell nicht gewachsen ist. Aber auch das wäre ein Ergebnis und kein Beinbruch - und darüber hinaus auch nur ein Zwischenergebnis, denn Fähigkeiten lassen sich weiterentwickeln. Kinder fallen beim Laufenlernen immer mal hin. Und was ist dann zu beobachten? Die Kinder stehen wieder und wieder auf und probieren es weiter - bis sie es können! Das hat keiner von uns anders erlebt (es sei denn, es klappte bei der Geburt im Kreissaal mit dem Laufen auf Anhieb schon ganz gut). Wir Erwachsenen können von Kindern lernen, indem wir das Scheitern als Zwischenergebnis bewerten. Führende sollten Fehler tolerieren und ihre Mitarbeiter ermutigen, es weiter zu versuchen.

Delegationsleitsatz 2: Lassen Sie die Verantwortung dort, wo sie hingehört – beim Mitarbeiter! Achtung, Mitarbeiter sind sehr talentiert im Rückdelegieren! ■

Kommt der Mitarbeiter zum Vorgesetzten und fragt: Soll ich vorn an der Kreuzung rechts oder links fahren? Das Verkehrteste, was Sie jetzt tun können? Genau. Inhaltlich antworten. Denn damit hätte Ihr Mitarbeiter erfolgreich rückdelegiert, denn Sie hätten geantwortet und damit Verantwortung übernommen.

Stattdessen sollten Sie Ihren Mitarbeiter fragen, zu welcher Entscheidung er denn tendiert und weshalb zu dieser? Die Antwort hören Sie sich aufmerksam an und falls aus Ihrer Sicht nichts dagegenspricht (auf Gefahren seiner Entscheidung würden Sie Ihren Mitarbeiter selbstverständlich hinweisen), lautet die simple Botschaft „do it". Vielleicht ergänzt um den Hinweis, dass der Mitarbeiter beim nächsten Mal gleich und ohne Rücksprache selbst entscheiden darf und soll.

Es ist beinahe eine tägliche Erscheinung, dass Mitarbeiter Rückdelegationsversuche starten. Seien Sie auf der Hut und bekommen Sie das mit. Belassen Sie Ihre Mitarbeiter konsequent in Ihrer Verantwortung. Spielen Sie den Ball konsequent zurück.

Manchmal ist ein Rückdelegationsversuch auch die Gelegenheit, den Mitarbeiter zu coachen. Wie willst du das machen? Welche Risiken gehst du dabei ein? Wie willst du den Risiken begegnen? Wie sieht dein Plan B aus? In der coachenden Gesprächsführung stellen Sie solche anregenden Fragen und spiegeln zwischendurch Eindrücke, die in Ihnen entstehen.

Gesprächstechniken und Rahmen für den Delegationsprozess

Identifizieren Sie im ersten Schritt konsequent alle Verantwortlichkeiten, die Sie nicht zwingend selbst erfüllen sollten. Machen Sie sich noch keine Gedanken darüber, wohin Sie denn diese Verantwortlichkeit delegieren könnten, denn das wird Sie bei der Identifizierung behindern.

Erst im zweiten Schritt entwickeln Sie Ideen, welchem Menschen Sie diese Verantwortung übertragen möchten.

Der Delegationsprozess findet in einem Vier-Augen-Gespräch statt. Häufig ist in der Praxis zu beobachten, dass Führende recht viele Themen in ein turnusmäßig stattfindendes Teammeeting platzieren und diese Meetings dann inhaltlich überfrachtet sind. Manchmal sind diese Teammeetings sogar der einzige Baustein der „Kommunikationslandschaft" eines Führenden. Aber Führung ist eben deutlich mehr als „ich führe ein wöchentliches Teammeeting durch". Und dabei kommt es vor – und das auch eher häufig als selten –, dass in diesen Meetings Aufgaben „über den Zaun fliegen" und Führende diesen Vorgang als Delegation bezeichnen. Das sind allerdings genau die Führenden, die sich später darüber beschweren, dass Mitarbeiter nicht das liefern, was sie liefern sollen ...

Aufgaben in einem Teammeeting zu verteilen, hat mit einer verbindlichen und Bewusstsein erzeugenden Delegation von Verantwortung nichts zu tun!

Das Thema „ich habe so schrecklich wenig selbstverantwortliche Mitarbeiter" ist öfter ein Thema in Führungscoachings. Wenn ich als Coach zum Auftakt frage „Was darf ich für Sie tun?", kommt exakt diese Beschwerde. Ich reagiere gerne mit „Wer ist Ihr schwierigster Fall? Lassen Sie uns bitte damit anfangen." Nachdem der Führende mir dann seinen „Spezi" genannt hat, frage ich: „Wofür ist denn Herr/ Frau X verantwortlich?" Sie ahnen schon, was kommt: eine Aufzählung von Tätigkeiten.

Ich höre mir das ein paar Sätze lang an und interveniere dann, woraufhin sich folgender Dialog entwickelt:

Coach: Stop!

Coachee: Was ist denn?

Coach: Ich möchte nicht wissen, was Ihr Mitarbeiter den ganzen Tag tut. Ich möchte wissen, wofür er verantwortlich ist.

Coachee: Wie meinen Sie das?

Coach: Welche Ergebnisse hat er zu liefern, sicherzustellen, zu gewährleisten für das Unternehmen?

Coachee: Äh ...

In der Regel suchen wir im Coaching dann nach den passenden goldenen Verantwortlichkeitssätzen für den Mitarbeiter. So lange, bis diese richtig stimmig sind, auch in ihrer Abgrenzung zu anderen Verantwortlichkeiten. Das heißt, wir suchen nach den richtigen Formulierungen für die Ergebnisse, die der Mitarbeiter zu liefern oder zu gewährleisten hat.

Der Coachee hat dann in der Regel die Hausaufgabe, mit seinem Mitarbeiter ein Gespräch über dessen Verantwortlichkeit zu führen. Mit dem Ziel, im Mitarbeiter ein hohes Verantwortungsbewusstsein und Motivation zu erzeugen.

Die Abschlussbotschaft lautet zumeist:

Wenn Sie möchten, dass Ihre Mitarbeiter verantwortungsbewusst handeln, dann sollten Sie Ihnen auch sagen, wofür sie verantwortlich sind!

Beobachten Sie sich selbst, wie oft Sie Mitarbeitern Tätigkeitsanweisungen geben und wie oft Sie tatsächlich erwartete Ergebnisse kommunizieren.

Zurück zum Vier-Augen-Gespräch: In der Vorbereitung sollten Sie die Verantwortlichkeit in einem oder manchmal auch mehreren goldenen Sätzen formuliert haben. Und Sie sollten die Frage beantwortet haben, warum Sie diesen Mitarbeiter dafür verantwortlich machen wollen. Mit der Frage „Warum ich?" sollten Sie rechnen und dann ist eine klare Antwort mit ein bis zwei triftigen Gründen doch sehr von Vorteil bzw. wertschätzend.

Beim Einstieg in das Gespräch ist es nützlich, klar zu sagen: „Ich möchte dich für Folgendes verantwortlich machen", um danach sofort die Visualisierung zu zeigen. Ob es sich dabei um eine Folie auf dem Notebook oder ein Blatt Papier handelt, ist sekundär. Hauptsache visualisiert. Aber warum?

In Gesprächsübungen ist oft zu beobachten, dass Führende, die auf rein verbaler Ebene delegieren möchten, immens hohe Redeanteile im Delegationsgespräch haben. Das sorgt dafür, dass der Mitarbeiter eine große Menge Verbalinformationen verarbeiten muss. Mit dem häufigen Ergebnis, dass er nicht alle Infos erfassen kann bzw. Infos falsch wahrnimmt und einsortiert. Manche Mitarbeiter fangen an, sich irgendwelche Notizen zu machen. Der Führende weiß dann allerdings nicht, welche. Und so nimmt das Drama seinen Lauf. Unvollständigkeiten und Missverständnisse sind vorprogrammiert. Sag mir, wie der Auftrag an den Mitarbeiter beginnt, und ich sage dir, wie er endet ...

Das ist ein didaktisches Thema: Im schönsten Falle kann der Mitarbeiter zum Ende des Gesprächs seine Verantwortlichkeit richtig rezitieren. Dazu muss er diese in seinem Biocomputer korrekt gespeichert haben. Nutzen Sie daher auch hier die Kraft des Bildes.

Visualisieren Sie für Ihren Mitarbeiter den goldenen Satz oder die Zielformulierung.

Das nun entstehende Gespräch bekommt einen gänzlich anderen Charakter. Vorschlag: Nachdem Sie den Mitarbeiter begrüßt haben und ihm offengelegt haben, dass Sie ihn für etwas verantwortlich machen möchten, eröffnen Sie ihm das Medium, schweigen und nehmen ihn wahr. Letztgenanntes ist didaktisch sehr wichtig: Schweigen Sie nach dem Eröffnen des Mediums, damit der Mitarbeiter in seinem eigenen Lern- und Lesetempo wahrnehmen kann, was dort steht oder auch bebildert ist. Es ist etwas magisch: Sobald Sie ein Medium eröffnen, schaut der Homo Sapiens wie hypnotisch angezogen dorthin. Schalten Sie mal, wenn Sie Besuch haben daheim, den Fernseher an. Es gibt nur wenige Menschen, die nicht zumindest mal kurz hinschauen.

Der Mitarbeiter wird also die Verantwortlichkeitsformulierung wahrnehmen und dann wiederum mit sehr hoher Wahrscheinlichkeit Gedanken dazu äußern oder Fragen dazu stellen. Und wenn Sie diese Fragen korrekt beantworten (bitte genau hinhören und bei Nichtverstehen erstmal die Fragestellung klären), dann wird sich ein sehr schöner Frage-Antwort-Dialog entwickeln und die Redeanteile werden sich deutlich besser verteilen. Die „Verdaulichkeit" der Gesprächsinhalte für den Mitarbeiter steigt.

In diesem Vier-Augen-Delegationsgespräch empfiehlt es sich weiterhin, gleich eine zentrale Spielregel für die Interaktion zwischen Führendem und Mitarbeiter zu vereinbaren, sofern diese vom Mitarbeiter nicht schon längst beachtet und gelebt wird: die Melderegel! Eine gute Spielregel ist genau wie die Regeln im Sport eindeutig und einfach formuliert. Die Melderegel lautet: „Melde dich, wenn du deiner Verantwortung nicht mehr gerecht werden kannst, sobald du merkst, dass du ihr nicht mehr gerecht werden kannst."

Beispiel: Wenn dem Suppenkoch der Suppenherd explodiert und der Ersatzherd steht direkt daneben, so dass der Suppenkoch quasi nur die Töpfe rüberziehen muss, dann braucht er dem Chefkoch nichts zu melden. Dann reicht es, wenn er bei Gelegenheit mal erzählt, was ihm neulich passiert ist. Sollte der Suppenkoch keinen Ersatzherd haben und auch kein Budget für die Beschaffung eines Ersatzherds und damit seiner Verantwortung aus eigener Kraft nicht mehr gerecht werden können, hat er sich unverzüglich beim Chefkoch zu melden.

Der Chefkoch hat durch die Meldung die Chance, dem Suppenkoch wieder einen Rahmen zur Verfügung zu stellen, um erfolgreich sein zu können. Indem er ihm zum Beispiel ein Budget zur Anschaffung eines Ersatzherds genehmigt. Wer bestellt den Herd? Genau, das macht bereits der Suppenkoch schon wieder selbst, denn eine Verantwortung ist auf der Ebene am besten aufgehoben, auf der für ihre Erfüllung gerade noch gesorgt ist.

Nehmen wir mal an, ein Mitarbeiter liefert zu einem bestimmten Termin den vereinbarten Statusbericht nicht und er begründet das damit, dass er vor zwei Wochen noch einen anderen großen Auftrag erhielt. Dann hat sich der Mitarbeiter gerade zwei gelbe Karten verdient: Zum einen hat er die Vereinbarung bezüglich des Statusberichts nicht eingehalten, zum anderen hätte er vor zwei Wochen Alarm schlagen bzw. melden sollen, dass der Statusbericht gefährdet ist.

Apropos Statusbericht: Es bietet sich ebenfalls an, im Delegationsgespräch zusammen mit dem Mitarbeiter sinnvolle Jour fixe, Statusberichts-, Meilenstein- oder Etappenzieltermine zu identifizieren und zu vereinbaren. Welche Termine und Kontakthäufigkeiten betrachtet der Mitarbeiter als sinnvoll, und welche Sie selbst? Das lässt sich besprechen und abstimmen und sogleich in die Visualisierung eintragen, so dass hier ein Ergebnisprotokoll mit sämtlichen Vereinbarungen entsteht, welches sofort nach Gesprächsende Führendem und Mitarbeiter zur Verfügung steht.

Empfehlenswert für ein Ergebnisprotokoll ist, dass dieses im laufenden Gespräch oder Meeting entsteht. Sichtbar für alle Anwesenden. Grundregel: In ein Ergebnisprotokoll gehen nur mit den vom Ergebnis Betroffenen abgestimmte Formulierungen. Im Delegationsgespräch kann also die Visualisierung gleich als Grundlage für ein gemeinsames Ergebnisprotokoll dienen, in dem das Ziel/die Verantwortlichkeit, die Melderegel, gegebenenfalls Berichtszyklen und weitere Ergebnisse und Vereinbarungen dokumentiert werden.

Sind Verantwortlichkeit bzw. Ziel, die Melderegel und Berichtszyklen vereinbart, bietet sich zur Sicherstellung einer hohen und verbindlichen Vereinbarungsqualität und eines hohen Verantwortungsbewusstseins der „Kontrollierte Dialog" an. Das bedeutet, den Mitarbeiter zu fragen, wofür er sich jetzt verantwortlich sieht oder auch, was aus seiner Sicht jetzt alles vereinbart wurde.

Die konsequenten Führenden lassen ihren Mitarbeiter nicht eher zur Tür hinaus, ehe er seine Verantwortung oder besser gleich alle Vereinbarungen richtig rezitiert hat. Kann der Mitarbeiter seine Verantwortung richtig rezitieren, zeigt er ein hohes Verantwortungsbewusstsein. Formuliert der Mitarbeiter hingegen irgendein „Wischiwaschi" oder „nebulöses Zeug" - wie wird dann wohl das Ergebnis aussehen?

Es geht also darum, von Beginn an ein hohes und verbindliches Verantwortungsbewusstsein zu erzeugen, um eine deutlich höhere Chance auf brauchbare Ergebnisse und tatsächlich verantwortungsbewusst handelnde Mitarbeiter zu haben. In der Bibel steht „Wehret den Anfängen".

Lassen Sie sich unmittelbar nach „Beauftragung" zurückmelden, welchen Auftrag der Mitarbeiter jetzt verstanden hat, was er sicherzustellen oder zu liefern gedenkt etc.

Erst wenn dieser „Kognitivcheck" erfolgreich beendet ist, können Sie situativ entscheiden, ob Sie noch einen „Bauchschmerzencheck" durchführen. Sollte Ihr Mitarbeiter angesichts des neuen Auftrags nicht gerade begeistert schauen, können Sie nachfragen, wie es ihm mit der neuen Verantwortung geht. Achten Sie auf sprachliche und körpersprachliche Signale. Ein Gefühl der (gesunden) Herausforderung darf beim Mitarbeiter vorhanden sein, ein Gefühl der Überforderung besser nicht. Sollte also der Mitarbeiter noch irgendwelche Bauchschmerzen haben, gilt es zu ermitteln, wodurch genau diese denn entstehen und was der Mitarbeiter braucht, um sich besser zu fühlen. Das können dann beispielsweise Vereinbarungen von anfangs enger Begleitung oder auch einer „Verantwortung auf Probe" sein. Wichtig ist wie bereits erwähnt, dass vor dem Bauchschmerzencheck der Kognitivcheck durchgeführt wird, sonst existieren möglicherweise Bauchschmerzen auf Basis eines falsch verstandenen Auftrags.

Sollten Sie mit einem Mitarbeiter noch keine Erfahrungen bezüglich dessen Leistungsfähigkeit gemacht haben (zum Beispiel der „Neue"), so haben Sie die Option, auch einen „Kompetenzcheck" zu machen, indem Sie ihn nach erfolgreichem Kognitivcheck und ggf. Bauchschmerzencheck fragen, WIE er denn den neuen Auftrag erfüllen möchte. Damit nehmen Sie ihn unmittelbar in die Verantwortung und Sie bekommen einen Eindruck, wie gut oder weniger gut die Ideen und Gedanken des Mitarbeiters sind. Ihr Bauch und Ihr Kopf werden Ihnen signalisieren, wie mehr oder weniger intensiv Sie diesen Mitarbeiter begleiten sollten.

Sollte der Mitarbeiter ad hoc keine Vorstellungen über das WIE haben, können Sie sich auch ein paar Tage später noch Gedanken präsentieren lassen.

Für das Delegationsgespräch bietet sich eine 90°-Sitzordnung an. Die meisten Menschen empfinden diese als am angenehmsten. Beide Gesprächspartner haben im rechten Winkel die Gelegenheit, zwischen einem Blickkontakt und dem Blick auf ein Medium, auf welchem zum Beispiel der Auftrag oder die Verantwortung visualisiert ist, hin und her zu pendeln.

Das Delegationsgespräch sollte in einer ungestörten Atmosphäre stattfinden. „Pings" von eingehenden Nachrichten haben darin ebenso nichts zu suchen wie Telefonklingeln oder gar angenommene und geführte Anrufe!

Sie identifizieren also zunächst, welche Verantwortlichkeiten Sie nicht zwingend selbst wahrnehmen müssen und entscheiden im Anschluss, an wen Sie diese delegieren, bevor Sie Ihre Delegationsgespräche führen.

Bild 5.5 fasst die wichtigsten Tipps für Delegationsgespräche zusammen.

Checkliste der Techniken für Delegations- oder Zielvereinbarungsgespräche

- Das „große Ganze" bzw. das übergeordnete Ziel darstellen
- Verantwortung oder Ziel des Mitarbeiters als Endzustand formulieren (goldener Satz oder klares, messbares Ziel)
- Visualisieren und Visualisierung gleich als Ergebnisprotokoll nutzen (In die Augen, in den Sinn)
- „Warum du?" beantworten (ein bis zwei triftige Gründe)
- Meldespielregel vereinbaren („Melde dich, falls du deiner Verantwortung nicht mehr gerecht werden oder dein Ziel nicht mehr erreichen kannst, sobald du es merkst")
- Sinnvolle Reportings (Meilensteine/Etappenziele/Statusberichte/Jour fixe) erfragen und vereinbaren
- Kognitivcheck: kontrollierten Dialog anwenden („Was nimmst du jetzt als deine Verantwortung wahr?")
- Ggf. Bauchschmerzencheck („Wie geht es dir mit der Verantwortung?")
- Ggf. Kompetenzcheck („Wie wirst du vorgehen?")
- Im rechten Winkel zueinander sitzen
- Störungsfreie Vier-Augen-Atmosphäre

Ein Delegationsbeispiel

Als ich selbst noch in einer Linienführungsrolle war, gab mir mein damaliger Vorgesetzter den Auftrag, einen Film zu produzieren, in dem ein Führender gegen alle Regeln des guten Kritikgesprächs verstößt. Ich bekam ein Budget von 750 DM (damalige Währung; heute etwa 375 Euro). Nur hatte ich noch nie einen Film produziert! Zum Glück stand das Filmprojekt nicht unter Zeitdruck.

Nach ein paar Tagen des Nachdenkens kam mir die Idee, eine Gruppe geeigneter und pfiffiger Auszubildender zu beauftragen. Also suchte ich das Gespräch mit drei ausgesuchten Auszubildenden, die die Ausbildungsleitung mir dankenswerterweise zur Verfügung stellte.

Das Gespräch begann nach der allgemeinen Begrüßung mit meinem Satz, dass „ich die Azubis gern damit beauftragen möchte, mir einen Film zu liefern, in dem ein Führender innerhalb von zehn Minuten gegen alle Regeln der guten Kritikgesprächsführung verstößt und der maximal 750 DM kosten darf“. Zu diesem Thema gab es zu der Zeit am Markt Filme, deren Anschaffung mehr als 2500 DM gekostet hätte. Als Nächstes schob ich den Azubis ein DIN-A4-Blatt über den Tisch, auf denen die circa zehn Regeln standen, gegen die der Führende in dem Film verstoßen sollte.

Die Auszubildenden reagierten einerseits mit erfreuten Gesichtern, auf der Tonspur allerdings mit einem eher entsetzt klingenden „wir haben noch nie einen Film produziert und wissen also gar nicht, wie das geht“. Ich sagte: „Ich auch nicht.“ Wir vereinbarten, dass sich die Azubis ein paar Tage lang Gedanken machen, wie das denn funktionieren könne, und legten einen entsprechenden Folgetermin fest.

Als die Azubis ein paar Tage später pünktlich zu dem Termin in meinem Büro erschienen, legten Sie mir zunächst ein Drehbuch auf den Tisch mit der Bitte, dieses zu lesen und Korrekturen vorzunehmen. Ich nehme es vorweg, ich habe lediglich an zwei Stellen etwas korrigiert, alles andere war bereits richtig gut!

Dann präsentierten mir die Azubis ein Szenenbuch, in dem in Skizzen dargestellt war, welche Szenen bzw. Kameraeinstellungen der Film haben sollte.

Und als Drittes bekam ich schließlich die Information, dass die Azubis in unserer Region einen ambitionierten Hobbyfilmer gefunden hatten, der über hochwertiges Film- und Schnittequipment verfügte und auch mit dem Honorar für die Gesamtproduktion einverstanden war. Kurzum: Es fehlten nur noch ehrenamtliche Darsteller für die Rollen des Führenden und des Mitarbeiters sowie ein Drehtag. Beides wurde innerhalb kürzester Zeit gefunden. Der Film wurde ein Erfolg und sogar von der Geschäftsführung gewürdigt. Die Azubigruppe bekam sogleich einen Folgeauftrag über einen anderen Schulungsfilm für Gabelstaplerfahrer.

Menschen können sich durch eine neue Verantwortlichkeit weiterentwickeln. „Der Mensch wächst mit den Herausforderungen“. Die Ideen der Mitarbeiter zu ihrer Verantwortung sind das Innovationspotenzial des Unternehmens. Privat übernehmen Mitarbeiter Verantwortung für ihren Hausbau, für andere Menschen, für die Finanzen im Verein und und und. Nutzen Sie das Potenzial Ihrer Mitarbeitenden auch im Unternehmen.

Es ist mehr an Verantwortungsübernahme möglich, als Führende und auch manchmal Mitarbeiter selbst glauben. Nehmen Sie Ihre Mitarbeiter in die Verantwortung - zum Vorteil für Sie (Entlastung), für die Mitarbeiter selbst (Aufwertung, Selbstwertgefühl, Weiterentwicklung) und auch das Unternehmen (Innovationspotenzial, Ressourcenausschöpfung und Qualitätsgewinn).

5.3 Führungsaufgabe Kontrolle

Mit dem konsequenten Einsatz folgender drei Werkzeuge erfüllen Sie die Kontrollaufgabe vollends:

1. „Management by walking around“ („mbywa“): Empfehlenswerter Weise sind Sie in aktivem Kontakt zu Ihren Mitarbeitern und machen regelmäßig Management by walking around. Das heißt, Sie laufen durch die Reihen Ihrer Mitarbeiter. Dadurch pflegen Sie nicht nur Ihre Beziehung zu Ihren Mitarbeitern. Sie bekommen auch Stimmungen mit, Verhaltensweisen Ihrer Mitarbeiter und können sich nach dem Stand bestimmter Themen erkundigen. Sie erhalten Informationen, die Sie nicht bekommen, wenn Sie nicht loslaufen.
2. Die „Meldespielregel“: „Melde dich, falls es mit der Zielerreichung nicht klappt, sobald du merkst, dass es nicht klappt!“ Diese Regel sollte ähnlich wie ein Antivirenprogramm stets „mitlaufen“, also grundsätzlich vereinbart sein und für all Ihre Mitarbeiter in Linie oder im Projekt eine absolute Selbstverständlichkeit sein. Ein Verstoß gegen diese Regel sollte geahndet werden.
3. „Reportings“ bzw. Berichterstattungen jedweder Form. Das können Jour fixe sein, also regelmäßig wiederkehrende Fixtermine, aber auch Meilensteintermine, Etappenziele, Status- oder Vollzugsmeldungen. Vereinbarte Reportings sind eine Bringschuld des Mitarbeiters. Er berichtet an zuvor vereinbarten Terminen seinem Vorgesetzten. Dieser Termin ist gleichzeitig Gelegenheit zum Lob des Mitarbeiters, wenn das Zwischenergebnis passt. Tendenziell machen Sie bei einem erfahrenen Mitarbeiter weniger Reporting-Termine als bei einem unerfahrenen, bei dem Sie schon zur beidseitigen Erfolgssicherung lieber ein paar „Monitorings“ mehr machen.

Sie erfüllen Ihre Kontrollaufgabe, wenn Sie diese Instrumente konsequent und richtig einsetzen. Im Folgenden wird beschrieben, was „richtig“ bedeutet und wie Sie die Themen Kontrolle und Vertrauen in Balance bringen.

Für manche Funktionen steht Ihnen auch ein „eMonitoring“ zur Verfügung. Das bedeutet, dass Sie zumindest die quantitativen Ergebnisse einer Mitarbeiterleistung (z.B. Anzahl bearbeiteter Tickets oder Stückzahl an einer bestimmten Maschine oder Linie) auf Ihrem Computerbildschirm sehen können.

Kontrollwerkzeuge „mbywa“ und die Melderegel

Das „mbywa“ machen Sie bitte bei jedem Mitarbeiter. Wenn Sie Mitarbeiter dabei vernachlässigen, werden Sie Feedbacks bekommen wie „mit mir spricht er nicht“ oder „er hat seine Lieblinge“. Sie sollten auch hier ausloten, wer etwas mehr und wer etwas weniger Kontakt braucht, aber generell gilt:

Schauen Sie bei jedem Mitarbeiter regelmäßig vorbei!

Eine Regel gilt für alle, die auf dem Platz stehen. Das gilt auch für die Melderegel. Sorgen Sie dafür, dass alle Mitarbeiter die Regel kennen und im besten Falle rezitieren können (hohes Regelbewusstsein!). Manche Mitarbeiter würden sich von selbst melden, wenn sie ihr Ziel nicht mehr erreichen können, andere nicht. Und speziell mit diesen sollten Sie eingehend und klar formuliert über diese Regel sprechen.

Das heißt grundsätzlich nicht, dass es zu einer Regel nicht auch einmal eine Ausnahme geben darf. Stellen Sie sich vor, Sie haben eine Smartphone-aus-Regel für Ihre Teammeetings. Und morgens kommt einer Ihrer Mitarbeiter herein und sagt, dass der Lebenspartner zusammengebrochen ist und im Krankenhaus ist. Er bittet darum, heute sein Smartphone eingeschaltet lassen zu dürfen, falls sich das Krankenhaus meldet. Dem würden Sie doch sicher stattgeben. Wichtig ist nur, dass die Ausnahme von der Regel zuvor beantragt wurde und auch dem Team transparent wird. Es wäre nicht akzeptabel, wenn der Mitarbeiter einfach sein Smartphone eingeschaltet lässt, ohne mit Ihnen gesprochen zu haben und auch ohne, dass das Team Kenntnis von dieser Ausnahmegenehmigung erhält. Das würde tendenziell zu Irritation bei den Teamkollegen führen und Ihr Team in Schieflage bringen.

Für die Melderegel gibt es keine Ausnahmegenehmigung.

Kontrollwerkzeug Berichterstattung

Die Berichterstattung sollte anders als die beiden anderen Werkzeuge individuell gestaltet sein. Was bedeutet das? Schauen wir noch einmal auf das Beispiel mit dem Suppenkoch: Stellen Sie sich vor, Sie sind der Chefkoch und Sie haben einen Suppenkoch, der seit zehn Jahren jede Suppe wie bestellt auf die Tische der Gäste „zaubert". Erfüllungsquote: 100%! Unter der Prämisse, dass Sie auch bei diesem Suppenkoch Ihr „mbywa" anwenden und ab und an vorbeischauen und dass auch für diesen Koch selbstverständlich die Melderegel gilt: Wie viele Berichte würden Sie diesem Koch auf dem Weg zum Abgabetermin abverlangen? Sollten Sie sich an dieser Stelle für irgendwelche Zwischenberichte entscheiden, laufen Sie Gefahr, dass sich dieser Koch zu engmaschig kontrolliert fühlt und auch zu wenig Wertschätzung und Anerkennung seiner bisherigen Leistung empfindet. Sie sollten allerdings um eine kurze Vollzugsmeldung zum Abgabetermin bitten. Einzig aus dem Grunde, diese Vollzugsmeldung zur expliziten Anerkennung der Leistung zu nutzen: „Auch diese beiden Suppen wie bestellt geliefert. Wow. Ich bin stolz auf deine Leistung!"

Nehmen wir mal an, Ihr Suppenkoch hat aufgrund zu engmaschiger Kontrolle durch Sie gekündigt (Aussage des Suppenkochs: „Der macht doch Micromanagement!"). Und Sie haben nun nicht beliebig tolle Auswechselspieler wie so mancher Top-Fußballklub in Europa, sondern auf Ihrer „Ersatzbank" sitzt lediglich der Jungkoch, der erst vor wenigen Wochen seine Ausbildung beendet hat.

Diesen Jungkoch bitten Sie zu sich, um ihn für die Erfüllung des nächsten Suppenauftrags verantwortlich zu machen. Bleiben wir bei dem Beispiel mit der bestellten Tomatensuppe mit der Chilinote im Abgang. Sie beobachten im Delegationsgespräch mit dem Jungkoch, dass er zwar einerseits ein Lächeln auf den Lippen hat, als Sie ihn auf diesen Auftrag ansprechen. Andererseits beobachten Sie aber auch, dass sein Kehlkopf scheinbar aufgeregt rauf und runter „hüpft". Sie spiegeln ihm Ihre Beobachtung und fragen, was das zu bedeuten habe. Woraufhin der Jungkoch sagt: „Ich freue mich einerseits darüber, hier einen verantwortungsvollen Auftrag zu bekommen, und deshalb lächle ich. Allerdings habe ich noch nie eine Tomatensuppe mit einer Chilinote im Abgang produziert und deshalb schlucke ich doch sehr. Ganz deutlich gesagt, habe ich keine Ahnung, wie das geht!"

Bitte sagen Sie Ihrem Jungkoch jetzt nicht, wie er die Suppe produzieren soll oder besser noch, wie Sie es in Ihren dreißig Berufsjahren immer gemacht haben. Es hemmt die Innovationsfähigkeit Ihres Teams, wenn Sie Ihren Leuten sagen, wie sie es machen sollen. Wenn alle „denselben Stiefel" machen wie Sie in den letzten dreißig Jahren, wo bleiben denn da bitteschön die Innovation und Weiterentwicklung? Außerdem hat es mit Delegation nichts zu tun, wenn Sie jetzt dem Koch sagen, wie er es machen soll. Das wäre dann wieder der Anweisungsmodus „mach es so und so". Gleichzeitig hat es einen erzieherischen Effekt: Gewöhnen sich Ihre

Mitarbeiter daran, sich selbst Gedanken über Lösungen und Vorgehensweisen machen zu müssen oder eher daran, nur auf Anweisung zu handeln? Wenn Letzteres der Fall ist, wundern Sie sich bitte nicht, dass Sie permanent Anweisungen geben müssen. Das sind in Seminaren die Teilnehmer, die in jeder Pause mit ihren Mitarbeitern telefonieren, Anweisungen geben und nicht einen Tag ungestört auf ein Seminar fahren können. Anderen allerdings gelingt es gut, dass ihr Team während des Seminars auf „Autopilot“ fliegt.

Statt also dem Jungkoch Ihr langjähriges Rezept zu geben, bitten Sie ihn stattdessen, sich Gedanken darüber zu machen, wie er denn eine solche Suppe produzieren könnte. Und vereinbaren Sie einen Folgetermin, an dem er von seiner Rezeptidee berichtet. (In der Küche heißt das Rezept, im Unternehmen oder der Organisation Konzept. Es läuft auf dasselbe hinaus.) Diese Präsentation der Rezeptideen ist bereits ein erster Reportingtermin. Und bei diesem Termin geben Sie Ihrem Jungkoch wertschätzendes Feedback zu seinen Ideen, weisen ihn allerdings auch auf Risiken hin, falls Sie welche sehen. Und dann fragen Sie ihn, wie viele „Berührungspunkte“ mit Ihnen auf dem Weg zum Ziel er gerne hätte. Es wäre nicht überraschend, wenn aus einem Bedürfnis der Absicherung heraus der Jungkoch um engere Begleitung bzw. ein paar Zwischentermine bittet. Das dürfte auch Ihrem Sicherheitsbedürfnis entsprechen, denn schließlich hat der Jungkoch diese Verantwortung erstmalig und auch Sie möchten den Erfolg absichern. Sie spielen also ein Gewinner-Gewinner-Spiel, weil beide ihr Sicherheitsbedürfnis befriedigen. Und so können Sie eine Reihe fixer Termine miteinander vereinbaren. Die Häufigkeit lässt sich jederzeit verändern. Ähnlich, wie Sie beim Reiten eines Pferdes jederzeit die Zügel anziehen oder auch lockerlassen können.

Korrekte Gleichbehandlung

In einem großen Unternehmen wurde eine Mitarbeiterbefragung zur Führungsqualität durchgeführt. Eine Fachbereichsleitung, die zehn Abteilungsleitungen führte, schnitt dabei sehr schlecht ab. In einer moderierten Feedbackrunde mit der Bereichsleitung und ihren Abteilungsleitungen gaben die Abteilungsleitungen als einen Hauptkritikpunkt an, dass diese mit jeder in jeder Woche ein halbstündiges Jour fixe hat (was immerhin die Bereichsleitung auch für fünf Stunden wöchentlich in Anspruch nahm). Acht der zehn Abteilungsleitungen konnten glaubwürdig darstellen, dass sie sich zu engmaschig geführt fühlten. Es handelte sich um die acht Abteilungsleitungen, die nachweislich seit Jahren gute Ergebnisse lieferten, die hochkompetent waren und voller Engagement.

Zwei der zehn Abteilungsleitungen meldeten zurück, dass sie das wöchentliche Jour fixe und die damit verbundene Abstimmung sehr begrüßten. Es waren genau die beiden Abteilungsleitungen, die neu an Bord waren.

Die Intention der Bereichsleitung, mit jedem ein wöchentliches Jour fixe zu machen, war deren Anspruch auf Gleichbehandlung aller Mitarbeiter. Genau darin bestand der Irrtum. Regeln gelten für alle. Regelmäßigen aktiven Kontakt sollten Sie auch zu allen suchen. Aber die Anzahl zusätzlicher Jour fixes oder Berichtstermine sollten Sie vom Mitarbeiter und von der jeweiligen Komplexität seines Auftrags abhängig machen. Hier kann eine „Gleichschaltung" sogar kontraproduktiv sein, wie dieses Beispiel zeigt.

Gleichbehandlung bedeutet, den Bedürfnissen jedes Mitarbeiters nach Führung gerecht zu werden, und das auf individualisierte und damit unterschiedliche Art und Weise. ■

Balance zwischen Vertrauen und Kontrolle

„Vertrauen ist gut – Kontrolle ist besser!" Achten Sie auf das richtige Maß Ihrer Kontrolle. Selbstverantwortlich handelnde Mitarbeiter auf hohem Leistungsniveau brauchen und möchten oftmals nicht die Häufigkeit an Kontakten. Wobei sich auch das erfragen lässt. Andere wiederum möchten zur eigenen Absicherung mehr Kontakt. Finden Sie durch offenes Ansprechen heraus, wen Sie wie führen bzw. auch kontrollieren sollten. Vereinbaren Sie die Häufigkeit an „Kontaktpunkten" neben einem Management by walking around, das stets stattfinden sollte und der Gültigkeit der Melderegel. Erfragen und vereinbaren Sie sinnvolle Etappenziele, Meilensteine, Jour-fixe-Zyklen und bringen Sie über die transparente Vereinbarung Vertrauen und Kontrolle in Balance. Auch in Projekten ist es empfehlenswert, eine individuelle, sinnvolle Vereinbarung über Meilensteine zu treffen statt jedem Projekt dasselbe „Korsett an Meilensteinen überzustülpen" – je nach Komplexität und Zielstellung eines Projekts.

Ich erlebe regelmäßig in Seminaren und Coachings Führende, die Hemmungen haben, die Führungsaufgabe Kontrolle aktiv zu gestalten oder auch offen mit Mitarbeitern darüber zu sprechen. Aussagen wie „ich möchte meine Leute nicht penetrieren" oder „dann fühlen die sich noch kontrolliert" sollen die Zurückhaltung begründen. Genau darum geht es: Balancieren Sie Kontrolle und Vertrauen aus, was aber nicht bedeuten darf, dass Sie gar nicht mehr kontrollieren. Das käme einem Laissez-faire gleich und Sie berauben sich Ihrer Gelegenheit zu Lob und Anerkennung. Setzen Sie konsequent und individualisiert die genannten Instrumente ein. Damit kommen Sie Ihrer Verantwortung nach und die angemessene Kontrolle sichert den Erfolg Ihres Mitarbeiters ab und beschert ihm die wohltuende Anerkennung und Wertschätzung.

Grundsätzlich sei zum Thema Vertrauen noch gesagt, dass es eine gute Grundeinstellung ist, wenn Sie Ihren Mitarbeitern mit Vertrauen begegnen. Anlass zum Misstrauen muss erst gegeben werden (Bild 5.5). Führende, die ihren Mitarbeitern „mit einer gesunden Portion Misstrauen" begegnen, brauchen sich nicht zu wundern, wenn in den Beziehungen kein Vertrauen entsteht. Wie heißt es so schön: Ich kann nur ernten, was ich sähe. Oder auch, wie ich es in den Wald hineinrufe, so schallt es heraus.

„Ich begegne meinen Mitarbeitern mit Vertrauen!

Anlass zum Misstrauen muss erst gegeben werden!"

Bild 5.5 Grundsätzliche Einstellung zum Thema „Vertrauen"

5.4 Führungsaufgabe Feedback

Feedback als das zentrale Instrument der Einflussnahme.

Feedback ist eine zentrale und vielleicht sogar die wichtigste Führungsaufgabe bzw. das wichtigste Führungsinstrument. Viele Themen erledigen sich bereits mit gelungenem Feedback und Mitarbeiter reagieren entsprechend.

Aber, ob der Mitarbeiter auf Ihr Feedback reagiert oder nicht, liegt bei ihm. Menschen entscheiden stets selbst, wie sie sich verhalten!

Sollte ein Mitarbeiter nicht ausreichend auf Ihr Feedback reagieren, muss dies Konsequenzen zur Folge haben.

Wobei Mitarbeiter Feedback haben möchten: Menschen suchen Orientierung und möchten wissen, wo sie stehen - auch leistungsmäßig. Und es ist Ihre Führungsaufgabe, dieses Bedürfnis regelmäßig und zeitnah zur Leistungserbringung zu befriedigen. Stellen Sie sich einen Hochspringer ohne Sprunglatte (= Leistungsbeurteilungsmaßstab im wahrsten Sinne des Wortes) vor. Der würde ziemlich schnell die Motivation verlieren, weil er nicht wüsste, ob er ein guter Hochspringer ist oder nicht.

Jede Leistungsbeurteilung benötigt mindestens einen Beleg und bevor Sie in ein Feedbackgespräch mit einem Mitarbeiter gehen, sollten Sie darauf achten, Belege für Ihre Beurteilung zu haben, damit diese fundiert und nicht willkürlich wirkt. Belege sind entweder Fakten oder konkrete Beobachtungen.

Damit sind nicht Beobachtungen Dritter gemeint, sondern Ihre ureigenen. Sollte Sie ein Dritter mit Beobachtungen zu einem Ihrer Mitarbeiter beglücken, senden Sie denjenigen ins direkte Feedback zu dem Mitarbeiter, am besten von Angesicht zu Angesicht. Oder stellen Sie eigene Beobachtungen an, auf deren Basis Sie ein Gespräch führen können. Aber lassen Sie sich nicht instrumentalisieren und zum Überbringer der schlechten Nachricht machen. Wenn Sie einen Mitarbeiter mit Beobachtungen Dritter konfrontieren, erzeugen Sie eine Misstrauenskultur und gefährden Beziehungen. Eine naheliegende Nachfrage Ihres Mitarbeiters ist: „Wer hat das gesagt?“ Und wenn Ihre Reaktion lautet: „Das tut hier nichts zur Sache“, ist das nicht nur beziehungsschädigend zwischen Ihnen und Ihrem Mitarbeiter. Ihr Mitarbeiter wird auch argwöhnisch auf diejenigen Kollegen schauen, die er im Verdacht hat, ihn „angeschwärzt“ zu haben.

Zudem sind Sie leicht „auszuhebeln“. Ihr Mitarbeiter braucht nur zu reagieren mit „Wie kommen Sie denn zu der Behauptung?“ und schon kommen Sie in Ihrem Feedbackgespräch nicht wirklich weiter. Zumindest nicht, ohne die Beziehung weiter zu beschädigen.

Formulierung von Feedback

Sie sind als Feedbackgeber zu 100 % in der Verantwortung, Ihr Feedback qualitativ und quantitativ so zu gestalten, dass der Mitarbeiter bzw. Feedbacknehmer es annehmen kann! ■

Sie würden qualitativ unzureichend formulieren, wenn Sie beispielsweise persönlich beleidigend werden oder unzulässig pauschalisieren. Unzulässige Pauschalisierungen beginnen mit Begriffen wie „immer“, „alles“, ständig“, „dauernd“. Beispiele: „Du machst aber auch immer alles falsch.“ „Ständig machst du Folgendes …“. Sie brauchen sich nicht zu wundern, wenn Ihr Gesprächspartner auf Beleidigungen oder Pauschalisierungen mit Widerstand oder Ähnlichem reagiert. Auch, wenn Sie aus einer Mücke einen Elefanten machen, indem Sie zu einem vermeintlich geringen Fehlverhalten ein dreiviertelstündiges „Referat“ halten, müssen Sie sich nicht wundern, wenn auch hier Ihr Gesprächspartner nicht wie gewünscht reagiert. Auch Lautstärke steigert die Qualität Ihres Feedbacks nicht (Management by dezibel).

Es kommt also darauf an, in passender Textlänge hochqualitativ zu formulieren, um das gewünschte Gesprächsziel zu erreichen. In der Regel ist das Ziel eine Verhaltensänderung. Und das sollten Sie erreichen, ohne dabei die Beziehung zu beschädigen.

Dieser Anspruch an Feedback gilt nicht nur für kritisierendes oder korrigierendes Feedback, sondern auch für lobendes, anerkennendes. Ein Lob – falsch ausgesprochen – kann ebenfalls „in den falschen Hals" gelangen.

Lob und Wertschätzung gekonnt aussprechen

Wir streben, überwiegend unbewusst gesteuert, nach guten Gefühlen. Gute Gefühle erreichen wir, indem wir Bedürfnisse befriedigen. Entgelt zum Beispiel dient der Befriedigung von Bedürfnissen wie Dach über dem Kopf (wir kaufen oder mieten eine Wohnung), Sättigung (wir kaufen Lebensmittel), Fortbewegung (wir kaufen eine Monatskarte oder ein Auto) etc.

Aber das deckt nicht alle Bedürfnisse ab. Angeblich gab es im Frühmittelalter einen Versuch, bei dem Neugeborene mit Nahrung versorgt wurden, aber von menschlichem Kontakt isoliert wurden. Durch den Versuch sollte herausgefunden werden, ob diese Neugeborenen miteinander eine Art Ursprache ausbilden. Das Ergebnis war eindeutig: Alle Neugeborenen seien verstorben.

Die Ableitung daraus könnte sein: Der Mensch lebt nicht von Wasser und Brot allein. Wir brauchen für unser Leben auch Streicheleinheiten und soziale Kontakte. Sonst gehen wir ein wie eine Pflanze ohne Wasser. Nun ist es mit körperlichen Streicheleinheiten im betrieblichen Kontext so eine Sache … Was Führenden in diesem Zusammenhang bleibt, sind verbale Streicheleinheiten. Und damit sind wir bei Dankesworten, der positiven Begrüßung und auch bei explizitem Lob. Es tut einem Führungsverständnis gut, dass es vorteilhaft ist, die eigenen Mitarbeiter mit der täglichen Portion Wertschätzung zu versorgen.

Wertschätzung und Anerkennung sind Grundnahrungsmittel für Ihre Mitarbeiter!

Auch das suchen Ihre Mitarbeiter im Unternehmen, nicht nur das Entgelt zur Befriedigung überwiegend physischer Bedürfnisse.

Um den Empfänger eines Lobs wirklich zu erreichen, gelten folgende Grundregeln:

- Sprechen Sie Ihr Lob zeitnah aus. Ein „ich fand Ihre Präsentation damals übrigens klasse" löst nicht mehr allzu große Begeisterung aus.

- Auch für das Lob gilt: beispielgestützt und auf konkrete Leistungen bezogen. Ein „bist ein super Typ“ nutzt sich doch recht schnell ab. Ein „was mir konkret an deiner Präsentation gestern gut gefallen hat, waren folgende konkrete Verhaltensweisen ...“ erzielt eine höhere Wirkung beim Mitarbeiter.
- Damit Ihr Lob echt und authentisch wirkt, sollten Sie loben, was Sie wirklich in Ihrem Inneren lobenswert finden. Und sich bedanken für das, wofür Sie wirklich dankbar sind. Aber auch das hängt wiederum von Ihrer inneren Haltung und Grundeinstellung ab. Wie dankbar sind Sie auch für die kleinen Dinge des Alltags? Wie sehr nehmen Sie die positiven Leistungen Ihrer Mitarbeiter wahr? Wir laufen in unserer Gesellschaft Gefahr, die positiven Leistungen nicht ausreichend wahrzunehmen. Wir sind konditioniert darauf, die 2% zu sehen, die noch nicht in Ordnung sind. Das mag einerseits ein Erfolgsgeheimnis unserer schneller, höher, weiter Gesellschaft sein, andererseits laufen wir Gefahr, die 98% zu übersehen, die bereits gut sind. Vielleicht programmieren Sie sich morgens, bevor Sie in die Firma fahren, auf folgende Grundhaltung: „Ich sehe heute alles, was gut läuft.“ Sie werden tolle Entdeckungen machen.
- Einer der ältesten Diskussionspunkte zum Thema Lob ist die Frage, ob Sie unter vier Augen oder vor anderen loben sollten. Es gibt Menschen, denen ist es nicht recht, vor anderen gelobt zu werden. Und es gibt Menschen, die mögen das. Ob ein Mitarbeiter das angenehm oder unangenehm findet, lässt sich erfragen. Bei denen, die bei einem öffentlichen Lob mit anwesend sind, können die Wirkungen doch sehr unterschiedlich ausfallen: von Motivation bis hin zu Neid und Missgunst. Aber woher wissen Sie, was Sie in den anderen Mitarbeitern auslösen? Nun, Sie können es nicht wissen! Denn die Empfangsqualität eines Menschen ist auch tagesformabhängig. Wenn ein Mitarbeiter gut geschlafen, gestern im Lotto eine Million gewonnen, heute Morgen wunderbar gefrühstückt hat, dann besteht die Chance, dass er sich aufrichtig für das Lob an den Kollegen freut. Hat aber derselbe Mitarbeiter gestern an der Börse viel Geld verloren, Streit daheim gehabt, schlecht geschlafen und sich heute Morgen noch eine Beule ins Auto gefahren, dann dürfte die Belobigung des Kollegen anders wahrgenommen werden.

  Der Versuch, alle in gleichem Maße vor den anderen zu loben, ist zum Scheitern verurteilt. Denn ob es das richtige Maß ist, liegt dann wieder in den subjektiven Augen der Betrachter. Wenn Sie glauben, alle passend und angemessen gelobt zu haben, muss das in der Wahrnehmung der Mitarbeiter noch längst nicht so sein.

  Es gibt eine Ausnahme: Wenn Sie ein angemessenes Lob für das Team an die gesamte Gruppe aussprechen, funktioniert das erfahrungsgemäß.

  Ansonsten gilt, dass Sie im Zweifel Ihr Lob lieber unter vier Augen aussprechen sollten.

- Vielen Berichten meiner Teilnehmer nach funktioniert ein „Erstlob“ per E-Mail mit unter Umständen dem nächsthöheren Vorgesetzten in cc: recht gut. Dem Lob per E-Mail sollte allerdings ein persönliches Lob folgen.
- Auch beim Loben können Sie gut Ich-Botschaften einsetzen: „Ich habe folgende Verhaltensweise bei dir beobachtet und mich sehr darüber gefreut“ oder „Ich habe mich über das Ergebnis xy sehr gefreut“ oder „Ich bin von folgendem Ergebnis/Verhalten sehr beeindruckt“ oder „Das … hat mich doch sehr beruhigt“ sind wunderbar wertschätzende und lobende Sätze!
- Achten Sie auf die Angemessenheit Ihres Lobs. Überschwängliche Worte oder Superlative werden eher als unaufrichtiges oder unseriöses Lob wahrgenommen.

Der Zusammenhang zwischen mangelndem Lob und Gehaltsforderungen

Manchmal ist der Wunsch nach einem höheren Gehalt nichts anderes als eine Kompensation für zu wenig Wertschätzung getreu dem Motto: Wenn ich hier schon nicht genug wertgeschätzt werde, dann möchte ich wenigstens mehr Geld. Und diese Aussage muss dem Mitarbeiter nicht bewusst durch den Kopf gehen, das ist oftmals auch ein unbewusster Prozess.

Lassen Sie sich also den Wunsch nach mehr Gehalt genau begründen und mit Mehrleistungen argumentieren. Und hören Sie genau hin. Vielleicht hören Sie ein Defizit an Wertschätzung heraus und spiegeln Ihre Eindrücke. Und dann wäre es an Ihnen, dem Thema Wertschätzung mehr Aufmerksamkeit zu schenken.

Phasen und Empfehlungen für kritische Feedbackgespräche

Die wichtigste Regel für kritische Feedbackgespräche ist das *Vier-Augen-Prinzip*. Beachten Sie diese Regel konsequent, Ihre Mitarbeiter werden es Ihnen danken. Im Umkehrschluss werden Sie kaum den Willen zur Verhaltensänderung beim Mitarbeiter erreichen, wenn Sie ihn vor anderen kritisieren und damit bloßstellen. Widerstand und eine gestörte Beziehung werden die Folge sein. Das klingt selbstverständlich, aber Selbstverständlichkeiten sind nicht immer Gebräuchlichkeiten. Es kommt immer noch vor, dass Mitarbeiter vor anderen kritisiert oder gar „zusammengestaucht“ werden.

Vermeiden Sie „Kollektivwatschen“: Wenn ein oder mehrere Mitarbeiter Fehler gemacht haben, sprechen Sie diese Mitarbeiter jeweils unter vier Augen an. Halten Sie keinen Vortrag vor versammeltem Team, wie eine Sache richtig zu machen ist oder dass eine bestimmte Regel unbedingt einzuhalten ist. Bei demjenigen, der den Regelverstoß begangen hat, ist die Wirkung begrenzt. Derjenige dürfte sich eher „wegducken". Und die Mitarbeiter, die sich an die Regel halten, sind eher irritiert angesichts Ihrer Botschaft. „Warum sagt er das jetzt, ich halte mich doch an die Regel?" Mit einer „Kollektivwatsche" erreichen Sie also nicht nur den Feedbacknehmer nicht so wirksam, Sie irritieren auch noch den Rest des Teams. Sollte das Team überdies wissen, wer eigentlich gemeint war (jeder weiß doch, wer immer die Pausenzeiten überzieht), wird Ihre Ansage vor dem Team als eher ungeeignete Maßnahme wahrgenommen.

Führen Sie das Gespräch *zeitnah*, aber auch in einem *emotional ausgeglichenen* Zustand, welcher Sachlichkeit ermöglicht. Manchmal ist es einfach, noch eine Nacht drüber zu schlafen, um Ärger abklingen zu lassen. Einen Tag später ist immer noch zeitnah. Wobei bei der Aussage „das hat mich geärgert" leichter Ärger spürbar sein darf.

Auch oder erst recht das kritische Feedback braucht Belege: *Zahlen, Daten, Fakten* beispielsweise in Form konkreter Fehler im Ergebnis oder konkreter eigener Beobachtungen zum Verhalten des Mitarbeiters.

Eindrücke und Bauchgefühle können in Feedbackgesprächen in Form einer *„Ich-Botschaft"* transportiert werden. Sie benötigen keine Kleiderordnung, um einem Mitarbeiter sagen zu können, dass Sie die von ihm gewählte Kleidung für unangemessen halten. Auch das ist eine Ich-Botschaft. Und Sie können beispielsweise zum Ausdruck bringen, dass Sie das Gefühl oder den Eindruck haben, dass der Mitarbeiter überfordert ist. Das ist keine unbewiesene Behauptung („Du bist überfordert"), sondern „lediglich" ein Eindruck. Bringen Sie auch die Emotionen zum Ausdruck, die das Verhalten des Mitarbeiters in Ihnen erzeugt hat. Wenn Sie ein Verhalten irritiert oder überrascht oder geärgert hat, und Sie formulieren das, geben Sie dem Mitarbeiter Orientierung darüber, was sein Verhalten bei Ihnen ausgelöst hat.

Je nach Typus des Mitarbeiters und Anlass des Gesprächs kann es vorteilhaft sein, *mit konkretem, positivem Feedback zu beginnen* und den kritischen Punkt folgen zu lassen. Positives Feedback öffnet die Seele. Manche Menschen sind nach positivem Feedback eher bereit, kritische Punkte zu akzeptieren. „Was mir an deiner Präsentation gestern gut gefallen hat, waren konkret die Punkte *a/b/c* ... Was ich kritisch erlebt habe, war *d*, weil ..." Ist der Anlass hingegen eher gravierend, weil beispielsweise ein Mitarbeiter einem Kollegen gegenüber aggressiv und persönlich beleidigend geworden ist, würden Sie wohl kaum mit den Worten starten: „Was mir grundsätzlich an deiner Arbeit gut gefällt ..."

Die früher oft zitierte Sandwich-Technik (positiv-negativ-positiv) ist eher kritisch zu betrachten. Als diese Technik in den 1990er-Jahren in Mode kam, wusste bereits zwei Jahre später jeder Mitarbeiter, was als Nächstes kommt. „Oh, er lobt mich. Dann kommt bestimmt gleich Kritik und danach wieder ein Lob." Und genau diese Vorgehensweise wurde nicht nur regelmäßig durchschaut. Das Feedback wirkte oftmals nicht authentisch, weil Führende der Technik folgten und die Technik nicht dort eingesetzt wurde, wo sie vielleicht mal sinnvoll gewesen wäre. Nebeneffekt der Sandwich-Technik: Durch das Einkleiden in positives Feedback verliert der Kritikpunkt an Gewicht. Insofern ist von dieser Technik abzuraten.

Eine *Ursachenbehandlung* ist häufig sinnvoller als eine Symptombehandlung. Ähnlich wie in der Medizin: Es ist besser, die Schmerzursache zu bekämpfen, als dauerhaft Schmerztabletten zu sich zu nehmen. In der Führung ist es also bei vielen Kritikthemen sinnvoll, in die Ursachenanalyse einzusteigen, statt nur die Symptomatik zu behandeln. „Warum warst du heute Morgen unpünktlich?" statt „Ab sofort bitte wieder pünktlich". Dieser Satz wäre die bittere Pille, die der Mitarbeiter zu schlucken hätte. „Wie kam es zu diesem Fehler?" oder „was war der Auslöser für dein Verhalten?" sind weitere Beispiele für ursachenanalytische Fragen. Von der Frage „wie siehst du das?" ist eher abzuraten. Ihr Mitarbeiter wird es mit gewisser Wahrscheinlichkeit anders sehen und dann gleitet Ihr Gespräch in eine Pro-Contra-Diskussion ab. Wenn Sie „sauber" mit Zahlen, Daten, Fakten, Beobachtungen und damit „Belegen" aufwarten, ist die Frage „wie siehst du das?" fehlplatziert.

Durch *gezieltes Nachfragen* und Herausfinden der Ursache können Sie die Situation anders beurteilen. Ursachen wie „ich habe verschlafen" oder „vergessen" sind nicht akzeptabel und provozieren die Frage: „Wie kannst du sicherstellen, nie wieder zu verschlafen oder zu vergessen?" Und die Aussagen „das reicht mir als Begründung nicht" oder „vergessen akzeptiere ich als Begründung nicht" sind legitim. Diese Sätze dürfen Sie sagen. Und mehr noch, diese Sätze sind wichtig. Wenn ein Mitarbeiter mit „habe ich vergessen" durchkommt – was glauben Sie, was er nächstes Mal als Begründung liefern wird? Der Satz „diese Begründung reicht mir nicht" ist ein wichtiges Signal für die Zukunft.

Andererseits kann es Situationen geben, in denen Sie als Ursache eine echte Notsituation des Mitarbeiters erkennen. Möglicherweise liegt im privaten Bereich des Mitarbeiters etwas im Argen. Und dann sind Sie gut beraten, dem Mitarbeiter Ihre Unterstützung anzubieten („Gibt es etwas, das ich für dich tun kann?"). Sie können durch die richtige Unterstützung einen Mitarbeiter fürs Leben gewinnen.

Achten Sie im ganzen Gespräch selbstreflektiv auf *ausgeglichene Redeanteile* und darauf, dass ein wirklicher *Dialog* entsteht. Reden Sie Ihren Mitarbeiter nicht an die Wand! Machen Sie bewusst Sprechpausen. Damit erlauben Sie es Ihrem Mitarbeiter, auch mal etwas sagen zu dürfen! Und Pausen an den richtigen Stellen sind eh ein Instrument zur Wirkungssteigerung. Gute Führende wissen, an welchen Stellen sie auch einfach mal schweigen.

Erbitten Sie *Lösungsvorschläge vom Mitarbeiter.* Wer sollte denn den begangenen Fehler korrigieren? Derjenige, der ihn begangen hat. Manche Führende machen sich zu viele Gedanken über Lösungen, sobald ein Problem entsteht, welches allerdings in den Verantwortungsbereich des Mitarbeiters fällt. Falls Sie also morgen ein Gespräch mit einem Mitarbeiter zu einem kritischen Thema haben, machen Sie sich bitte keine Gedanken über Lösungsideen. Damit laufen Sie sogar Gefahr, im Gespräch in der „Denkrille" Ihrer Lösungsidee „gefangen zu sein". Bleiben Sie lieber „open minded", also „frei im Kopf", und fragen Sie Ihren Mitarbeiter, wie er denn das Problem lösen oder den Fehler korrigieren möchte. Mit der Wie-Frage nehmen oder besser noch belassen Sie ihn in der Verantwortung. Über den Lösungsansatz des Mitarbeiters lässt sich sprechen und Sie können bestätigend oder korrigierend Einfluss nehmen. Und als letzte Möglichkeit verbleibt es Ihnen ohnehin, dem Mitarbeiter eine Lösungsidee „zu verschreiben".

Beenden Sie das Gespräch stets mit einem *klaren Ergebnis*. Das kann ein Folgetermin sein, aber am Ende sollte die Vereinbarung eines neuen Ziels oder die Willenserklärung des Mitarbeiters zu einer bestimmten Vorgehens- oder Verhaltensweise stehen. Schaffen Sie Verbindlichkeit, indem Sie den Mitarbeiter explizit um ein Resümee bitten, was er jetzt zu tun gedenkt.

Strahlen Sie das *Vertrauen* aus, dass der Mitarbeiter noch „die Kurve bekommt". Auch das ist wiederum eine Frage Ihrer inneren Haltung. Haben Sie das Vertrauen darauf, dass der Mitarbeiter „es packt"? Falls nicht, brauchen Sie das gesamte Gespräch nicht. Die Ausstrahlung des Grundvertrauens in diesen Mitarbeiter ist eine wesentliche Voraussetzung für den Erfolg des Gesprächs.

Checkliste für ein kritisches Feedbackgespräch

- Vier-Augen-Prinzip
- Sachlich
- Zeitnah
- Situativ mit einem kurzen „warm up" starten
- Situativ mit positiven Leistungsmerkmalen beginnen, dann ohne Umschweife und klar und direkt auf die kritischen Punkte kommen
- ZDF-Prinzip: Zahlen, Daten, Fakten - Beispiele, Beobachtungen, „Belege"
- Ich-Botschaften bei Eindrücken, „Bauchgefühlen" und zur Verbalisierung eigener Emotionen
- Situativ Ursachenanalyse betreiben
- Raum und Gelegenheit zur Äußerung bzw. Rückfragen geben
- Lösungsvorschläge erbitten und bewerten
- Das Gespräch mit einem klaren Ergebnis (neue Ziele, neue Verhaltensweisen etc.) beenden
- Vertrauen auf die Umsetzung durch den Mitarbeiter ausstrahlen

Die 3-Satz-Technik für gelungenes Feedback

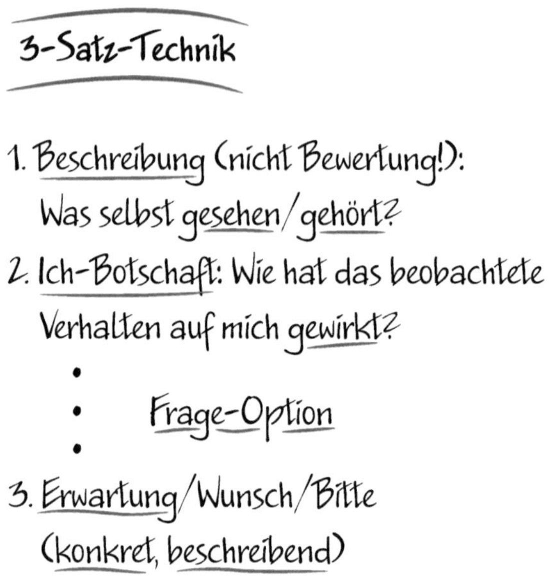

Bild 5.6 3-Satz-Technik

Sie sind zu 100 % dafür verantwortlich, Ihr Feedback qualitativ und quantitativ so zu gestalten, dass Ihr Mitarbeiter es annehmen kann. Die 3-Satz-Technik hat den Charme, dass sie mit wenigen Sätzen auskommt (in vielen Situationen tatsächlich nur drei Sätze), die zudem noch direkt auf den Punkt kommen. Alle Sätze sind von hoher Qualität. Die 3-Satz-Technik passt nicht auf jede Feedbacksituation, aber auf recht viele. Mit etwas Übung sind Sie damit in der Lage, spontan und souverän Feedback mit hoher Wirkung auf den Mitarbeiter zu geben. Anfangs ist es eine gute Idee, sich anhand dieser Technik auf das Feedback vorzubereiten, indem Sie die Sätze vorformulieren. Mit mehr Übung und Routine benötigen Sie immer weniger Vorbereitung.

Die Qualität des ersten Satzes besteht darin, dass Sie exakt beschreiben, was Sie selbst gesehen oder gehört haben.

Die Beschreibung steht dabei im Gegensatz zur Bewertung. Menschen neigen dazu, sehr schnell bewertend zu formulieren.

Beispiel für eine Beschreibung: „Ich habe eben mitbekommen, wie Sie Ihr Telefon zehn Mal haben klingeln lassen und sich dann mit den Worten ‚wer stört?' meldeten". Der Satz „Ich habe eben mitbekommen, wie Sie sich sehr kundenunfreundlich verhalten haben" wäre bereits bewertend. Oder auch die Formulierung „Sie haben ihr Telefon häufig klingeln lassen". Häufig ist bereits bewertend. Sie provozieren damit tendenziell Widerstand. Der Mitarbeiter hinterfragt, wie Sie denn zu dieser Aussage kommen, und spätestens dann sollten Sie Ihre konkrete Beobachtung „nachliefern". Oder er attackiert „häufig", indem er eine Diskussion über „was ist schon häufig?" entfacht. Deshalb ist es geschickter, gleich nüchtern und sachlich mit der Beobachtung bzw. Beschreibung zu beginnen. Also mit „ich habe in Ihrem Bericht 15 Schreibfehler entdeckt" statt mit dem Abschlussurteil „Ihr Bericht ist grammatikalisch mangelhaft" oder gar mit der Verbal-Guillotine „Sie haben eine starke Rechtschreibschwäche".

Die Qualität des zweiten Satzes besteht entweder in einer sachlichen Feststellung wie zum Beispiel „das ist ein Verstoß gegen unsere Arbeitszeitregel" oder – bei „softigen" Themen – in einer Ich-Botschaft.

Mit einer Ich-Botschaft formulieren Sie, wie das Verhalten des Mitarbeiters auf Sie gewirkt hat. Das können Eindrücke und/oder Emotionen sein. Das sind Sätze wie „dieses konkrete beobachtete Verhalten wirkt auf mich kundenunfreundlich" oder „das stört mich" oder „das ärgert mich".

Die Ich-Botschaft ist genau wie die Beschreibung im ersten Satz unangreifbar. Wenn die Beschreibung faktisch passt, dann kann der Mitarbeiter diese nicht attackieren. Und auch bei der Ich-Botschaft gilt: Meinen tatsächlich in mir entstandenen Eindruck oder meine Emotionen kann der Mitarbeiter nicht „vom Tisch reden". Wenn das beobachtete Verhalten auf Sie kundenunfreundlich wirkt, dann ist das so. Sie sagen nicht, dass es kundenunfreundlich ist. Das ist ein Unterschied. Die Ich-Botschaft gibt dem Feedbacknehmer eine Orientierung darüber, welche Wirkung sein Verhalten auf Sie hatte. Es kann nach meiner eigenen Erfahrung „Wunder wirken", einem Menschen mitzuteilen, wie das beschriebene Verhalten auf Sie gewirkt hat. Sätze wie „das wirkt auf mich, als ob du die Regeln nicht ernst nimmst" können der Auslöser für eine Verhaltensänderung sein. „Deine Aussage irritiert mich" gibt Orientierung und ist Auslöser für Klärung.

Die Empfehlung ist, nach dem zweiten Satz eine kurze Pause zu machen, um dem Mitarbeiter Gelegenheit zu geben. etwas zu sagen. Die ersten beiden Sätze sind bereits ein ausreichender „Erstreiz". Danach besteht ein Gespräch sowieso aus der Wechselwirkung zwischen Reiz und Reaktion und lässt sich nicht vorher planen. Die Qualität des Erstreizes allerdings ist wichtig: Das ist wie die erste Weichenstellung nach dem Bahnhof. Die ist sehr richtungsweisend. Bereiten Sie, solange Sie noch keine Routine darin haben, die beiden ersten Sätze „Was habe ich gesehen/gehört?" und „Wie hat es auf mich gewirkt?" also konkret formuliert vor.

Sie sind nicht davon abhängig, ob Ihr Mitarbeiter in Ihrer Redepause nach den ersten beiden Sätzen etwas sagt oder nicht. Er bekommt durch Ihre Sprechpause fairerweise Gelegenheit, etwas zu sagen.

Nutzt er die Chance, können Sie situativ auf das Gesagte eingehen. Sagt er nichts, haben Sie zwei Optionen, fortzufahren.

Sie können darüber entscheiden, ob Sie eine Frage stellen. Sie werden später noch an Beispielen sehen, dass das nicht immer sinnvoll ist und falls doch, der Qualität der gestellten Frage eine hohe Bedeutung zukommt. Das können analytische Fragen sein wie zum Beispiel „Wozu hast du dich so verhalten?“ oder „Wie kam es zu der Terminüberschreitung?“.

Und Sie können entweder nach Beantwortung Ihrer Frage(n) oder ohne Fragestellung in den dritten Satz einsteigen.

Die Qualität des dritten Satzes besteht darin, Ihre konkrete Erwartung beschreibend zum Ausdruck zu bringen. ■

Scheuen Sie sich bitte nicht, klar zu formulieren. „Ich bitte Sie, nach dem dritten Klingeln am Telefon zu sein und sich wie folgt zu melden …“.

Diese Klarheit in der Formulierung macht die Erwartung nicht nur messbar, weil Sie beobachten können, ob sich der Mitarbeiter so verhält oder nicht. Es gibt dem Mitarbeiter auch Orientierung, weil dieser nun präzise weiß, welches konkrete Verhalten von ihm erwartet wird. Sätze wie „da erwarte ich von Ihnen deutlich mehr Kundenorientierung oder Teamfähigkeit oder die Extrameile“ sind hingegen abstrakt und können sogar zu Irritationen und Desorientierung führen. Sie sollten es mit den klaren, spezifischen Verhaltenserwartungen nicht übertreiben, denn diese schränken die Freiheitsgrade des Mitarbeiters ein. Seien Sie bei gegebenen Anlässen klar und eindeutig.

Beispiele für die Anwendung der 3-Satz-Technik

- Eine Mitarbeiterin kommt mit sehr zerrissenen Jeans ins Büro. Falls Sie eine Kleiderordnung haben, könnten Sie formulieren: „Ich sehe gerade, dass Sie heute zerrissene Jeans tragen. Das entspricht nicht unserer Kleiderordnung. Bitte ziehen Sie sich regelkonform an und tragen Sie zumindest eine Jeans ohne Risse.“ Aber selbst wenn Sie keine Kleiderordnung haben, können Sie mit der Situation umgehen: „Ich sehe gerade, dass Sie heute zerrissene Jeans tragen. Ich finde das unangemessen im Kontakt mit unseren Kunden. Bitte ziehen Sie zumindest eine Jeans ohne Risse an.“ Sie verweisen also entweder auf eine faktische Fehlleistung/einen faktischen Regelverstoß oder Sie bringen Ihren persönlichen Störpunkt zum Ausdruck. Eine Frage wäre in diesem Beispiel nicht zwingend notwendig. Was würde die Antwort auf die Frage „Warum tun Sie das?“ tatsächlich ändern?

- Ein Mitarbeiter ist dafür verantwortlich, dass stets zu Schulungsbeginn ein Beamer im Schulungsraum zur Verfügung steht. Gestern fehlte zu Beginn ein Beamer. Als Sie Ihren Mitarbeiter darauf ansprechen, nennt dieser als Grund: „Ich hatte gestern einen Tag Urlaub." Ihre Reaktion könnte lauten: „Sie begründen das Fehlen des Beamers gestern gerade mit Ihrem Urlaubstag gestern. Diese Begründung akzeptiere ich nicht. Ich erwarte, dass Sie Ihrer Verantwortung gerecht werden und ein Beamer zu Schulungsbeginn im Raum steht, selbst wenn Sie einen Tag Urlaub haben." Und Sie können hinterher fragen: „Wie können Sie das sicherstellen?" Durch die Wie-Frage nehmen Sie Ihren Mitarbeiter wieder in die Verantwortung und er wird selbst darauf kommen, dass er den Beamer am Tag zuvor in den Raum stellen kann oder einen Kollegen um Vertretung bittet. Es wäre also gar nicht so gut, zu sagen „kümmern Sie sich um einen Stellvertreter", weil Sie dann wieder im Anweisungsmodus wären und die Lösung liefern.
  Den Zwischensatz „diese Begründung akzeptiere ich nicht" nehmen Sie ruhig in Ihr rhetorisches Repertoire auf. Kritisch angesprochen zu werden, ist für Menschen tendenziell unangenehm. Menschen versuchen dann, möglichst schnell und heil das Gespräch zu verlassen. Und die Menschen meinen es nicht böse, wenn sie irgendeine Begründung formulieren, nur um aus der Situation herauszukommen. Hören Sie bei Begründungen von Mitarbeitern genau hin. Ist diese wirklich relevant und akzeptabel? Falls nicht, äußern Sie das klar und eindeutig. Wenn ein Mitarbeiter sagt „habe ich vergessen", dann ist das inakzeptabel. Sprechen Sie das aus und fragen Sie den Mitarbeiter, wie er sicherstellen kann, dass „vergessen" nie wieder vorkommt? Es geht dabei auch um Wahrung von Autorität und Akzeptanz. Wenn der Mitarbeiter für „habe ich vergessen" Akzeptanz erhält, hat er gerade gelernt, wie er künftig aus solch unangenehmen Situationen herauskommt. Ein lapidares „habe ich vergessen" wird reichen. Sprechen Sie indes deutlich aus, dass Ihnen das als Begründung nicht reicht, und fordern Sie eine Lösung für „nie mehr vergessen" ein, gewinnen Sie an Autorität. Sie treten ja auch tatsächlich in diesem Moment autoritärer auf. Die Situation verlangt es.
- Sie kommen früher als erwartet aus einem Termin zurück und treffen Ihre Mitarbeiter bei einem ausgiebigen Sektfrühstück außerhalb der Pausenzeiten an. Was haben Sie zu sehen erwartet, kurz bevor Sie die Bürotür öffneten? Vermutlich Mitarbeiter, die an ihren Arbeitsplätzen sind und arbeiten. Nun stehen Sie quasi in der Bürotür und sehen Ihre Mitarbeiter Sekt trinken und frühstücken. Was denken und fühlen Sie in der Situation? Haben Sie irgendein komisches Gefühl? Fühlen Sie sich irgendwie hintergangen? Fragen Sie sich, was ansonsten so passiert, wenn Sie nicht anwesend sind?
  Würden Sie nun an Ihren Arbeitsplatz gehen und arbeiten, wäre das Signal an Ihre Mitarbeiter, dass das Sektfrühstück in Ordnung ist. Ihre Irritation bliebe unausgesprochen. Es ist die bessere Maßnahme, noch im Türrahmen stehend zu reagieren. Falls es eine Alkoholregel im Unternehmen gibt, könnten Sie wie folgt formulieren: „Ich komme gerade früher als erwartet von einem Termin zurück und sehe euch hier bei einem Sektfrühstück (Achtung: „ausgiebig" wäre bewertend und sollten Sie lieber weglassen, um keine Diskussion um

„ausgiebig oder nicht ausgiebig" zu bekommen). Das ist ein klarer Verstoß gegen die Alkoholregel. Bitte haltet euch jetzt und sofort an diese Regel."
Aber selbst ohne Alkoholregel sollten Sie sofort ins Feedback gehen – und das an das gesamte Team, weil das gesamte Team gerade beteiligt ist. „Ich komme gerade früher als erwartet von meinem Termin zurück und sehe euch hier bei einem Sektfrühstück. Ich bin gerade sehr irritiert und frage mich, was hier ansonsten passiert, wenn ich in Terminen bin (oder was immer Ihre persönliche innere Wahrheit wäre, lieber Leser). Bitte stimmt solche Aktionen künftig mit mir ab. Überraschungen solcher Art möchte ich nicht mehr erleben." Wenn Sie jetzt schweigen und Ihren Mitarbeitern noch einen aufrechten Blickkontakt gönnen, können Sie an Ihren Arbeitsplatz gehen. Es ist zu vermuten, dass Ihre Mitarbeiter in diesem Moment so betroffen sein werden, dass sie das Frühstück von selbst beenden. Sie brauchen höchstwahrscheinlich nicht einmal zu sagen: „Bitte räumt die Flaschen weg und geht an die Arbeit." Wobei Sie die Option auf diese Anweisung immer noch haben, falls Ihre Mitarbeiter nicht ausreichend reagieren. Sie haben ebenfalls noch die Option, Einzelgespräche zu dem Vorfall folgen zu lassen. Die Zwischenfrage „warum macht ihr das?" ist hier relevant. Sollten Sie den Geburtstag eines Mitarbeiters vergessen haben, müssten Sie einen eigenen Fauxpas eingestehen.

- Sie bekommen im Großraumbüro mit, wie einer Ihrer Mitarbeiter am Telefon zu einem Kunden sagt: „Da bauen Sie mal wieder ganz schön Bockmist, unsere Herren und Damen aus der Geschäftsführung." Sie würden diesen Mitarbeiter in einem Vier-Augen-Gespräch zeitnah oder auch sofort ansprechen. Der erste Satz wäre das sachliche Zitieren dessen, was Sie gehört haben. „Ich habe eben gehört, wie Sie dem Kunden X am Telefon folgenden Satz sagten …" (Zitat). Dieser Satz ist unangreifbar, weil er faktisch wahr ist (einen so starken Hörfehler werden Sie kaum haben). Der Mitarbeiter könnte zwar immer noch sagen „habe ich so nie gesagt", allerdings gäbe es in diesem Fall Kollegen im Großraumbüro und schließlich auch einen Kunden, die diesen Satz gehört haben. Im zweiten Satz bringen Sie die Wirkung auf Sie persönlich zum Ausdruck. Zum Beispiel „auf mich wirkt dieser Satz imageschädigend" oder auch „ich befürchte folgende Negativwirkungen dieses Satzes auf den Kunden …".
  Abzuraten ist in diesem Beispiel, nach dem Grund dieser Aussage zu fragen, weil Sie damit inhaltlich werden würden. Beeinflussen Sie zunächst das Kritikverhalten bzw. auch kundenorientierte Verhalten dieses Mitarbeiters, indem Sie eine klare Erwartung äußern: „Ich erwarte, dass Sie kritische Äußerungen über unsere Geschäftsführung gegenüber Kunden komplett unterlassen und sich stattdessen damit an mich wenden." Durch die konkrete Beschreibung des Verhaltens, welches Sie gerne erleben möchten, kreieren Sie wiederum einen Leistungsbeurteilungsmaßstab, weil Sie beobachten können, ob der Mitarbeiter sich künftig so verhält oder nicht. Wichtig in diesem dritten Satz ist, dass bisherige Verhalten nicht nur zu unterbinden, sondern die Kritik auch neu zu kanalisieren. Wenn Sie es bei „komplett unterlassen" belassen würden, erzählt der Mitarbeiter seiner Familie und seinen Freunden, dass er im Unternehmen einen „Maulkorb" bekommen hat und Kritik im

Unternehmen „nicht gefragt ist". Das wäre fatal. Deshalb ist es wichtig, der Kritik einen neuen Weg zu ebnen („bitte wenden Sie sich stattdessen an mich"). Nachdem Sie sich eine explizite Zustimmung des Mitarbeiters zu dieser neuen Verhaltensweise eingeholt haben, können Sie inhaltlich werden: „Welches konkrete Verhalten der Geschäftsführung war denn für Sie „Bockmist" und was hatte „mal wieder" zu bedeuten?..."

- Sie möchten ein vertrauliches Vier-Augen-Gespräch mit einem Mitarbeiter führen und trotz „Bitte-nicht-stören-Schild" an Ihrer Bürotür steckt ein anderer Mitarbeiter dreimal in kurzer Zeit seinen Kopf zur Tür hinein. Spätestens nach dem dritten Mal sollten/würden Sie intervenieren, oder? Eine Handlungsoption: Sie unterbrechen kurz ihr Gespräch (die Störung ist ja eh schon da) und suchen das kurze Vier-Augen-Gespräch mit dem anderen Mitarbeiter vor der Tür, in dem Sie kurz zum Ausdruck bringen, dass Sie sich durch das beobachtete Verhalten des Kopf-zur-Tür-reinsteckens gestört fühlen. Hier allerdings kann eine Frage sehr sinnvoll sein: „Wie dringend ist es denn?". Jedes tatsächlich dringende Thema würde die Störung legitimieren. Wenn beim Kunden das Produktionsband steht oder das Haus brennt, sollte ihr Mitarbeiter auch künftig seinen Kopf zur Tür reinstecken und sofort sein Thema nennen. Handelt es sich jedoch „nur" um ein wichtiges und damit terminierbares Thema (zumindest um 30 Minuten verschiebbar), dürfte Ihre Erwartungshaltung gegenüber dem Mitarbeiter klar sein. „Bitte komme auf mich zu, sobald das Nicht-stören-Schild nicht mehr an der Tür hängt."
- Manchmal reicht auch schon die Formulierung eines einzigen Satzes. Zum Beispiel der Satz der Erwartungshaltung. „Nächstes Mal schalten Sie bitte beim Verlassen des Raums das Licht aus" ist eine konkrete Erwartung und benötigt keinen weiteren Text. Oder angenommen, Sie haben einen Mitarbeiter, der durch unangenehmen Geruch auffällt. In diesem Fall reicht schon eine Ich-Botschaft: „Ich nehme an dir einen unangenehmen Geruch wahr". Haben Sie den Mut, den Mitarbeiter zur Seite zu nehmen, Wohlwollen auszustrahlen und diese Ich-Botschaft zu äußern. Das ist ein großer Unterschied zu Sätzen wie „Du stinkst" oder ähnlichem. Ganz schlimm sind so latente Hinweise wie das heimlich platzierte Deodorant auf dem Schreibtisch. Wenn das Team komplett aus dem Gleichgewicht kommen soll - dann bitte so. Wenn Sie unter vier Augen Ihrem Mitarbeiter anvertrauen, dass Sie an ihm einen unangenehmen Körpergeruch wahrnehmen, kann es gut sein, dass ihr Mitarbeiter Ihnen dankbar für diesen Hinweis ist... und sich darüber ärgert, dass ihm die anderen Kollegen diesen Hinweis nicht gegeben haben.

Die 3-Satz-Technik verlangt Übung. Wenn Sie ausreichend routiniert in der Anwendung sind, werden Sie ohne große Vorbereitung und ad hoc in der Lage sein, kurze und klare Feedbacks zu formulieren. Sie können variieren: Sie können mit Fakten oder konkreten Beobachtungen ins Feedback gehen (beides sind Belege!). Sie können mit Ich-Botschaften arbeiten, wo es sinnvoll ist. Sie sind in der Lage, klar und eindeutig zu formulieren, was Ihre Erwartung ist.

Letzteres ist ohnehin eine sehr wichtige Fähigkeit. Formulieren Führungskräfte unklare Erwartungen, brauchen sie sich hinterher nicht wundern, wenn Mitarbeiter ihre (teils latent gebliebenen) Erwartungen nicht erfüllen.

Die Wirkung einer Ich-Botschaft kann magisch sein, wenn Sie Ihrem Feedbacknehmer anvertrauen, wie seine Handlungen oder Äußerungen auf Sie wirken. Erstens ist das vertrauensfördernd, weil Sie Ihre innere Wahrheit „anvertrauen". Zweitens spiegeln Sie das Verhalten des Feedbacknehmers und machen ihm so die Wirkung seines Verhaltens deutlich. Wir sind uns der Wirkung unseres Handels nicht bewusst bzw. können es gar nicht wissen, solange andere uns nicht spiegeln, welche Eindrücke und Emotionen unser Verhalten in diesen subjektiv erzeugt. Woher sollen wir das auch wissen? Wir können es höchstens vermuten. Hinzu kommt, dass Menschen manchmal denken, sie handeln unerkannt. Menschen glauben, dass andere nichts mitbekommen. Und eine Ich-Botschaft wie zum Beispiel „dein Verhalten wirkt auf mich, als ob ..." kann in diesem Moment verdeutlichen, dass andere Menschen sehr wohl bemerken oder mitbekommen. Das kann massiv zur Unterlassung oder Korrektur bestimmter Verhaltensweisen beitragen.

Feedback von den Mitarbeitern

Oftmals berichten mir Führende, dass sie von Mitarbeitern nicht wirklich Feedback bekommen. Und ich beobachte selbst, dass Führende scheinbar umso weniger aufrichtiges Feedback bekommen, je höher sie in der Hierarchie stehen. Mitarbeiter haben nicht selten Hemmungen und Ängste, ihren Vorgesetzten Feedback zu geben. Auch wenn das nicht real ist, so tauchen doch Ängste vor Arbeitsplatzverlust oder zumindest negativen Sanktionen in den Hinterköpfen auf.

Und dann gehen Unternehmen oder Organisationen dann auch mal den Umweg über schriftliche Mitarbeiterbefragungen, auch zur Führungsqualität. Nur sollte eine solche Befragung nie ohne anschließenden Dialog durchgeführt werden. Befragungen, in denen Mitarbeiter Kreuze machen und Kurzkommentare in anonymer Form schreiben, geben den Mitarbeitern die Macht, einen Führenden stark zu beschädigen. Darüber hinaus etablieren sie eine Kultur des „Heckenschützentums": Mitarbeiter können aus dem Schutz der Anonymität heraus auf den Führenden schießen. Feuer frei.

Bitte so nicht. Solche Fragebögen sollten stets offene Gespräche zur Folge haben, in denen von Angesicht zu Angesicht Feedback gegeben wird bzw. die Kreuze und Kommentare erläutert werden. Das entspricht dann der brauchbaren Feedbackkultur des „offenen Visiers". Solche Gespräche können neutral moderiert werden. Dem Moderator kommt dann die Aufgabe zu, auf Gesprächsqualität im Senden und Empfangen zu achten.

Noch besser ist es, wenn Sie solche Fragebögen erst gar nicht brauchen. Beste Voraussetzung ist wie immer eine vertrauensvolle und gute Beziehung zum Mitarbeiter, dann bekommen Sie auch eher aufrichtiges Feedback. Und es gibt zwei Fragestellungen, die sich in der Praxis bewährt haben, wenn Sie Feedback von Ihren Mitarbeitern haben möchten:

- Was sollte ich weitermachen wie bisher?
- Was sollte ich anders machen als bisher?

Geben Sie Ihren Mitarbeitern im Vorfeld diese beiden Fragen mit der Bitte um Vorbereitung an die Hand. Bitten Sie weiterhin darum, dass die Mitarbeiter beispielgestützt und beschreibend antworten. Es ist völlig in Ordnung, wenn Sie dann ein genanntes, konkretes Verhalten nur ein einziges Mal gezeigt haben. Selbst daraus können Sie erkennen, welche Verhaltensweise bei einem oder mehreren Mitarbeitern Störgefühle ausgelöst hat.

Mitarbeiter beurteilen Verhaltensweisen unterschiedlich. Folgendes Beispiel wirkt zugegeben ein wenig banal, macht es aber deutlich: Falls ein Mitarbeiter Ihnen zurückmeldet, dass er es toll findet, dass Sie ihn jeden Morgen per Handschlag begrüßen, und ein zweiter sagt Ihnen, dass er Händeschütteln überhaupt nicht mag … na, dann wissen Sie ja im Sinne individualisierter Führung, wen Sie künftig per Handschlag begrüßen und wen nicht.

Falls sich Mitarbeiter schwertun, auf die Frage nach „anders machen" Antworten zu geben, haken Sie nach. Wenn es da beispielsweise über einen Zeitraum eines Jahres keine Antwort gibt, dann wären Ihre Verhaltensweisen in den Augen des Mitarbeiters perfekt gewesen. Das kann nicht sein. Irgendetwas muss auch dieser Mitarbeiter mal als suboptimal wahrgenommen haben.

Pflegen Sie eine Kultur des „Feedbackeinholens". Etablieren Sie diese Fragen als Standard. Dazu gehört, dass Sie das Feedback Ihrer Mitarbeiter angemessen annehmen.

Feedback angemessen annehmen

Erste wichtige Grundeinstellung und Verhaltensweise ist das *„Zuhören im Sinne von verstehen wollen"*! Hören Sie wirklich genau hin. Was sagt Ihnen der Mitarbeiter gerade? Was hat er Ihnen nicht gesagt? Wo fehlt in dessen Ausführungen Tiefe? Es gibt einen Zusammenhang zwischen Zuhörqualität und Fragequalität: Je besser Sie zuhören, desto besser werden tendenziell Ihre Fragen sein. Das ist auch eine Frage Ihrer inneren Haltung: Möchten Sie das Feedback des Mitarbeiters wirklich verstehen?

Fragen Sie in das hinein, was der Mitarbeiter gerade gesagt hat. An welcher Stelle benötigen Sie noch ein Beispiel oder eine Erläuterung des gewählten Wortes oder der gewählten Formulierung. *Hinterfragen* ist ein gutes Recht eines Feedbacknehmers. Hinterfragen Sie so lange, bis Sie das Gefühl haben, das Feedback greifen zu können bzw. begriffen zu haben. Falls Ihr Mitarbeiter pauschalisiert oder bewertet, erfragen Sie konkrete Beobachtungen und führen damit das Feedback auf eine beschreibende Ebene.

Spiegeln Sie, was bei Ihnen angekommen ist bzw. wie Sie das Feedback verstanden haben, um Missverständnisse zu vermeiden. „Also, wenn ich Sie richtig verstehe, stört Sie folgende Verhaltensweise, weil ...“ oder „Bei mir kommt an, dass Sie sich in der Situation so und so gefühlt haben“. Das gibt Ihrem Mitarbeiter Gelegenheit, das als korrekt zu bestätigen oder zu korrigieren. Falls Ihre Spiegelung auf Anhieb passt, fühlt Ihr Mitarbeiter sich richtig verstanden.

Feedback zum Feedback: Lassen Sie das Feedback Ihres Mitarbeiters nicht „in der Luft hängen“ oder kommentieren Sie es nicht floskelhaft mit: „Vielen Dank für Ihr Feedback. Ich nehme das dann mal mit.“ Reagieren Sie stattdessen mit inhaltlichen Willenserklärungen. Spontan, wenn Sie sich dazu in der Lage fühlen, oder auch nach einer erbetenen Bedenkzeit. Wichtig ist, dass das konkrete Feedback zum Feedback zeitnah erfolgt. Was planen Sie zu verändern in Ihrem Verhalten dem Einzelnen oder dem Team gegenüber? Welchem Verhaltensänderungswunsch werden Sie nicht nachkommen und weshalb nicht? Letzteres ist ebenfalls Ihr gutes Recht, denn Sie sind nicht die Marionette Ihrer Mitarbeiter, die jedweden Verhaltenswunsch erfüllen muss. Aber die Zurückweisung eines Feedbacks sollte gut begründet sein und eher die Ausnahme. „Fegen“ Sie die Mehrzahl der Feedbacks „vom Tisch“, und am besten noch unbegründet, werden Sie wohl künftig kaum noch Feedback von Ihren Leuten erhalten.

Gehen Sie mit dem Feedback Ihrer Mitarbeiter konstruktiv um, erfüllen Sie Ihre Vorbildrolle. Sie leben vor, wie Sie mit Feedback umgehen und können diese Verhaltensweisen auch von Ihren Mitarbeitern erwarten.

Die geeignetste Sitzordnung für Gespräche mit Mitarbeitern

In Seminaren führe ich gerne eine kurze Übung zur Sitzordnung durch: Je zwei Teilnehmer finden sich schweigend und mit Blickkontakt innerhalb von zwei Minuten in folgenden Sitzordnungen wieder. Zunächst direkt gegenübersitzend, dann im rechten Winkel zueinander – also wie an einem Tisch über Eck- und schließlich direkt nebeneinander. Im Anschluss beantworten die Teilnehmer die Frage, welche Sitzordnung sie als am angenehmsten empfunden haben. Die allermeisten Menschen empfinden die 90°-Sitzordnung als am angenehmsten. Das direkt gegenüber wird häufig als zu frontal wahrgenommen und das direkt nebeneinander als zu intim und auch unglücklich für einen guten Blickkontakt.

Ein guter Blickkontakt ist derart gestaltet, dass er mal „da ist und mal wieder weg". Weder „anstarren" ist ein guter Blickkontakt noch „permanent wegschauen". Das empfindet so gut wie jeder so.

Für das „mal wieder weg" brauchen wir einen sinnvollen „Fluchtpunkt" für die Augen. Und der bietet sich in der 90°-Sitzordnung an: Der Blick sollte im Wechsel zwischen meinem Gesprächspartner und dem Medium auf dem Tisch hin und her wechseln. Dann haben mit dem Medium sogar beide Gesprächspartner denselben Fluchtpunkt. Und beide bleiben mit ihren Blicken im Gespräch, während in der Frontalsitzordnung „direkt gegenüber" der Fluchtpunkt außerhalb des Gesprächs liegt und damit empfindlich stört. Im schlimmsten Falle suche ich mir einen Fluchtpunkt für meinen Blick im Rücken meines Mitarbeiters und „treibe damit etwas hinter seinem Rücken". Das kann auf einer unbewussten Ebene für Vertrauensverlust sorgen. Wundern Sie sich nicht, wenn Ihr Gesprächspartner sich irgendwann umdreht und nachschaut, was denn da so Interessantes hinter seinem Rücken ist ...

Die 90°-Sitzordnung bietet sich für Delegations-, Zielvereinbarungs-, Feedback-, formale Mitarbeitergespräche (mit dem Mitarbeitergesprächsbogen als Medium) und streng genommen für alle Arten von Mitarbeitergesprächen an.

Setzen Sie sich mit Ihrem Gesprächspartner in etwa in einen rechten Winkel (Sie brauchen das nicht mit dem Geodreieck abzumessen), entsteht neben dem angenehmsten Gefühl auch eine gute Situation zur Gestaltung des Blickkontakts. Ihr Blick kann hin und her schweifen zwischen den Augen Ihres Gesprächspartners und einem Medium auf dem Tisch – ein Bericht, ein Bildschirm oder was auch immer (Bild 5.7). Sie erinnern sich an „Visualisierung" als eine Gesprächstechnik. Wandert Ihr Blick zwischen Gesprächspartner und Medium hin und her, haben Sie einen gelungenen und vertrauenserzeugenden Blickkontakt. Und Sie bleiben komplett „im Gespräch". Ihr Blick verlässt das Gespräch nicht.

Hinzu kommt, dass Ihre Aufmerksamkeit im Gespräch verbleibt und so Ablenkungen schwerer möglich sind. Sie sind auf Ihren Gesprächspartner fokussiert und geben damit wieder die nötige Portion Wertschätzung.

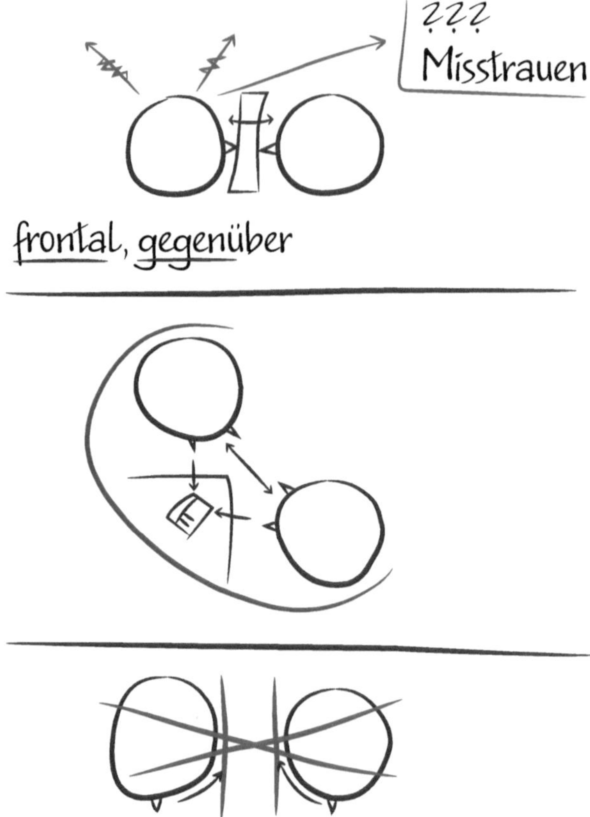

Bild 5.7 90-Grad-Sitzordnung

Eine Fallstudie zum Kritikgespräch

Einer Ihrer ansonsten sehr zuverlässigen Mitarbeiter kommt ungewohnter Weise schon zum dritten Mal zu spät ins Teammeeting. Sie hatten ihn beim ersten Mal kurz vor dem Team angesprochen („Bitte achten Sie künftig wieder auf Pünktlichkeit"). Beim zweiten Mal hatte er Ihnen in einem kurzen Vier-Augen-Gespräch erklärt, er habe Schwierigkeiten mit seinem Auto gehabt und Ihnen Pünktlichkeit fortan fest zugesagt. Um prompt beim nächsten Meeting wieder zu spät zu kommen …

Wie verhalten Sie sich nun? Gar nichts zu tun wäre das Signal an das Team, das Zuspätkommen in Ordnung ist. Sie würden Ihr Team dahingehend beeinflussen, dass es andere mit der Pünktlichkeit auch nicht mehr so genau nehmen würden.

Grundregel: Jeder nicht geahndete Regelverstoß bekommt Babys bzw. Nachahmer!

Auch von ironischen Aussagen wie „Mahlzeit" oder „ausgeschlafen?" ist dringend abzuraten. Diese haben eher „Spruchcharakter" als Feedbackqualität und eine Wirksamkeit, die gegen null geht.

Den Mitarbeiter vor dem Team zu ermahnen oder zur Unpünktlichkeit zu befragen, birgt die Gefahr, dass er sich bloßgestellt fühlt, und wäre ein klarer Verstoß gegen die zuvor genannte Vier-Augen-Regel. Außerdem verringern Sie die Chance, die Ursache der Unpünktlichkeit ermitteln zu können, wenn Sie mit Ihrem Mitarbeiter vor dem Team darüber reden möchten.

Für die Ermahnung vor dem Team könnte Ihr Mitarbeiter mit einer berechtigten Gegenkritik reagieren. Und eben, weil diese Gegenkritik berechtigt wäre, sollten Sie diese im Fall des Falles auch vollständig und vorbildlich akzeptieren. Besser also, sich konsequent an die Vier-Augen-Regel zu halten.

Wie also signalisieren Sie, dass Sie aktiv werden, ohne den Mitarbeiter bloßzustellen? Lassen Sie den Mitarbeiter in Ruhe ankommen. Nach einer kurzen Zeit, die Sie bitte mit Ihrem Fingerspitzengefühl taxieren, fragen Sie den Mitarbeiter, ob er nach dem Meeting einen Moment Zeit für Sie hat. Das Team und der Mitarbeiter selbst werden den Kausalzusammenhang zwischen zu spät Kommen und Ihrem Gesprächswunsch erkennen. Sie werden also aktiv. Sie leiten das Vier-Augen-Gespräch sichtbar für alle ein, ohne inhaltlich zu werden und damit in die Bloßstellung zu gehen.

Nach dem Gespräch verbleiben Sie kurz mit dem Mitarbeiter im Meetingraum und erfragen kurz, warum er entgegen seiner sonstigen Zuverlässigkeit unpünktlich war, gefolgt von der Bitte um gewohnte Pünktlichkeit. Kein großes Fass geöffnet, aber dennoch ein Signal gesetzt. Sollte der Mitarbeiter irgendwelche außerordentlichen Probleme haben, bieten Sie situativ Unterstützung an. ■

Diese Fallstudie hat einen Haken, denn vermutlich würden Sie schon beim ersten Mal dieses kurze Vier-Augen-Gespräch einleiten und nicht erst beim dritten Mal. Ein guter Schiedsrichter ahndet das erste Foul und nicht erst das zweite oder dritte.

Ob Sie über Beziehungsmanagement, Delegation, Kontrolle, Feedback oder Konsequenz nachdenken …, in jedem dieser Kernprozesse von Führung kommt es darauf an, klar, eindeutig und auf den Punkt formulieren zu können.

Kommunikative Kompetenz von Führenden besteht aus

- Zuhörqualität,
- Fragequalität und
- Aussagequalität. ■

6 Führungsaufgabe Leistungsbeurteilung

Die Bedeutung der Leistungsbeurteilung für das Thema Führung geht schon aus der Definition hervor. Die Einflussnahme auf das Leistungsverhalten über Bestätigung oder Korrektur setzt voraus, dass Sie möglichst objektiviert beurteilen können, inwieweit das Leistungsverhalten passt oder eben auch nicht.

Möglichst objektiviert deshalb, weil sich willkürliche und zu subjektiv gefärbte Beurteilungen tendenziell negativ auf das Verhältnis zum Mitarbeiter niederschlagen und damit Führung erschweren. Daher gilt:

Jede Leistungsbeurteilung benötigt mindestens einen Beleg!

Wenn Sie Ihre Leistungsurteile belegen können, haben Sie nicht nur die größere Chance, damit Zugang zu dem betroffenen Mitarbeiter zu bekommen. Im Eskalationsfall, wenn Ihr Mitarbeiter zum Beispiel höhere Instanzen oder den Betriebsrat hinzuzieht, sind Sie einfach besser gewappnet für den Moment, in dem Sie aufgefordert werden, Ihre Beurteilung zu argumentieren.

Aber anhand welcher Maßstäbe beurteilen Sie das Leistungsverhalten Ihrer Mitarbeiter? Und zwar Maßstäbe, die ähnlich einer Sprunglatte im Hochsprung transparent und sichtbar sind, auch und gerade für den Mitarbeiter selbst. Dieser sollte, ebenfalls ähnlich wie ein Hochspringer, als Erstes merken, ob er die Sprunglatte ohne Berührung überspringt oder nicht bzw. einen Maßstab erfüllt oder nicht, um ggf. selbst Korrekturmaßnahmen einleiten zu können.

Bild 6.1 zeigt die Maßstäbe, anhand derer die Leistung der Mitarbeiter beurteilt wird.

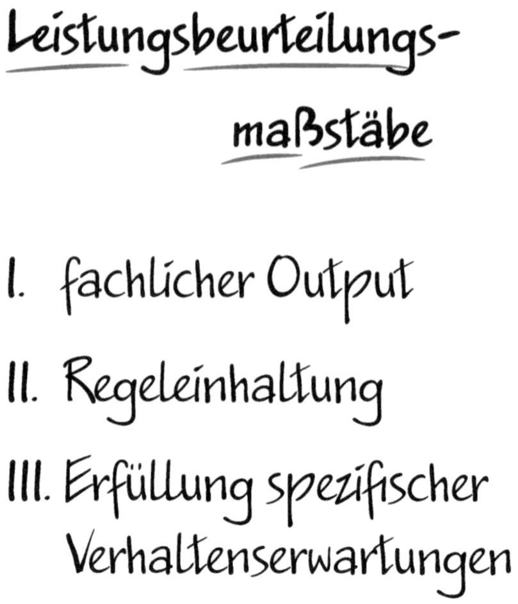

Leistungsbeurteilungs-
maßstäbe

I. fachlicher Output

II. Regeleinhaltung

III. Erfüllung spezifischer Verhaltenserwartungen

Bild 6.1 Maßstäbe zur Leistungsbeurteilung

6.1 Maßstab „Fachliche Ergebnisse"

Der erste Maßstab zur Beurteilung sind die fachlichen Ergebnisse des Mitarbeiters. In welchem Maße erreicht dieser die vereinbarten Ziele bzw. wird dieser seiner Verantwortung gerecht? Das setzt wiederum voraus, dass die Ziele oder die Verantwortung dem Mitarbeiter zuvor durch den Führenden so vermittelt wurden, dass der Mitarbeiter ein hohes Bewusstsein darüber hat und sich auch klar dazu bekennt. Die erwarteten fachlichen Ergebnisse sind eindeutig und klar zu formulieren. Sie können dabei auf die bewährte SMART-Formel zurückgreifen (Spezifisch, Messbar, Anspruchsvoll, Realistisch, Terminiert). Nochmal, es geht nicht um Tätigkeiten, sondern die Sicherstellung oder Lieferung eines Ergebnisses, welches es im Vorfeld klar zu formulieren gilt.

Entscheidend ist nicht, was der Mitarbeiter den ganzen Tag arbeitet, sondern was am Ende dabei herauskommt.

Was also liefert der Mitarbeiter erfolgreich für das Unternehmen oder auch, was gewährleistet er oder was stellt er sicher für das Unternehmen? Zum Beispiel in der Endkontrolle, dass jedes Produkt das Unternehmen entsprechend der definierten Qualitätsanforderungen verlässt.

6.2 Maßstab „Regeleinhaltung“

Der zweite Maßstab ist der Grad der Regeleinhaltung. In welchem Maße hält sich der Mitarbeiter an Regeln? Regeln des Gesetzgebers, des Unternehmens, vom Team selbst. Arbeitssicherheitsregeln, Arbeitszeitregeln, Pausenregeln, Meetingregeln usw. Es gibt Mitarbeiter, die fachlich gut sind, es aber mit der Einhaltung von Regeln nicht allzu genau nehmen. Manche leiten gar aus ihren fachlichen Leistungen ab, dass für sie die Regeln nicht immer allzu genau gelten. Nur ist dazu deutlich zu sagen:

Regeln gelten immer für alle, die auf dem Platz stehen!

Nur weil irgendein Stürmer mehr Tore schießt als alle anderen, ist die Abseitsregel für denjenigen ja nicht aufgehoben. Sie gilt dennoch.

Also kann es sein, dass Sie einem Mitarbeiter sagen: „Bei allem Respekt für deine fachlichen Ergebnisse, ich erwarte dennoch, dass du dich an die Pausenregel hältst“.

Was übrigens nicht -bedeutet, dass es nicht begründete, temporäre Sonderregelungen geben kann, die allerdings dann wiederum transparent zu halten sind. Beispiel: Sie haben eine „Handys aus“-Regel für Ihre Teammeetings. Wenn jetzt die Frau eines Teilnehmers schwanger ist und heute ist „Termin“, so werden Sie dem Antrag „darf ich ausnahmsweise heute das Handy eingeschaltet lassen?“ wohl zustimmen. Und das Team, welches die Sonderregelung transparent kommuniziert bekommt, dürfte ebenfalls damit einverstanden sein. Von Sonderregelungen für Einzelne ohne Begründung und ohne Transparenz ist indes klar abzuraten. Ihr Team könnte aus der Balance geraten, weil da jemand „Extrawürste“ bekommt, und schon leiden die Beziehungen der Teammitglieder untereinander, was dem Teamergebnis im Zweifel abträglich ist.

6.3 Maßstab „Spezifische Verhaltenserwartungen“

Der dritte Maßstab ist die Erfüllung spezifischer Verhaltenserwartungen. Kategorien wie kundenorientiertes Verhalten, Teamverhalten oder auch Disziplinarverhalten gegenüber dem Vorgesetzten lassen sich messbar machen, indem Sie konkret und eindeutig beschreiben, was Sie in der jeweiligen Kategorie sehen oder hören wollen.

Nehmen Sie an, Sie beobachten einen Ihrer Mitarbeiter, wie der sein Telefon 15-mal klingeln lässt und sich dann mit den Worten „wer stört?“ meldet. Bitte sagen Sie Ihrem Mitarbeiter jetzt nicht: „Du bist nicht kundenorientiert.“ Diesen Satz könnte man eine Verbal-Guillotine nennen. „Du bist“ manifestiert Ihre Aussage, gefolgt von einer pauschalen Kritik. Solche Sätze tun weh und Sie bekommen solche Sätze noch nach Jahren von Ihren Mitarbeitern vorgehalten („du hast damals zu mir gesagt“). Bitte formulieren Sie stattdessen, welche der beobachteten Verhaltensweisen des Mitarbeiters auf Sie nicht kundenorientiert gewirkt hat und was konkret Sie stattdessen beobachten, sehen oder hören möchten. Zum Beispiel: „Ich erwarte, dass du spätestens nach dem dritten Klingeln ans Telefon gehst und dich mit folgender Formel meldest ...“ In dem Moment, in dem Sie so klare und eindeutige Verhaltenserwartungen formulieren, werden diese zum Maßstab, weil Sie beobachten können, ob der Mitarbeiter sich so verhält oder nicht. Bekommen Sie mit, dass er sich so verhält, würden Sie ihn bestätigen. Folgt der Mitarbeitende Ihren Erwartungen nicht, hätten Sie weiterhin Korrekturbedarf.

Vermeiden Sie Aussagen wie „ich benötige von dir mehr Kollegialität, Kundenorientierung, Einsatzfreude, Engagement, Extrameilen“ oder Ähnliches. Das sind unkonkrete, uneindeutige Erwartungen, die den Mitarbeitenden im Zweifel irritieren und für Desorientierung sorgen.

Klare, eindeutige Verhaltenserwartungen geben Orientierung.

Scheuen Sie sich also nicht, klar zu formulieren, was Sie künftig sehen oder hören möchten. Sie sollten allerdings die Anzahl der spezifischen Verhaltenserwartungen insgesamt nicht übertreiben, denn diese schränken zugleich die Freiheitsgrade Ihrer Mitarbeiter ein.

Nebenbei bemerkt gilt übrigens auch für formale Mitarbeitergespräche, dass aus den genannten Gründen dort nicht Kategorien wie Kundenorientierung etc. beurteilt werden sollten, sondern stets konkrete Verhaltensbeschreibungen, mit denen diese Kategorien unterlegt sind. Was also sind im Minimum die konkreten, beobachtbaren Verhaltensweisen, die ein Unternehmen in einer Kategorie sehen möchte? Und diese wiederum können Sie für Ihre Mitarbeiter individualisieren und spezifisch für den Einzelnen ergänzen.

Wann formulieren Sie eine Verhaltenserwartung bzw. wann streben Sie eine Regel an?

Beispiel Meeting: Sie beobachten erstmalig einen Mitarbeiter, wie er heimlich unter dem Tisch sein privates Smartphone bedient. Bis dahin hatten Sie noch keine Smartphone-Regel für Ihre Meetings, weil die Notwendigkeit noch nicht gegeben war, denn bisher hatte noch kein Kollege ein privates Smartphone im Meeting dabei. Und Sie vereinbaren bitte keine Regeln, für die es keine Notwendigkeit („aus begründetem Anlass“) gibt. Nun, nach dieser erstmaligen Beobachtung reicht es, wenn Sie den Mitarbeiter nach dem Meeting mit Ihrer Beobachtung konfrontieren (im Meeting reicht zumeist der intensive Blick oder die körperliche Annäherung zur Unterbindung), ihn nach seinen Beweggründen fragen und Sie Ihre spezifische Verhaltenserwartung nennen, zum Beispiel das Unterlassen der Smartphone-Bedienung im Meeting bzw. die Notwendigkeit einer transparenten Beantragung einer Sonderregelung aus begründetem Anlass.

Sie würden hier noch keine Regel anstreben, weil es sich hier um einen einmaligen, erstmaligen Vorfall handelt. Erst, wenn Sie mehrfach eine störende Smartphone-Nutzung beobachten (wobei es schon reicht, wenn Sie sich persönlich gestört fühlen), sollten Sie eine Regel einführen. Erfahrungsgemäß reicht es bereits, wenn Sie offen aussprechen, dass Sie sich durch die Smartphones gestört fühlen, und das Team fragen, wie in Meetings damit umgegangen werden soll. Häufig genug formuliert das Team selbst eine brauchbare Regel. Die können Sie bei Bedarf auch selbst noch nachjustieren („bitte auch kein Vibrationsalarm“). Der Ansatz, das Team selbst an der Regelformulierung zu beteiligen, hat den Vorteil, dass diese Regel eine höhere Chance auf Beachtung erfährt. Wenn Sie eine Regel stumpf vorgeben, erhöhen Sie die Wahrscheinlichkeit für den Widerstand getreu der alten rhetorischen Wahrheit: Frage reizt zur Antwort, Aussage reizt zum Widerstand!

Übrigens, falls ein Mitarbeiter mal fragt: „Kontrollierst du mich etwa?“, sagen Sie ruhig; „Ja, klar.“ Das ist Ihre Aufgabe.

Sowohl fachliche Ergebnisse, als auch Regeln sowie spezifische Verhaltenserwartungen müssen klar und eindeutig beschrieben sein, um als Leistungsbeurteilungsmaßstäbe geeignet zu sein. Die Qualität liegt in der Formulierung. ■

7 Führungsaufgabe Motivation

Führende nehmen per se Einfluss auf die Motivationslage ihrer Mitarbeiter – nur manchmal in die falsche Richtung ...

Ist Motivation überhaupt eine Führungsaufgabe? Manche Experten sind der Meinung, dass dem nicht so sei. Da Führung die Einflussnahme auf das Leistungsverhalten ist, gehört auch die Einflussnahme auf die Lust und Motivation zur Leistung dazu. Ohne Lust und Motivation keine nachhaltige Leistung.

Und es ist beobachtbar, dass Führende sowieso Einfluss auf die Motivationslage Ihrer Mitarbeitenden nehmen. Nur manchmal in die falsche Richtung. Bei Motivationsanalysen mit und in Teams kommt nicht selten heraus, dass bestimmte Verhaltensweisen von Führenden demotivierend wirken.

Also stellt sich die Frage: Wie kann ich als Führender konkret positiven Einfluss auf die Motivation meiner Mitarbeiter nehmen?

7.1 Grundzüge des menschlichen Verhaltens

Um uns mit der Führungsaufgabe Motivation beschäftigen zu können, ist es sinnvoll, zunächst ein paar Grundzüge menschlichen Verhaltens kennenzulernen.

Menschen tun alles, um gute Gefühle zu haben. Das lässt sich als Sinn des Lebens bezeichnen. Gute Gefühle erreicht der Mensch, indem er Bedürfnisse befriedigt. Das heißt, der Mensch strebt danach, Bedürfnisse zu befriedigen, um gute Gefühle zu haben. Zum größten Teil befriedigt er die Bedürfnisse auf einer unbewussten Ebene. Wir machen uns ja nicht den ständig bewusst darüber Gedanken, welche Bedürfnisse wir jetzt gerade haben und wie wir diese befriedigen.

Es gibt zwei Grundsätze:

1. Aus dem unbefriedigten Bedürfnis leitet sich das Motiv zur Handlung ab.
2. Jede Handlung, jedes Verhalten hat ein Motiv. Ohne Motiv, sprich Treiber, kein Verhalten. Ohne Motor keine Bewegung des Fahrzeugs – außer auf abschüssigem Gelände.

Beispiel: Im Tatort am Sonntagabend suchen die Kommissare nach dem Motiv für das beobachtete Verhalten, welches oft Mord oder Totschlag ist. Es muss mindestens ein Motiv dafür geben. Manchmal mehrere, dann ist das Verhalten multikausal getrieben. Über das Motiv kommen die Kommissare dann an den Täter.

Wenn Sie morgens einen Mitarbeiter dabei beobachten, dass er seinen Fuß über die Schwelle des Unternehmens setzt, gibt es mindestens ein Motiv dafür, wahrscheinlich sogar mehrere. Das heißt, er ist motiviert! Er hat Eigenmotivation! Diese Erkenntnis wird an späterer Stelle in diesem Kapitel noch von hoher Wichtigkeit sein.

Es lohnt sich, über Motive und Ziele/Bedürfnisse von Mitarbeitern nachzudenken und diese zum Gegenstand von Mitarbeitergesprächen zu machen. Was motiviert dich, hier morgens hin zu kommen? Was motiviert dich, deine Verantwortung wahrzunehmen? Was würde dich motivieren, folgendes Projekt zu leiten? Je mehr Sie über die Bedürfnisse, Ziele und Motive Ihrer Mitarbeiter wissen, desto besser können Sie sie führen.

Noch ein Beispiel zur Verdeutlichung: Wenn Sie Hunger haben (ein vermeintlich schlechtes Gefühl), was ist dann Ihr Ziel bzw. welches Bedürfnis werden Sie zu befriedigen suchen: Sättigung! Das vermeintlich bessere Gefühl! Und das Verhalten, das Sie quasi automatisch zeigen werden, ist essen. Klingt simpel? Ist auch simpel! So einfach sind wir Homo Sapiens an der Stelle gestrickt. Unser Verhalten wird von unseren Motiven gelenkt hin zur Bedürfnisbefriedigung. Und werden dabei überwiegend unbewusst getrieben.

7.2 Drei zentrale Motivationsmaßnahmen

Die komplette Historie der Motivationsforschung erspare ich Ihnen an dieser Stelle. Ich möchte nur auf eine Fragestellung eingehen, die dem Motivationsforscher Herzberg zugeschrieben wird: Wie motiviere ich einen Esel zum Laufen?

Auf den ersten Blick bieten sich zwei Antworten an: Zum einen durch einen Tritt an die richtige Stelle und zum anderen, indem ich ihm eine Karotte vor die Nase halte.

Aber erstens ist das mit dem Tritt mit dem Tierschutz nicht zu vereinbaren. Und zweitens: Funktioniert das wirklich, dass der Esel läuft, wenn Sie ihm eine Karotte vor die Nase halten? Was ist, wenn der Esel derzeit gerade Heilfasten macht? Da wird ihn die Karotte wohl eher weniger zum Laufen bewegen. Wer kann uns sagen, was an die Angel muss, damit der Esel läuft? Genau, nur der Esel selbst.

Wie lässt sich nun das Bild vom Esel auf Führung adaptieren? (Vorsicht, nicht dass Sie Ihre Mitarbeiter jetzt als Esel betrachten. Mir ist das Risiko dieses Vergleichs bewusst.)

Fangen wir nochmal bei dem Tritt an. Ist der „Anschubser", um das begrifflich auf den Menschen zu beziehen, etwas für unseren Motivationswerkzeugkoffer oder eher weniger? In der Tat, wir nehmen das in den Werkzeugkoffer auf. Es ist gut, zu erkennen, wann Sie einen Mitarbeiter mal etwas anschubsen sollten. Wenn beispielsweise einer Ihrer Mitarbeiter unter „Aufschieberitis" oder dem „Studentensyndrom" (immer alles auf den letzten Drücker) leidet, kann es genau richtig sein, etwas zu fordern. Ihr Mitarbeiter hat mit einem Auftrag noch gar nicht begonnen und kommt jetzt schon in zeitliche Nöte. Dann kann es situativ die richtige Entscheidung sein, das erste Zwischenergebnis für übermorgen anzufordern und damit „anzuschubsen".

Sie sollten jedoch nicht dauerhaft mit Schubsern oder „eng führen" steuern. Auf Dauer nutzt sich das Instrument ab und erzeugt gemäß dem physikalischen Grundsatz actio = reactio eher Widerstand und Gegendruck. Denn enger führen oder anschubsen hat schon etwas mit Druck machen zu tun. Punktuell kann es aber richtig sein und manchmal sind Mitarbeiter sogar dankbar, wenn Sie sie an der richtigen Stelle mal kurz angeschubst haben.

Es ist eine Führungsherausforderung, zu erkennen, wann eine Führungskraft welchen Mitarbeiter „anschubsen" sollte (situations- und mitarbeiterabhängig). ■

Das mit der Karotte hat unter bestimmten Voraussetzungen eine Chance. Es muss das Richtige an der Angel hängen und der Mitarbeiter muss es zur richtigen Zeit bekommen. Wenn Sie wissen, dass Ihr Mitarbeiter ein ausgeprägtes Anerkennungsbedürfnis hat, dann wird er motiviert sein, seine Ergebnisse vor der Geschäftsleitung selbst präsentieren zu dürfen, um hinterher den Applaus zu ernten. Der Applaus ist also das, was an der Angel hängt. Und er bekommt ihn zuverlässig bei Zielerreichung. Das Verkehrteste, was Sie als Führender in der Situation machen könnten, ist folgende Ankündigung: „Und wenn du deine Ergebnisse dann hast, übergibst du mir diese, damit ich sie der Geschäftsführung präsentieren kann." Damit hätten Sie diesem Mitarbeiter gerade verbal in die Magengrube gehauen. Sie dürfen jetzt nicht mehr allzu viel Motivation erwarten.

Was motiviert den einzelnen Mitarbeiter zu einer bestimmten Leistung? Dieses Bedürfnis muss bei Leistungserbringung auch tatsächlich befriedigt werden, sonst verlieren Sie massiv an Vertrauen, Motivation und berauben sich künftiger Delegationsmöglichkeiten.

Die möglichen Bedürfnisse sind vielfältig. Mit Anerkennung, Gruppenzugehörigkeit, Prestigegewinn, technischer Entdeckung, Sicherheit und Selbstverwirklichung seien hier nur ein paar mögliche Bedürfnisse exemplarisch genannt.

Der Ansatz „Karotte“ ist gleichzusetzen mit dem Management-by-Objectives oder Führen durch Zielvereinbarung. Mit dem Mitarbeiter wird ein Ziel vereinbart, bei dessen Erreichung er das oder die entsprechenden Bedürfnisse befriedigt.

Sowohl der „Anschubser“ als auch die „Karotte“ gehören zur Kategorie der Fremdmotivation, weil beides „von außen“ kommt. Der dritte Ansatz nutzt die vorhandene Eigenmotivation.

7.3 Der Eigenmotivation freien Lauf ermöglichen

Wir stellten bereits fest: Mitarbeiter haben eine Eigenmotivation, sonst wären sie nicht im Unternehmen (jedes Verhalten hat mindestens ein Motiv). Noch wirksamer scheint, der gegebenen Eigenmotivation freie Bahn zu schaffen, als Ziele und Verantwortlichkeiten motivierend zu vereinbaren. Anders formuliert:

Die größte positive Wirkung auf die Motivation Ihrer Mitarbeiter haben Sie, wenn Sie demotivierende Faktoren erkennen und -soweit sinnvoll und machbar- beseitigen!

Schaffen Sie der Eigenmotivation freien Lauf.

Demotivierende Faktoren können unter vielem anderen umständliche Prozesse, Konflikte in Teams, schlechte Arbeitsmittel, unfaire Regelungen, mangelnde Wertschätzung, unklare Ziele, aber auch Ihr Verhalten als Führender sein. Letzteres steht übrigens häufig auf der Liste der demotivierenden Faktoren. Selten ist es wirklich so etwas wie Lohn und Gehalt. Und wenn Sie sich die Beispielliste anschauen, dann haben Sie als Führender Einfluss auf all diese Themen. Keine Garantie auf komplette Änderung, aber Einfluss darauf. Und Ihre Mitarbeiter werden es Ihnen anerkennen, wenn Sie sich der Themen annehmen und zumindest Optimierung versuchen.

Nun sind nicht alle demotivierenden Faktoren morgen „weggeschnipst", das wäre irreal. Aber je mehr demotivierende Faktoren Sie verringern oder gar beseitigen, desto mehr Motivation gewinnt ihr Team zurück.

Und wenn Sie darüber hinaus noch bewusst die Bedürfnisse Ihrer Mitarbeiter über die vereinbarten Ziele und Verantwortlichkeiten befriedigen, desto mehr Zusatzschub bekommen Sie.

Und richtig „rund" wird Ihre Wahrnehmung der Führungsaufgabe Motivation dann, wenn Sie situativ richtig erkennen, wann Sie einen Mitarbeiter mal punktuell anschubsen müssen.

Es ist eine weit verbreitete und irrige Annahme, dass Führende für die Motivation ihrer Mitarbeiter etwas „ins System hineingeben" müssen. In erster Linie müssen Sie etwas herausnehmen: Die demotivierenden Faktoren! ■

■ 7.4 Der „Motivationscheck"

Wie erkenne ich demotivierende Faktoren und die Motive meiner Mitarbeiter? Sie können Ihre Mitarbeiter fragen. Es gibt noch eine Übung, mit der ich in realen Teams seit vielen Jahren sehr gute Erfahrungen mache.

Sie eröffnen auf einem Medium, idealerweise auf einer Pinnwand, mit der Frage: „Wie steht's derzeit mit meiner Motivation im Unternehmen?" Das Wort Motivation kann auch durch Arbeitsfreude ersetzt werden. Dann geben Sie kleine Zettel aus, auf denen Ihre Mitarbeiter anonym ihre wahre Zahl zwischen 0 und 10 schreiben sollen. Wobei die 10 für maximale Arbeitsfreude, die 0 für minimale Arbeitsfreude steht. Sie sammeln die Zettel in einer Zettelbox ein, schütteln anschließend kräftig und bringen die Zettel für alle sichtbar an der Wand unterhalb der Fragestellung an.

Aus allen Zetteln lassen sich nun eine Summe und ein Durchschnittswert errechnen. Sie haben also eine Übersicht aller Einzelantworten und einen errechneten Durchschnitt für alle sichtbar an der Wand.

Danach stellen Sie zwei Anschlussfragen, die die Mitarbeiter bitte verbal beantworten:

- Was bringt mich zu meiner Zahl? (also warum habe ich mehr als eine 0 gegeben?)
- Was trennt mich von der 10? (oder 9 – eine 10 ist für manche Zeitgenossen befremdlich – man könnte ja zu glücklich sein)

Die gegebenen Antworten Ihrer Mitarbeiter schreiben Sie ebenfalls für alle sichtbar auf. Unten auf die Pinnwand oder auf einen separaten Flipchart oder auf eine Folie, die an die Wand gebeamt wird (Bild 7.1).

In diesem Moment haben Sie bereits wertvolle Informationen: Wie steht es um die Arbeitsfreude/Motivation in Ihrem Team? Welche Spreizung weisen die Einzelwerte auf bzw. gibt es Ausreißer? Wer hat welche Faktoren genannt, die ihn zu einer bestimmten Arbeitsfreude gebracht haben? Wer mag besonders den Sozialkontakt zu den Kollegen (Bedürfnis nach Gruppenzugehörigkeit)? Wer geht in den Inhalten seiner Arbeit auf (Selbstverwirklichung)? Wer lobt die Anerkennung, die er bekommt? Wer hat welche demotivierenden Faktoren genannt und wer hat sich dieser Äußerung angeschlossen? Sie erfahren viel über die Werte und Motive Ihrer Mitarbeiter und reale Demotivatoren, die negativ auf die Eigenmotivation wirken.

In dieser Situation ist dann noch die weitere Nutzung der Ergebnisse zu besprechen. Betrachten Sie die Liste der demotivierenden Faktoren als Ihre Hausaufgabenliste. Ihre Mitarbeiter werden es zu schätzen wissen, wenn Sie zu erkennen geben, dass Sie aktiv an der Reduzierung der demotivierenden Faktoren arbeiten wollen. Auch falls Sie späterhin berichten sollten, dass Sie nicht viel bewirken konnten. Allein der gute Wille ist ein gutes Signal an das Team. Besser ist selbstredend, wenn Sie den einen oder anderen Faktor tatsächlich reduzieren konnten.

Falls Ihre Mitarbeiter die beiden Anschlussfragen nicht offen beantworten möchten, können Sie die Antworten nochmal auf Zettel oder Karten schreiben lassen, die Sie dann an die Wand bringen und auf Ihre genaue Bedeutung hin erläutern lassen. Falls Ihre Mitarbeiter nicht frei reden möchten, scheint die Feedbackkultur im Team und auch das Vertrauen noch nicht sehr ausgereift zu sein. Das anonyme Aufschreiben der Zahlen zu Beginn und auch das Aufschreiben der Antworten auf Karten sind „geschützte Räume“. Wenn ein Mitarbeiter anonym eine Zahl auf einen Zettel schreibt, passiert ihm ja nichts. Er braucht keine Befürchtungen zu haben. Und auch das „Antworten auf Zettel schreiben“ ist wie eine psychologische Brücke ins Feedback. Spannenderweise scheinen Menschen leichter über etwas sprechen zu können, was sie vorher aufgeschrieben haben und was visualisiert an der Wand steht.

Sollten Sie Ihre Mitarbeiter zu gar keiner Handlung bei dieser Übung bewegen können, wäre das ein Spiegelbild des kritischen Zustands Ihres Teams.

Und falls Ihr Team irgendwann einmal sagt „nun lass doch mal die Zettel weg, wir können doch gleich offen antworten“ („Zettel- oder Kartenallergie“), ist das ein gutes Zeichen. Ihre Mitarbeiter haben so viele positive Erfahrungen mit dem Verfahren gemacht bzw. so viel Vertrauen gewonnen, dass sie gleich ins offene Feedback gehen. Ein gutes Zeichen. Das Team ist in einer Feedbackkultur des „offenen Visiers“ angekommen.

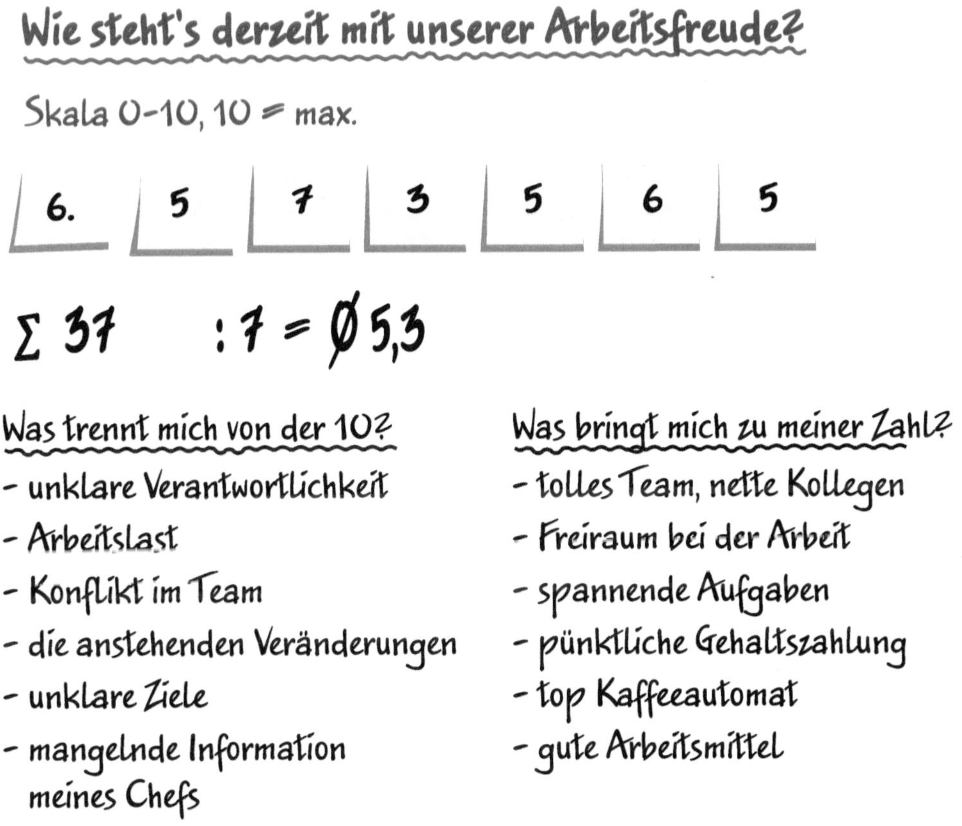

Wie steht's derzeit mit unserer Arbeitsfreude?

Skala 0–10, 10 = max.

6.	5	7	3	5	6	5

Σ 37 : 7 = Ø 5,3

Was trennt mich von der 10?

- unklare Verantwortlichkeit
- Arbeitslast
- Konflikt im Team
- die anstehenden Veränderungen
- unklare Ziele
- mangelnde Information meines Chefs

Was bringt mich zu meiner Zahl?

- tolles Team, nette Kollegen
- Freiraum bei der Arbeit
- spannende Aufgaben
- pünktliche Gehaltszahlung
- top Kaffeeautomat
- gute Arbeitsmittel

Bild 7.1 Motivationscheck

8 Führungsaufgabe Konfliktmanagement

8.1 Was ist ein Konflikt und wozu Klärung?

Laut Duden ist ein Konflikt eine „durch das Aufeinanderprallen widerstreitender Auffassungen, Interessen oder Ähnlichem entstandene schwierige Situation, die zum Zerwürfnis führen kann."

Häufige Merkmale von Konflikten sind, dass nicht alle Bedürfnisse von Beteiligten einer Situation befriedigt werden, so dass Störpunkte, Unzufriedenheiten, Enttäuschungen oder gar Verletzungen entstehen. Wobei sich der Konflikt dadurch verschärft, dass nicht klar und offen über Bedürfnisse gesprochen wird, geschweige denn Lösungen zur Befriedigung aller Bedürfnisse gefunden werden. In der Regel drehen sich die Gespräche um die Vorgehens- oder Verhaltensweisen des Konfliktpartners, die vordergründig als störend oder verletzend empfunden werden. Wobei wir „Partner" im Konflikt sind, denn ohne den jeweils anderen gäbe es den Konflikt nicht.

Um etwas genauer zu betrachten, was ein Konflikt ist, werfen wir einen Blick auf die Grundannahmen menschlichen Verhaltens:

- Jedes menschliche Verhalten hat ein Motiv.
- Jedes Motiv treibt uns auf ein Ziel/eine Bedürfnisbefriedigung hin.

Nehmen wir nun an, es gäbe irgendwo einen Menschen, der als ein Lebensziel hat, möglichst bequem/faul durchs Leben zu kommen. Was legitim ist, solange er das nicht zum Nachteil anderer praktiziert. Dieser Mensch würde unter anderem das Motiv entwickeln, seine Zahnpastatube nach dem Zähneputzen (was dank elektrischer Zahnbürste in nicht zu viel Arbeit ausartet) nicht zuzuschrauben. Denn das wäre viel Aufwand … und er müsste die Tube ja schließlich vor der nächsten Zahnreinigung wieder öffnen. „Neee, dann doch lieber offenlassen …".

Bis dahin ist noch kein Konflikt in Sicht, es sei denn, es taucht im Dunstkreis dieses Menschen (den wir ab sofort geschlechtsneutral *Er* nennen) nun ein zweiter

Mensch auf (den taufen wir geschlechtsunabhängig *Sie*). Sie hat ein Bedürfnis (=Ziel/Interesse) nach Ordnung & Sauberkeit. Ebenfalls legitim. In Bezug auf die Zahnpastatube heißt das allerdings, dass diese doch bitte stets zugeschraubt sein muss, denn alles andere sieht unordentlich und zudem noch unsauber aus.

Und hier wird der Konflikt sichtbar: auf der Verhaltensebene. Während Sie dafür plädiert, dass die Tube stets zugeschraubt wird, besteht Er darauf, die Tube auflassen zu dürfen. So entsteht jahrein jahraus eine wiederkehrende Diskussion der beiden (um das Wort Streit zu vermeiden), die in etwa so ablaufen könnte:

Sie: „Nun schraub doch endlich mal die Tube zu!"

Er: „Schraub doch selbst."

Sie: „Es ist auch Deine Tube."

Er: „Na und. Deine doch auch."

Sie: „Aber Du hast sie zuletzt benutzt."

Er: „Und Du benutzt sie vielleicht als Nächste."

...

Sie ahnen es schon – diesen Dialog könnten wir so unendlich fortführen. Das, was hier geschieht, ist ein Positionskampf auf der Verhaltensebene. Beide erwarten eine Verhaltensänderung des jeweils anderen. Es entsteht eine „entweder ... oder" -Situation. Entweder zuschrauben oder nicht, das scheint hier die Frage. Vielleicht dauert dieser „Kleinkrieg" Jahre (was es in Privat- oder auch Arbeitsbeziehungen geben soll), oder aber einer von beiden setzt sich durch. Das aber würde ein Winner-Loser-Ergebnis bedeuten, was die Balance dieser Beziehung ebenfalls stört. Und in der Regel bleibt es nicht bei einem Verlierer, sondern es werden zwei Verlierer daraus.

Nehmen wir an, Sie würde ihn unter vorgehaltener Maschinenpistole zwingen, die Tube zuzuschrauben. Was Er getreu dem Motto „lieber fünf Minuten feige als ein Leben lang tot" auch tun würde. Wäre die Geschichte damit zu Ende und es gäbe einen Sieger und einen Verlierer? Nein, denn Menschen führen, wie weiter unten ausführlicher beschrieben, Beziehungskonten. Die Ausgleichsbuchung bzw. „Revanche" zum Kontenausgleich wird kommen. Irgendwann. Irgendwie. Irgendwo. Und spätestens dann haben wir zwei Verlierer. Das ließe sich nur dadurch abwenden, dass Sie für ihre Aktion mit der Maschinenpistole um Entschuldigung oder Verzeihung bittet und damit das Beziehungskonto über eine Habenbuchung ausgleicht.

Wo es Menschen gibt, gibt es Konflikte!

Das liegt in der Natur des Konflikts. Wie im Zahnpasta-Beispiel beschrieben, entstehen Konflikte in aller Regel dadurch, dass einen Menschen etwas am Verhalten oder an der Vorgehensweise eines anderen stört und damit eigene Bedürfnisse nicht befriedigt werden. Je länger also Menschen zusammen an einem Ort sind und je mehr Menschen dort sind, desto höher ist die Wahrscheinlichkeit für einen Konflikt.

Es ist beispielsweise leicht, eine Gruppe von Menschen in einen begrenzten Raum zu sperren und die Fernsehkameras „draufzuhalten", damit sich der Zuschauer daheim von eigenen Problemen mithilfe der Konflikte anderer ablenken kann. Denn in diesem Raum werden Konflikte entstehen, was alle bisherigen TV-Sendungen dieser Machart bestätigen. Es dauert einige Tage, bis die Konflikte richtig „entwickelt" sind.

Es gilt stets:

Zur Konfliktklärung müssen alle Konfliktpartner zur selben Zeit in denselben Raum sein! Konflikte werden nicht gelöst, indem die Konfliktpartner nicht mehr miteinander reden!

Wir sind Partner im Konflikt, denn ohne einen der beiden Menschen gäbe es den Konflikt nicht. Und den Konflikt gäbe es auch nicht, wenn die Konfliktpartner in der Lage wären, sich über gekonnt formuliertes Feedback die jeweiligen Störpunkte und durch das Verhalten des anderen nicht befriedigten Bedürfnisse mitzuteilen. Aber in der Regel findet das Feedback nicht oder nicht ausreichend statt und der Konflikt schwillt weiter. Konfliktpartner beginnen im fortgeschrittenen Stadium mit dem „Sammeln": Die Störpunkte werden gesammelt und gelistet und am Ende stört die Konfliktpartner ALLES am Verhalten des anderen.

Konflikte müssen geklärt werden:

Die guten Beziehungen der Menschen in einem Team zueinander sind das „Schmieröl" der Zusammenarbeit!

Die Beziehungsebene bestimmt die Qualität der inhaltlichen Zusammenarbeit!

Deshalb sind Beziehungspflege und Konfliktklärung sinnvoll und notwendig. Konfliktklärung ist ein Bestandteil der Führungsaufgabe Teamentwicklung. Es geht darum, Einfluss zu nehmen auf die Beziehungsqualität meiner Mitarbeiter untereinander, damit diese auch wirklich gut zusammenarbeiten. Gute Zusammenarbeit lässt sich nicht über Prozesshandbücher verordnen. Ein simples Beispiel: Wenn zwei Menschen sich gut verstehen, dann fließen zwischen diesen beiden Informationen. Und diese beiden nehmen es sich auch nicht gleich übel, wenn mal eine Information nicht fließt. Ist die Beziehung zweier Menschen gestört, fließen deutlich weniger Infos zwischen diesen beiden und die Zahl der gegenseitigen Vorwürfe nimmt auffällig zu.

Diesen Dialog kennt wohl jeder:

„Warum hast du mich nicht informiert?"

„Warum hast du denn nicht gefragt?"

Menschen mit einer ungestörten Beziehung führen diesen Dialog deutlich seltener als Menschen mit einer Beziehungsstörung.

Konfliktmanagement dient dazu, „Sand aus dem Getriebe" zu entfernen und durch „Schmieröl" zu ersetzen. Führende sollten die Bedeutung der Beziehungsebene nicht nur für Führungsarbeit, sondern auch für das Thema Zusammenarbeit im Team hoch einschätzen. ■

Dazu sei nochmal verdeutlicht: Immer zwei Menschen führen ein „Beziehungskonto" miteinander. Wir können gegenseitig ins Soll oder ins Haben buchen. Beleidige ich den anderen, buche ich zweifelsfrei gerade ins Soll. Manchmal buchen wir auch ins Soll, ohne es zu merken. Sie zeigen ein Verhalten, das den anderen stört, ohne dass Sie wissen, dass es den anderen stört. Und der sagt es Ihnen nicht ...

Die Beziehungskonten suchen stets nach Balance zwischen Soll und Haben, ähnlich wie in der doppelten Buchführung. Ich kann die Balance herstellen, indem ich nach der Soll-Buchung eine Haben-Buchung herbeiführe. Eine Haben-Buchung kann eine Lösung zur Bedürfnisbefriedigung des anderen sein, aber auch schlicht ein „es tut mir leid" oder „ich bitte um Entschuldigung". Wer keine Schuld für sich erkennt, kann sich des „es tut mir leid" bedienen. Wer sich ent-schulden möchte, bittet korrekterweise seinen Konfliktpartner darum. „Ich entschuldige mich" (selbst) ist streng genommen ein Unding. Ich kann mich nicht selbst ent-schulden, sondern nur den anderen darum bitten. Für manchen Menschen ist die Steigerung das „ich bitte um Verzeihung". Wenn der Andere mich schon nicht von einer Schuld freisprechen kann, dann kann er vielleicht trotz Schuld verzeihen.

Welche Formulierung von denen auch immer – erfahrungsgemäß sind das „goldene Worte" in der Konfliktklärung, die auf dem Beziehungskonto als Haben-Buchung wahrgenommen werden und im Konfliktfall eine wohltuende Wirkung haben.

Der vermeintlich schlechtere Kontenausgleich ist die Re-Soll-Buchung. Der Mensch, der ein Störgefühl erlebt, gibt dazu kein Feedback und sucht die Klärung, sondern geht selbst durch irgendeine Aktion in die Soll-Ausgleichsbuchung. Jetzt haben wir zwei Konten im Soll. Nennen Sie es ruhig Revanche. Nun haben wir es mit zwei Menschen zu tun, die ein Störgefühl oder gar eine Verletzung erleiden. Also mit zwei Verlierern in einer Situation!

Auch ein Revanchefoul ist ein Foul! Der korrekte Weg ist die Klärung und nicht die Revanche!

Nochmal: Die guten Beziehungen zueinander sind das „Schmieröl" der Zusammenarbeit in einem Team oder einer Organisation! Sind Beziehungen gestört, fließen dort häufig die Informationen nicht oder nicht richtig, der Prozess ist gestört und die Ergebnisse leiden. Es gehört zu den Führungsaufgaben, die Stimmungen im Team und die Beziehungen im Team im Blick zu behalten und auch darauf Einfluss zu nehmen.

Noch zwei ergänzende Definitionen: Ein interpersoneller Konflikt ist gegeben, wenn sich zur selben Zeit am selben Ort Verhaltensweisen von mindestens zwei Wesen „kreuzen", hinter denen auf den ersten Blick unterschiedliche Interessen liegen. Ein intrapersoneller Konflikt liegt vor, wenn eine Person vor der Wahl zwischen unterschiedlichen Verhaltensweisen steht, diese aber scheinbar nicht treffen kann. Zum Beispiel, weil beide Entscheidungen erkennbare Nachteile mit sich bringen oder/und ein schlechtes Gefühl vermitteln.

Aber wie sollen wir diesen Konflikt dann lösen? Und warum soll der Konflikt das Tor zur Innovation sein? Und was ist so „faul" am Kompromiss? Genau um diese Fragen geht's in den nächsten Abschnitten, aber zunächst noch ein paar Aussagen zum besseren Verständnis des Konflikts.

8.2 Strategie zur Konfliktklärung

„Vertragt euch" oder „nun gebt euch mal die Hand" reicht nicht! Das sorgt nicht wirklich für eine Konflikt- oder Beziehungsklärung. Folgende Schritte sind von zentraler Bedeutung in der Konfliktklärung.

1. *Reden!* Konflikte löst man nicht, indem man nicht miteinander redet. Wichtige Spielregel dabei: Alle Konfliktpartner zur selben Zeit in denselben Raum! Wobei hier schon klar wird, dass Konfliktklärung nur funktioniert, wenn alle Konfliktpartner ein Interesse daran haben und tatsächlich mit in den Raum kommen.

   Sollte zum Beispiel einer Ihrer Mitarbeiter kein Interesse an der Konfliktklärung haben, hätten Sie mit diesem Mitarbeiter ein sehr grundsätzliches Thema zu besprechen. Es ist eine legitime Führungserwartung, dass sich ein Mitarbeiter konstruktiv auf den Klärungsprozess einlässt. Verweigert ein Mitarbeiter das entweder offen („ich spreche mit dem nicht mehr, basta") oder getarnt (tut so als ob, spielt aber nicht wirklich mit), verweigert er konsequent betrachtet ein erwartetes Leistungsverhalten in der Dimension Sozialverhalten/Teamverhalten. Am Ende müssten Sie dann sogar über Konsequenzen nachdenken.

2. Aber worüber reden wir denn, geredet haben wir doch bislang auch schon (siehe Dialog im Zahnpasta-Beispiel)? Die Frage, die wir uns zunächst gegenseitig stellen, heißt: Was ist dein Bedürfnis? Und hierin liegt bereits eine Herausforderung. Da die allermeisten Bedürfnisse im Unbewussten liegen, müssen diese erst mal mit Zeit, Ruhe und Gesprächsqualität (zuhören, fragen, spiegeln) zu Tage gefördert werden. In dem Zahnpasta-Beispiel hier waren die Bedürfnisse Bequemlichkeit einerseits und Sauberkeit & Ordnung andererseits. Es kann allerdings gut sein, dass die Konfliktparteien zunächst Zahnpastatube „auf“ oder „zu“ als Bedürfnis nennen. Und nur durch mehr Tiefe (Wozu „auf“? Um welches Bedürfnis geht es Ihnen? Kann es sein, dass Sie ein Bequemlichkeitsbedürfnis haben?) sind dann die wahren Bedürfnisse zu entdecken.
3. Sind die Interessen oder Ziele oder Bedürfnisse erstmal transparent, so kommen wir nun zum entscheidenden nächsten Schritt: Die kreative Lösungssuche, um beide (oder alle) Bedürfnisse zu befriedigen. Jetzt wird aus dem „entweder du machst jetzt, oder …“, welches in der Regel zwei Verlierer produziert, ein „sowohl … als auch“ mit einem win-win-Ergebnis. Der Ansatz ist also, beide Bedürfnisse zu befriedigen, um zwei Gewinner statt zwei Verlierer zu haben.

Wenn wir uns alle klassischen Problemlösungstechniken anschauen (635, Ishikawa etc.), so haben alle eines gemeinsam. Im ersten Schritt heißt es „Definiere das Problem“. Häufig in Form einer Fragestellung, die mit den Worten beginnt „Wie gelingt es uns …?“ Für unser Beispiel lässt sich die Frage ableiten: „Wie gelingt es uns, unter Wahrung sowohl des Bequemlichkeitsbedürfnisses als auch des Sauberkeit & Ordnungs-Bedürfnisses an Zahnpasta zu kommen?“. Beide möchten an Zahnpasta kommen. Das ist das Feld des gemeinsamen Interesses. Es ist nicht so, dass Konfliktpartner stets unterschiedliche Interessen haben müssen. Die können sogar gleichgerichtet sein. Nur die Vorstellung über den Weg dorthin unterscheidet sich.

Es muss nicht so sein, dass es sofort Antworten auf die „Wie gelingt es uns“-Frage gibt. Aber wenn wir uns diese Frage gestellt haben und zielgerichtet nach Antworten suchen, dann wird es Lösungsideen geben. Diese Konfliktklärungsstrategie ist anspruchsvoll. Sie haben die Konfliktpartner zusammenzubringen, die wahren Bedürfnisse zu ergründen und dann auch noch kreative Lösungen zu finden (was alles Zeit und Ruhe braucht). Aber diese Mühen lohnen sich, denn die Befriedigung der Bedürfnisse der Konfliktpartner haben eine nachhaltige Konfliktklärung zur Folge.

Warum der Konflikt das Tor zur Innovation ist ...

Es heißt, der Konflikt sei das Tor zur Innovation. Ja? Ist das so? Inwiefern?

Die Frage „Wie gelingt es uns, unter Wahrung beider Bedürfnisse ...?“ mag Auslöser für die Erfindung des Zahnpastaspenders gewesen sein. Oder auch eines Klickverschlusses, den man nicht mehr schrauben muss. Dann hätten wir bereits eine Innovation.

Nehmen wir nun zur Verschärfung des Themas an, der erste Zahnpastaspender hätte noch immer Zahnpastaränder am „Hahn“ und würde das Sauberkeitsbedürfnis ergo nicht befriedigen, so wäre die innovationsfördernde Anschlussfrage: „Wie gelingt es uns, einen Spender zu konstruieren, bei dem keine Ränder am Hahn zurückbleiben?“ Oder selbst ein Klickverschluss würde das Bequemlichkeitsbedürfnis nicht vollends befriedigen. Dann könnte ein innovativer Ansatz sein, einen Verschluss zu finden, der wirklich ohne jede körperliche Mühe - vielleicht mit Sprachsteuerung - zu öffnen ist.

Zugegeben, das klingt für dieses Beispiel schon recht abstrus. Es geht um das Grundprinzip, Lösungen zu finden. Und neue Lösungen zu finden, bedeutet Innovationen zu kreieren.

8.3 Der Kompromiss: Weichenstellung zum nächsten Konflikt

Stellen wir uns vor, ein Kompromissvorschlag hätte darin bestanden, die Tube montags, mittwochs, freitags und sonntagvormittags zuzuschrauben und dienstags, donnerstags, samstags und sonntagnachmittags offenzulassen. Dann wäre die Woche doch genau hälftig geteilt, alles wäre in bester Ordnung, oder? (Anmerkung: Kompromissvorschläge sind in der Regel schnell zu finden und daher auch nicht besonders anspruchsvoll. Doch machen Sie es sich bitte nicht an der falschen Stelle zu einfach.)

Was bedeutet dies für die Bedürfnisbefriedigung der Konfliktpartner? Sind beide nun zufrieden? Nein, denn die jeweiligen Bedürfnisse werden maximal zur Hälfte befriedigt. In der einen Hälfte der Woche wird das eine, in der anderen Hälfte das andere Bedürfnis befriedigt, aber eben nie durchgängig.

Wobei sogar noch fraglich ist, ob Sie montags zufrieden ist, wenn Sie weiß, dass dienstags ein schrecklicher Anblick in Form der offenen Tube droht. Und ob Er glücklich ist, wenn Er heute schon daran denkt, dass Er am nächsten Tag schrauben muss. Die wahre Bedürfnisbefriedigung liegt also zwischen 0 % und maximal 50 %. Die Bedürfnisse bleiben also zum großen Teil auf der Strecke.

Kompromisse holen uns ein. Alle unbefriedigten oder nur zum Teil befriedigten Bedürfnisse kommen bei passender Gelegenheit wieder aufs Tablett – auch nach Jahren noch.

Kompromisse schließen heißt, einen Teil der eigenen Bedürfnisse zu kappen bzw. aufzugeben, und zwar für jeden Beteiligten.

Das mag im Einzelfall nicht so schlimm wirken, die Summe aller Kompromisse lässt uns im Laufe der Zeit allerdings unwohler fühlen. Ohne dass wir uns bewusst sind, weshalb. Wir spüren, dass die Arbeits- oder Privatbeziehung nicht mehr das ist, was sie mal war. Wir fühlen uns irgendwie unzufrieden.

Die Summe aller Kompromisse ist die Summe aller unbefriedigten Bedürfnisse. Wenn wir nur nach und nach genügend davon gesammelt haben, sind Unlust, Frust und Demotivation die Folge.

Diese Gefühle treten in unserem Verhalten zu Tage, so dass uns der Kompromiss als Tor zum neuen Konflikt wieder einholt. Wir „mäkeln" herum und verbreiten Missstimmung (die, die in uns steckt). Nach vielen Jahren einer (Arbeits-)Beziehung ist das Unlustpotenzial gewachsen (die Beule unter dem Teppich, unter den wir die ganzen „Kleinigkeiten" kehren, die sich ja kaum anzusprechen lohnen ...). Manchmal erfolgt dann der für alle „überraschende Ausbruch" oder/und auch das „übertriebene Kampfverhalten".

Es lohnt sich, selbst die vermeintlich „kleinen" Störungen anzusprechen, (sich seiner selbst-)bewusst und offen mit den eigenen Bedürfnissen umzugehen und gemeinsam nach Lösungen zu suchen, an denen man sich gemeinsam häufig langfristig erfreuen kann, anstatt in einem Spannungsverhältnis zu leben.

Falls Kompromisse zum Grundschema der Konfliktklärung in einer Arbeits- oder Privatbeziehung werden, so kappen wir mit jedem neuen Kompromiss ein Stück unseres Glücks. Und so kommt es, dass nach Jahren der Beziehung die Kollegen oder Partner „irgendwie mit der Gesamtsituation unzufrieden sind". Und nun graben Sie mal alle kleinen Kompromisse aus, die da so im Laufe der Zeit geschlossen worden sind, bzw. alle Bedürfnisse, die auf der Strecke geblieben sind.

Die Konfliktklärungsstrategie kann aufwendig sein, aber die Klärung lohnt sich. Wir bekommen „echte" Lösungen und vielleicht sogar Innovationen. Der Kompromiss kann nur kurzfristig überleben (und bereitet uns ansonsten immer wieder Schwierigkeiten) und sollte die Ausnahme oder eine temporäre Übergangslösung bleiben.

8.4 Der Konfliktklärungsprozess

Wichtige Voraussetzung, damit der Klärungsversuch eine Chance hat: Alle Konfliktpartner möchten eine Klärung. Und die Klärung bleibt tatsächlich ein Versuch. Es gibt keine Garantie, dass ein Konflikt wirklich geklärt wird. Es gilt, das Bestmögliche zu versuchen. Sollte ein Konfliktpartner keine Klärung wollen, dann sind Sie gezwungen, über angemessene Maßnahmen wie zum Beispiel Versetzung dieses Kollegen in ein anderes Team nachzudenken. Keinesfalls darf eine Klärung am mangelnden Willen eines Konfliktpartners scheitern und dann passiert ... nichts mehr.

Kommt es zu keinem Konfliktklärungsprozess, verliert die verantwortliche Führungskraft massiv an Führungsautorität, weil der Mitarbeiter „damit durchkommt“ und die Führungskraft die Situation in der Wahrnehmung des Teams und des Umfeldes nicht in den Griff bekommt oder nicht aktiv genug managt.

Konfliktpartner auseinander zu setzen, ist stets die letzte Option, falls eine Klärung misslingt. Manche Führende sehen das als erste Möglichkeit an. Doch wenn Sie die „Trennung der Konfliktpartner“ zum „Standard“ Ihres Konfliktmanagements machen, dann haben Sie demnächst nur noch Mitarbeiter mit Umzugskartons auf den Fluren. Wie gesagt, wo Menschen zusammenarbeiten, gibt es Konflikte.

Bild 8.1 fast die Eckpfeiler des Konfliktklärungsprozesses zusammen.

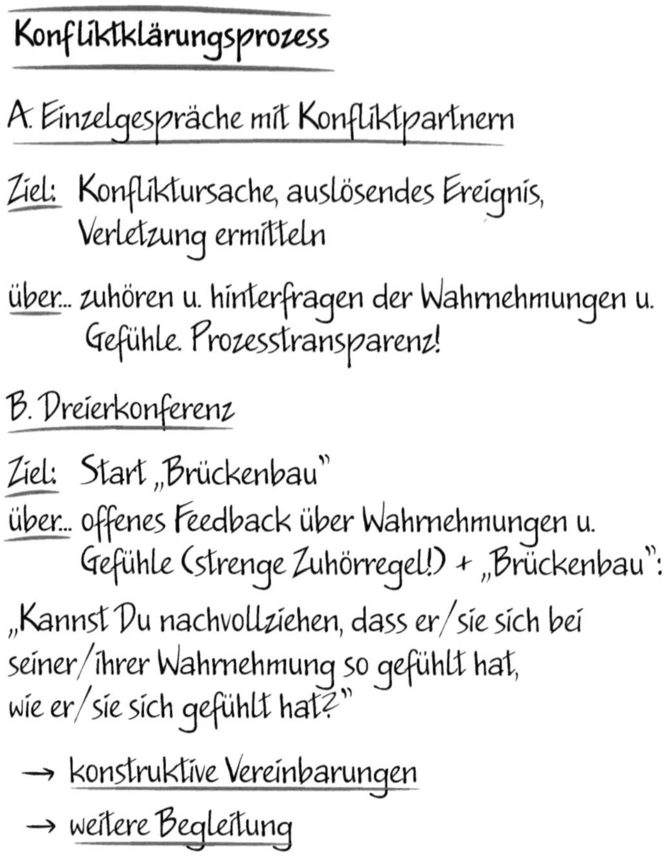

Konfliktklärungsprozess

A. Einzelgespräche mit Konfliktpartnern

Ziel: Konfliktursache, auslösendes Ereignis, Verletzung ermitteln

über... zuhören u. hinterfragen der Wahrnehmungen u. Gefühle. Prozesstransparenz!

B. Dreierkonferenz

Ziel: Start „Brückenbau"
über... offenes Feedback über Wahrnehmungen u. Gefühle (strenge Zuhörregel!) + „Brückenbau":

„Kannst Du nachvollziehen, dass er/sie sich bei seiner/ihrer Wahrnehmung so gefühlt hat, wie er/sie sich gefühlt hat?"

→ konstruktive Vereinbarungen
→ weitere Begleitung

Bild 8.1 Eckpfeiler des Konfliktklärungsprozesses

Stellen Sie zunächst für beide Konfliktpartner eine Transparenz darüber her, dass Sie zunächst Einzelgespräche führen möchten, um danach zu Dritt zu sprechen. Wenn hier von „beiden Konfliktpartnern" die Rede ist, dann deshalb, weil die meisten Konflikte bilateral sind und nicht multilateral. Selbst wenn es heißt „da haben zwei Teams einen Konflikt miteinander", offenbart die Analyse in aller Regel, dass es sich um einen oder mehrere bilaterale Konflikte handelt, und andere Teammitglieder in Koalition zu dem einen oder anderen Konfliktpartner gegangen sind. Hier ist es eine sinnvolle Option, einen oder mehrere bilaterale Klärungsprozesse aufzusetzen, statt einen Teamworkshop durchzuführen, in dem Koalitionen und Oppositionen aufeinanderprallen.

1. Führen Sie Einzelgespräche mit den Konfliktpartnern. Ziel der Einzelgespräche ist es, die Konfliktursache und die genauen Emotionen, die diese ausgelöst hat, zu ermitteln. Und das geht nun mal in einem vertrauten Einzelgespräch besser.

Grundregel dabei: Sie dürfen aus den Einzelgesprächen heraus niemals zitieren, was Ihnen zu Ohren gekommen ist! Sie sind kein Überbringer der Botschaft. Das müssen die Konfliktpartner selbst tun. Und diese lernen dabei für künftige Situationen, wie es geht.

Fragen Sie, welches Verhalten genau gestört oder gar verletzt hat? Was war ein auslösendes Ereignis? Womit und wann ging es los? Was hat Ihr Mitarbeiter wahrgenommen? Wie hat sich Ihr Mitarbeiter genau gefühlt? Was war ihm wichtig in der Situation? Womit hätte er sich besser gefühlt und warum? Was konkret erwartet er nun vom anderen? etc.

Viele analytische Fragen. Hören Sie sehr aufmerksam zu. Fragen Sie in das Gesagte des Mitarbeiters hinein. Hinterfragen Sie, was er Ihnen noch nicht gesagt hat.

Zu empfehlen ist auch hier ein 90°-Sitzordnung. Die gefährdet Ihre Neutralität nicht, schafft aber auch nicht zu viel Distanz wie ein Gegenüber.

Machen Sie sich ausführliche Notizen. Diese benötigen Sie, weil Sie später im Dreiergespräch nicht nur der „Hüter der Sende- und Empfangsqualität" sind, sondern auch Souffleur. Falls ein Konfliktpartner mal ein Thema vergisst, dürfen Sie gern ein Stichwort soufflieren, damit nichts unausgesprochen bleibt, was ausgesprochen gehört.

Im nächsten Schritt des Einzelgesprächs bereiten Sie den Konfliktpartner auf das Dreiergespräch vor, indem Sie seine Botschaften bzw. sein Feedback an den Konfliktpartner vorbereiten. Dabei können Sie auch auf die 3-Satz-Technik zurückgreifen.

Was hat der Mitarbeiter wahrgenommen? Es spielt keine Rolle, ob es so war oder nicht. Wahrnehmung ist subjektiv. Es reicht, wenn es sich in den Augen des Konfliktpartners so abgespielt hat. Das kann schon zum Störpunkt oder zur Verletzung führen.

Wie hat sich der Konfliktpartner in der Situation und den Situationen gefühlt? Welche Eindrücke hatte er?

Was erwartet er jetzt konkret vom anderen? Welche Bedürfnisse hat er?

Sie lernen nicht nur die Hintergründe des Konflikts in den Einzelgesprächen kennen. Sie bereiten auch das vor, was die Konfliktpartner bislang ohne Sie nicht hinbekommen haben: sich so gekonnt Feedback zu geben, dass der Konflikt geklärt wird.

2. Beim Gespräch mit allen Konfliktpartnern in einem Raum herrscht strenge Zuhörpflicht! Das ist eine zentrale Spielregel. Beide Konfliktpartner berichten nacheinander von ihren Wahrnehmungen, Eindrücken, Gefühlen und Bedürfnissen sowie Erwartungen. Der jeweils andere hat zuzuhören und darf jederzeit Klärungsfragen stellen. Sie ermutigen zum Reden, soufflieren auch mal

Stichworte aus Ihren Notizen heraus und achten insbesondere darauf, dass beide Konfliktpartner das Feedback wie vorbereitet geben und nehmen.

In der Lösungsphase dürfen sich beide Konfliktpartner zum gehörten Feedback äußern. Inwieweit können sie die Gefühle und Eindrücke auf Basis der subjektiven Wahrnehmungen des anderen nachvollziehen? Inwieweit tut es ihnen leid, dass der andere einen Störpunkt oder eine Verletzung erlitten hat? Wie bereit sind sie für eine Bitte um Entschuldigung? Zu welchen Veränderungen sind sie bereit? Welche Lösungsideen gibt es bereits, um alle Bedürfnisse zu befriedigen?

Im schönsten Fall äußern Konfliktpartner Verständnis für den anderen, bitten um Entschuldigung, erklären sich zu Veränderungen bereit oder haben auch schon andere Lösungsideen zur beiderseitigen Zufriedenheit. Manchmal braucht es auch ein paar Tage, damit zusätzliche Ideen auftauchen.

Die beste Sitzordnung zu Dritt ist das Dreieck: gleiche Winkel und gleiche Abstände!

3. Führen Sie ein Review nach wenigen Wochen und nach Vereinbarung mit den Konfliktpartnern durch: Wie läuft's? Was gibt´s ggf. nachzubesprechen?

   Alternativ und je nach Situation kann es auch reichen, einfach zwischendurch bei beiden vorbeizuschauen und Luft zu schnuppern. Liegen noch Spannungen in der Luft oder ist sie rein? Fragen Sie auf diesem Wege, wie es läuft, und achten Sie seismografisch auf sprachliche und körpersprachliche Signale. Die Beziehung von Konfliktpartnern ist trotz Klärung in einem labilen Zustand. Beide sollten wieder nachhaltig positive Erfahrungen miteinander machen. Es ist also ratsam, beide noch eine Weile zu im Auge zu behalten.

Als *Konfliktklärender* verhalten Sie sich neutral, gleichbehandelnd, zuhörend, fragend, schützend, aber auch konsequent in der Eindämmung ungeeigneten Verhaltens im Konfliktklärungsprozess.

Als *Konfliktmanager* können Sie selbst den Prozess leiten oder sich einen Dritten, zum Beispiel einen Mediator bestellen.

Ein *Konfliktbeteiligter* kann nicht Konfliktpartner und Konfliktmanager zugleich sein (ein echter Ausstieg aus dem eigenen Kopf, Herz und Bauch ist unmöglich, auch wenn ein japanischer Autohersteller zum Thema Unmöglichkeit was anderes behauptet), aber er kann und sollte Initiator des Klärungsprozesses sein.

Konfliktpartner dürfen gern den Konflikt ohne Beteiligung von Dritten klären. Auffällig ist halt nur, dass das offensichtlich bis zum aktuellen Tage nicht geklappt hat. Insofern darf bezweifelt werden, dass das ohne jegliche Vorbereitung klappen würde.

Checkliste: Grundeinstellungen und Verhaltensweisen zur erfolgreichen Konfliktlösung

- Konfliktklärung als Chance annehmen
- Sich Zeit nehmen
- Den anderen akzeptieren und als Konfliktpartner betrachten
- Eigene Wahrnehmungen, Eindrücke, Gefühle, Bedürfnisse offenlegen
- Umformulierung eines Vorwurfs in einen Wunsch
- Zuhören im Sinne von „Verstehen wollen"
- Offene Fragen stellen
- Sich vergewissern, ob man den anderen richtig verstanden hat
- Ich-Aussagen senden statt Du-Botschaften
- Verständnis für die Wahrnehmungen, Bedürfnisse und Wünsche des anderen zeigen

Ein betriebliches Beispiel

Die Werkleitung und der Betriebsrat eines produzierenden Werks hatten sich in einer Diskussion „festgefahren". In diesem Werk waren im ersten Halbjahr des Kalenderjahres bereits mehrere Samstage gearbeitet worden. Der Betriebsrat hatte im Sommer vor der Belegschaft erklärt, dass es in dem Kalenderjahr keine Samstagsarbeit mehr geben werde, nachdem sich mehrere Mitarbeiter darüber beschwert hatten.

Im zweiten Halbjahr desselben Kalenderjahres ergab sich die Chance, für das Schwesterwerk in Nordamerika kurzfristig eine große Stückzahl mit zu produzieren, weil dieses zwecks Renovierung für Wochen stillgelegt wurde. Über zwei Monate hatten Werkleitung und Betriebsrat bereits einen Positionskampf ausgefochten, in dem es darum ging, ob nun samstags produziert wird oder nicht. Eine Einigung wurde nicht erzielt. Der Konflikt schwelte.

Die Klärung: In Einzelgesprächen mit den Konfliktpartnern und einem anschließenden gemeinsamen Gespräch wurden zunächst die Bedürfnisse sowohl der Werkleitung als auch des Betriebsrats herausgearbeitet und visualisiert. Es bestand Einigkeit darüber, dass die Chance des Mehrabsatzes genutzt werden sollte. Die Werkleitung hatte als primäres Interesse die Standortsicherung, denn über den Standort Deutschland war im Konzern schon mehrfach diskutiert worden. Der Betriebsrat war ebenfalls daran interessiert, die Arbeitsplätze zu sichern (das Feld des gemeinsamen Interesses). Darüber hinaus gab es weitere Bedürfnisse aller Beteiligten, unter anderem das des Betriebsrats, vor der Belegschaft „das Gesicht zu wahren" in Anbetracht der eigenen Aussage, es werde keine Samstagsarbeit mehr geben.

Nachdem die Bedürfnisse transparent und sichtbar im Raum waren, wurde die entscheidende Frage erarbeitet: „Wie gelingt es uns, x Stück bis zum Datum y zu produzieren unter Wahrung folgender Bedürfnisse ...?"

Daraufhin entstand eine neue Prozessidee, die unter anderem beinhaltete, dass der Betriebsrat neben der Werkleitung (sozusagen Arm in Arm) diese Absatzchance vor der Belegschaft kundtat und es ein Freiwilligkeitsprinzip geben sollte bezüglich der Samstagsarbeit (um die das Werk gar nicht herumkam, wenn es denn nicht der Sonntag sein sollte ...). Die Stückzahlplanung sollte rollierend erfolgen, also nach einem ersten Samstag die Planung des zweiten und dann die des vermutlich notwendigen dritten Samstags. Das Ende vom Lied: Es gab mehr Freiwillige als gedacht und die notwendige Stückzahl war bereits nach zwei Samstagen produziert. Die Werkleitung und der Betriebsrat hatten für sich einen innovativen Kommunikations- und Produktionsprozess kreiert, der aus einer scheinbar ausweglosen Konfliktsituation herausführte.

Der richtig geklärte Konflikt ist ein Tor zur Innovation bzw. neuen Lösung. Auf das Betriebliche bezogen lassen sich sowohl Ablauf- und Prozessoptimierungen als auch nachhaltige Verbesserungen der Zusammenarbeit und Produktinnovationen aus der Konfliktsituation gewinnen. ■

9 Führungsaufgabe Change Management

■ 9.1 Mitarbeiter in die Veränderung führen

Im Change Management geht es darum, Mitarbeiter aus ihrer Komfortzone in die Zone der Herausforderung zu führen. Der Mensch ist ein Gewohnheitstier. Menschen richten sich eine Komfortzone ein, in der sie sich wohl fühlen. Von der Ausdehnung und Ausgestaltung her unterscheiden sich die Komfortzonen von Menschen. Veränderung bedeutet in der Regel, dass Betroffene ihre Komfortzone verlassen müssen. Und dann ist entscheidend, ob diese Menschen „das Neue" subjektiv als Herausforderung empfinden oder als Überforderung. Eine Gefahr besteht in der subjektiv empfundenen Überforderung, in der der Mitarbeiter zu starke negative Emotionen entwickelt und alles, was geschieht, negativ bewertet. Diese Zone wird auch als Panikzone bezeichnet (Bild 9.1). Die Veränderung und damit das Verlassen der Komfortzone haben in der Regel negative Emotionen zur Folge, mit denen es umzugehen gilt. Die Aufgabe des Gewohnten ist zumindest unangenehm, kann aber bei Menschen auch noch stärkere Negativgefühle auslösen.

Ein Auslöser für den notwendigen Change ist die Krise. Es gibt irgendeine Form der Krise, die die Stabilität des Unternehmens gefährdet, wir gehen durch den instabilen Prozess der Veränderung und kehren in einen stabilen Zustand zurück. Aber selbst, wenn nicht von einer Krise gesprochen werden kann und der Change einer eher vorbeugenden Optimierung dient, ist die Rückkehr in den stabilen Systemzustand wichtig. Es gibt Unternehmen, die den nächsten Change-Prozess bereits starten, obwohl sich das System noch gar nicht wieder in einen stabilen Zustand eingeschwungen hat. So lässt sich ein Unternehmen auch gefährden, indem Sie das System zu lange in einem instabilen Zustand halten oder mit zu vielen Change-Projekten gleichzeitig überfrachten.

Ein Unternehmen sollte nur so viele Bälle in die Luft werfen, wie es jonglieren kann! Das gilt auch für Change-Projekte.

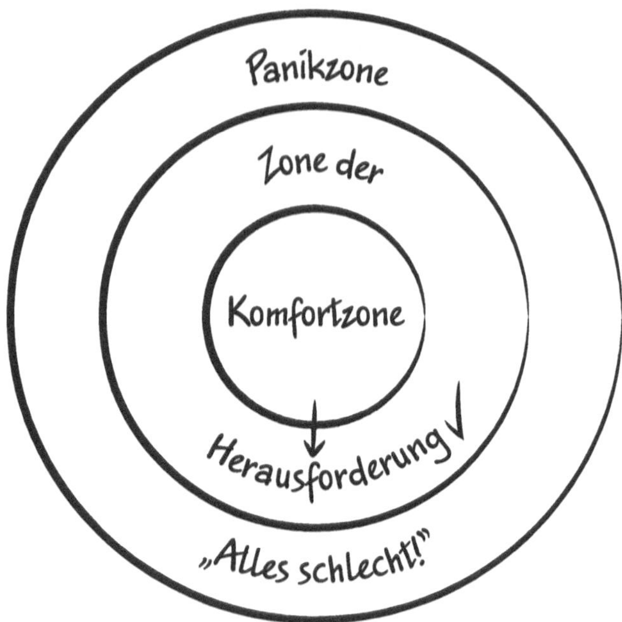

Bild 9.1 Change Management – Verlassen der Komfortzone

Tendenziell haben Change-Prozesse, erst recht solche in Nicht-Not-Situationen, so prägnante Negativemotionen zur Folge, dass ein emotionales Monitoring vonnöten ist. Sprich das kontinuierliche Betrachten der emotionalen Zustände der Mitarbeiter, denn diese beeinflussen in erheblichem Maße deren Handeln.

Generell gilt: In Change-Prozessen sollten Führende noch präsenter, noch enger bei ihrem Team sein, um Stimmungslagen und inhaltliche Anregungen noch direkter mitzubekommen und reagieren zu können.

In der Praxis ist manchmal genau das Gegenteil zu beobachten: Führende, die während der Veränderung für ihre Mitarbeiter kaum sichtbar sind, geschweige denn ihre Mitarbeiter aktiv durch den Wandel begleiten.

Change Management ist Linienaufgabe!

Interne Projekte wie zum Beispiel eine Reorganisation, die Einführung einer neuen Software oder eines neuen Prozesses haben Veränderungen für Mitarbeiter zur Folge (Bild 9.2). Das Projekt als solches „liefert“ den neuen Prozess, die neue Software oder die neue Aufbauorganisation. Den Auftrag kann und darf die auserkorene Projektleitung annehmen.

Dieses oder auch ein separates Projekt liefert auch die Anwenderfähigkeit, also die Fähigkeit der betroffenen Mitarbeiter, die neue Software zu bedienen oder den neuen Arbeitsprozess zu leben. Achtung: Dieses Projekt liefert keine Schulung (wie häufig genug beauftragt wird). Die Schulung ist nur der Weg zum Ziel. Die Anwenderfähigkeit ist das Projektziel!

Und die Lust der Mitarbeiter zur Anwendung der neuen Software oder des neuen Prozesses? Genau das ist keine Projektaufgabe, sondern Linienaufgabe! Die Linienvorgesetzten haben dafür Sorge zu tragen, dass ihre Mitarbeiter diese Veränderung durchleben und Motivation für „das Neue" haben. Eine Projektleitung kann das nicht leisten! Es gibt Projekte, in denen die Projektleitung dafür verantwortlich gemacht werden soll, dass die Anwender das neue Software-Modul auch anwenden. Dafür hat eindeutig der Linienvorgesetzte zu sorgen.

Change Management ist Linienaufgabe! Sollten Sie ein Projekt leiten, dann achten Sie darauf, dass Ihnen die Motivation der Mitarbeiter zur Anwendung nicht auch noch „untergejubelt" wird! Förderlich ist, wenn die Unternehmensleitung die Führungsriege bezüglich des Change Management in die Pflicht nimmt und klarstellt, wer was liefert: Das Projekt liefert den neuen Prozess und die Anwenderfähigkeit, die Linienmanager haben durch aktives Change Management für die Motivation zur Anwendung zu sorgen! ■

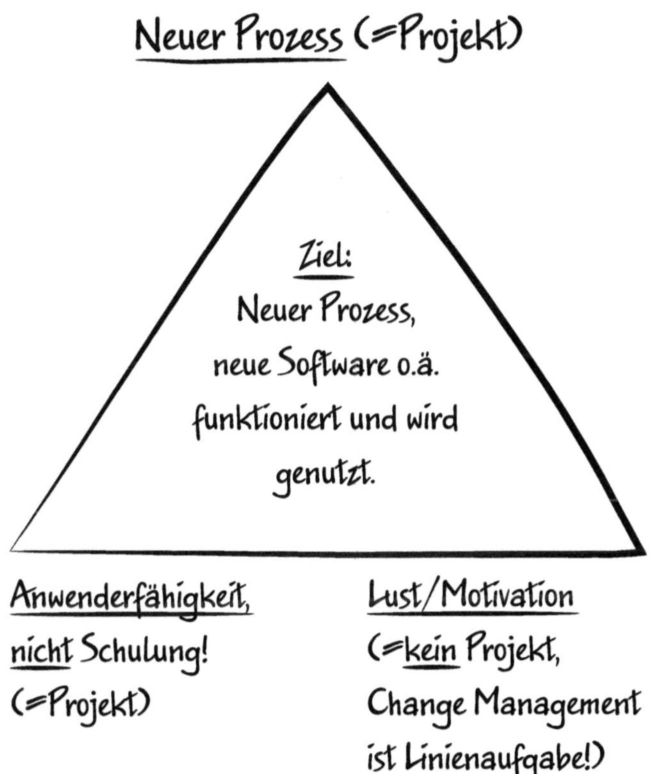

Bild 9.2 Interne Projekte haben Veränderungen zur Folge

Change Management gehört neben Konfliktmanagement zu den Königsdisziplinen in der Führungsrolle. Da sind Sie vor Fehlern nicht gefeit. Es geht darum, möglichst wenige und kleine Fehler zu machen. Dazu ist nützlich, das eigene Change Management immer wieder zu reflektieren.

Change Management fängt bei jedem Führenden selbst an. Ab und zu höre ich Sätze wie „da müsste mal die Geschäftsführung ...“. Auch wenn die Geschäftsführung Fehler macht - das ist keine Legitimation, nicht selbst die Führungsaufgabe Change Management möglichst gut zu erfüllen. Jeder Führende hat die Verantwortung, sein Team durch die Veränderung zu führen, und sollte dabei auf sich selbst schauen und nicht auf die Versäumnisse oder Fehler der anderen fixiert sein.

„Die informieren zu wenig“ wirkt zu passiv. Wie sehr fordern Führende Informationen ein, selbst wenn andere ein paar Informationen nicht gegeben haben, die sie hätten geben sollen?

Auch hier fängt der Fisch vom Kopf an ... Im schönsten Fall bedient die oberste Führungsebene ihre Change-Aufgabe sehr ambitioniert und gut, damit andere Führungsebenen im Unternehmen keinen Rechtfertigungsgrund finden, nicht in die Herausforderung Change Management einzutauchen. Im Folgenden sind zwei Modelle des Change Management und daraus abgeleitete konkrete Handlungsempfehlungen beschrieben.

Perfektes Change Management gibt es nicht - es geht darum, möglichst wenige und kleine Fehler zu machen.

9.2 Modelle des Change Management

Das „House of Change“

Das *House of Change* wurde vom schwedischen Psychologen Claes Janssen entwickelt und beschäftigt sich damit, was mit Menschen und Organisationen in Veränderungsprozessen geschieht (Bild 9.3).

Das Verlassen der gewohnten Komfortzone führt bei von der Veränderung Betroffenen häufig zum Leugnen oder zur Verneinung der Notwendigkeit der Veränderung. Nach dieser Phase ist eine Irritation oder auch Konfusion über das Ungewohnte zu beobachten und häufig erst dann eine konstruktive Ausrichtung.

Gemäß dem Grundsatz „aus Betroffenen Beteiligte machen“ verdient es jeder Einwand und jedes Gegenargument, gehört, sorgfältig geprüft und ggf. berücksichtigt zu werden. Ein offensiver und konstruktiver Umgang mit Kritik durch eine entsprechende Nähe und vertrauensfördernde Verhaltensweisen verringert negative Emotionen und erhöht damit die Akzeptanz für die anstehende Veränderung.

Das House of Change ist für Sie nützlich, wenn Sie wiederholt identifizieren, in welchem Raum Sie sich selbst und auch Ihre Mitarbeiter sich befinden. Um daraus die nützlichen Maßnahmen abzuleiten, um sich selbst und die anderen in die nächsten Räume bis hin zur konstruktiven Ausrichtung zu führen.

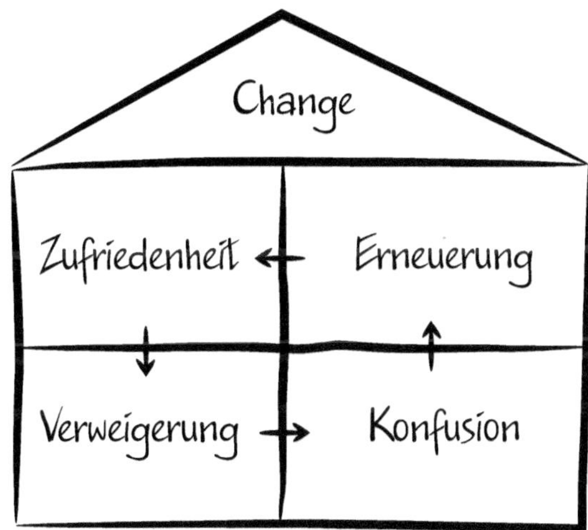

Bild 9.3 House of Change

Das Modell geht davon aus, dass jeder Mensch bei einem Veränderungsprozess durch vier Räume geht. Die Geschwindigkeiten des Durchschreitens und die Aufenthaltsdauern sind individuell und damit unterschiedlich. Ein Rückfall in einen bereits durchschrittenen Raum ist möglich. Auch der Ausstieg ist möglich. Mitarbeiter können aufgrund der negativen Emotionen ebenso den Notausgang wählen und das Unternehmen verlassen:

- Im Raum 1, dem Raum der *Zufriedenheit,* erleben Sie tendenziell eine Entspanntheit der Mitarbeiter ohne kritische Selbstreflexionen. „Wir sind gut und wir sind erfolgreich. Wir kennen unsere Kunden und unseren Markt“, sind Wahrnehmungen und Aussagen der Mitarbeiter in diesem Raum. Analog lässt sich dieser Raum auch als die Komfortzone beschreiben. Die Mitarbeiter sind zufrieden. Der Blick auf den Markt, auf die Kunden und eventuelle Veränderungen wird vernachlässigt. Gefahren werden übersehen.
- Im Raum 2, dem Raum der *Verweigerung,* beobachten Sie eine Verteidigung des Gehabten. „Wir haben es immer schon so gemacht“, ist einer der klassischen Sätze in dieser Phase. Bei belegten schlechten Zahlen werden Gründe außerhalb des Unternehmens als Rechtfertigung verwendet. Es gibt Schuldzuweisungen an Kunden, Lieferanten, Politiker und die Geschäftsführung. Es werden

schlechtere Beispiele als Maßstab herangezogen. Es entstehen negative Gefühle wie zum Beispiel Frustration.

- Im Raum 3, dem Raum der *Konfusion*, nehmen die negativen Gefühle nochmal zu. Neben Frust tauchen Ärger, Wut, Unsicherheiten und Selbstzweifel auf. Was haben wir falsch gemacht? Was passiert jetzt? Was sollen wir tun? Der emotionale Tiefpunkt wird erreicht. Die Arbeitsleistung leidet schon allein dadurch, dass Energien ins das mit-seinem-Leid-beschäftigt-sein abfließen.
- Erst in Raum 4, dem Raum der *Erneuerung*, kehren die Mitarbeiter zurück zu positiven Emotionen. Die Veränderung wird akzeptiert. Es werden neue Prozesse und Arbeitsweisen ausprobiert. Es gibt erste Erfolgserlebnisse.

Wie können Sie Ihre Mitarbeiter in den nächsten Raum begleiten? Denn darum geht es. Möglichst schnell durch die Räume mit negativen Emotionen zu kommen und möglichst schnell in den Raum der Erneuerung und des Aufbruchs zu gelangen. Die folgenden konkreten Maßnahmen erheben keinen Anspruch auf Vollständigkeit – können sie auch nicht. Aber es sind zentrale Maßnahmen.

Vom Raum der Zufriedenheit in den Raum der Verweigerung

In der Startphase des Wandels ist es wichtig, den Blick nach außen zu lenken. Besuche in anderen Unternehmen durchführen, Außenstehende berichten lassen und sich wirklich mit anderen vergleichen, Veränderungen des Umfelds oder der Rahmenbedingungen von außen ins Unternehmen kommunizieren lassen und sich damit die Notwendigkeit der Veränderung vor Augen führen. Das wird Ihre Mitarbeiter in individueller Geschwindigkeit in den Raum der Verweigerung bringen. Einige werden diesen Raum rasant schnell durchlaufen, andere werden eine ganze Weile darin verharren.

Ein Automobilkonzern hat seine Mitarbeiter aus dem Raum der Zufriedenheit herausgeführt, indem zentrale Kennzahlen (Stückkosten, Durchlaufzeiten, Qualitätskennzahlen) mit den Kennzahlen des größten Wettbewerbers verglichen und offen, transparent und visualisiert kommuniziert wurden. Da der Automobilkonzern in jeder Kennzahl schlechter dastand als sein größter Wettbewerber, hat das für reichlich Bewegung gesorgt.

Vom Raum der Verweigerung in den Raum der Konfusion

Um Ihre Mitarbeiter vom Raum der Verweigerung in den Raum der Konfusion zu bewegen, sollte der Nutzen des Change für das Unternehmen und auch für den einzelnen Mitarbeiter kommuniziert werden. Es reicht nicht die Betriebsversammlung aus, in der das Veränderungsvorhaben angekündigt wird und die Ziele auf Folien präsentiert werden. Damit holen Sie keinen Mitarbeiter ab. Gehen Sie rein in die Teams, sprechen Sie mit kleinen Gruppen oder mit Einzelnen, bereisen Sie Ihre Standorte („road show"). In größeren Unternehmen sollten entsprechend der

Hierarchieleiter die nächsten Führenden auf diese Art abgeholt werden, damit diese wiederum ihre Mitarbeiter mitnehmen. Aber gehen Sie so direkt wie möglich in die Kommunikation mit den Mitarbeitern. Jede Kommunikationsstufe bringt nun mal Informationsveränderungen und -verluste mit sich. Dieses „Abholen“ ist von zentraler Bedeutung, um Ihre Mitarbeiter wirklich mit auf die Reise zu nehmen. Ansonsten drohen Ihnen massive Widerstände oder gar ein „Unterlaufen“ Ihres Änderungsvorhabens.

Eine Kontrastierungsfrage, die sich in den Gesprächen mit Mitarbeitern anbietet: Was passiert, wenn wir uns nicht verändern? Was wären die Folgen davon? Die Fragen regen zum Perspektivwechsel an. Nicht nur, das Unbequeme der Veränderung zu betrachten, sondern auch das Unbequeme zu sehen, dass eine Nicht-Veränderung mit sich brächte.

Führende sollten sich in dieser Phase intensiv mit den Sorgen der Mitarbeiter beschäftigen und ihnen „reinen Wein einschenken“. Sprechen Sie über die Wahrheiten der aktuellen Situation und auch über Ihre persönlichen Bedürfnisse und Emotionen. Betreiben Sie „emotionales Monitoring“, indem Sie Ihre Mitarbeiter nach Bedürfnissen und Gefühlen befragen. Haben Sie jederzeit auf dem Bildschirm, wie es jedem Einzelnen Ihrer Mitarbeiter gerade geht.

Eine Maßnahme, die Mut erfordert, ist eine Anleihe bei der „paradoxen Intervention“ aus der Psychologie. Bei der wird dem Klienten genau das „verschrieben“, was er sich eigentlich abgewöhnen möchte oder sollte. Für die Phase der Verneinung und Ablehnung bedeutet das beispielsweise, mit den Mitarbeitern in einem Mini-Workshop zu erarbeiten, wie der anstehende Veränderungsprozess erfolgreich torpediert werden kann. Sammeln und konkretisieren Sie gemeinsam mit Ihren Mitarbeitern Ideen und gehen Sie anschließend in die Zuordnung: Wer ist für die Umsetzung welcher Maßnahme verantwortlich? Es gibt eine hohe Wahrscheinlichkeit, dass die Mitarbeiter in diesem Moment der Konkretisierung auf Abstand zu diesen Vorhaben gehen. Sie merken, wie leicht ein Change-Prozess zu torpedieren oder zu unterlaufen ist. Sie bekommen Zweifel, ob es überhaupt eine gute Idee wäre, so etwas zu tun, denn damit ist der Zweck oder das Ziel der Veränderung gefährdet. Die Mitarbeiter gehen in das Risiko, sich selbst zu schaden.

Mut braucht diese Maßnahme, weil das Restrisiko besteht, dass Mitarbeiter nicht wie gewünscht reagieren. Und Sie sollten dringend vor einer solchen Maßnahme Ihren Vorgesetzten über Ihr Vorhaben informieren, um Missverständnisse zu vermeiden. Im schlimmsten Fall würde Ihr Workshop als konspiratives Treffen betrachtet.

Vom Raum der Konfusion in den Raum der Erneuerung

Für den Schritt aus dem Raum der Konfusion heraus und in den Raum der Erneuerung hinein sammeln Sie offene Fragen Ihrer Mitarbeiter und fordern Sie Antworten ein. Selbst wenn es keine klaren Antworten gibt, so sollten sich Führende dennoch dem Gespräch mit den Mitarbeitern stellen. Und besser, Sie sind im Dialog, ohne bereits formvollendete Antworten zu haben, als gar kein Dialog. Das würde Ihre Mitarbeiter in einem Informationsvakuum mit vielen Fragen zurücklassen. Sehr nützlich ist auch „Nähkästchenplauderei": Erzählen Sie ruhig von den Stolpersteinen, die Sie in dem Veränderungsprozess entdeckt haben und auch über negative Emotionen, die Sie selbst durchlebt haben. Im schönsten Fall sind Sie selbst von dem Zukunftsszenario begeistert und strahlen das auf Ihre Mitarbeiter aus, damit diese Ihnen in den nächsten Raum folgen.

Betonen Sie getreu dem Motto „Gutes bewahren, anderes verändern", was stabil bleibt. Zumindest den Mitarbeitern, die sich sehr schwer mit der Veränderung tun, wird das guttun.

Ermutigen Sie Ihre Mitarbeiter, gemeinsam mit Ihnen das Neue auszuprobieren, und strahlen Sie dabei Fehlertoleranz aus. Feiern und belobigen Sie erste Erfolge. ■

Trennungsritual durchführen

Führen Sie gemeinsam mit Ihren Mitarbeitern Trennungsrituale durch. Menschen scheinen Rituale für die Trennung von Liebgewonnenem für ihre seelische Gesundheit zu brauchen. Egal, auf welchen Kulturkreis und welche Religion auf unserem Planeten Sie schauen: Alle haben eine Form von Trennungsritual bei Todesfällen. Die Rituale sind sehr unterschiedlich, aber sie existieren. Führen Sie also tatsächlich ein Trennungsritual zur „Bestattung" der alten Software, des alten Prozesses, des alten Logos oder was immer durch. Schätzen Sie wert, was war, aber nabeln Sie sich und Ihre Mitarbeiter ab. Jahrelang waren Sie mit dem alten Logo, Prozess oder sonst was gut und glücklich unterwegs. Doch nun ...

Wie wichtig solche Rituale sind, zeigt das Beispiel einer großen Bank, die von einem ihrer größten Mitbewerber übernommen wurde. Wie mussten sich die Mitarbeiter der Bank fühlen? Es wäre nicht überraschend, wenn der ein oder andere sich als Verlierer fühlte. Es war nicht nur wichtig, dass sich die Bankmitarbeiter in der neuen Umgebung durch Kreation eines neuen Logos wiederfanden, das aus den bisherigen Logos beider Banken kombiniert wurde, sondern auch, dass alte Slogans, die alte Unternehmensfarbe, Blöcke, Kugelschreiber etc. konsequent verschwanden. Und das mit einem Stichtag.

Trennung – ohne wirkliches Trennen

Ein großer Konzern hatte Teile des Unternehmens an zwei ebenfalls große Dienstleister outgesourct. Das heißt, es gab eine Reihe von Mitarbeitern, die nach langjähriger Konzernzugehörigkeit eine deutliche Veränderung erfuhren, weil Sie jetzt einem anderen Unternehmen angehörten. Sie mussten sich an eine neue Unternehmensfarbe, neue Visitenkarten, neue Prozesse, eine neue Kultur mit anderen Werten etc. gewöhnen. Nun hatten aber beide Dienstleister entschieden, diese Mitarbeiter gleich im Konzerngebäude, also dem Gebäude des „ehemaligen" Arbeitgebers zu belassen, um nah am Kunden zu sein. Strategisch ein sinnvoller Gedanke. Das allerdings hatte zur Folge, dass die betroffenen Mitarbeiter zwar ein neues Türschild mit dem neuen Arbeitgeber und in der neuen Firmenfarbe hatten, aber in den anderen Etagen die ehemaligen Kollegen mit der alten Firmenfarbe und -bezeichnung saßen. Und wenn diese Mitarbeiter mittags essen gingen, dann in die Kantine ihres alten Arbeitgebers, dekoriert mit den Farben des ehemaligen Arbeitgebers.

Ja, und? Ist das schlimm? Ich hatte genau diese Mitarbeiter als Teilnehmer in Seminaren. Und ich hatte gestandene Menschen mit Tränen in den Augen vor mir sitzen. Diese Menschen waren weder abgenabelt von der alten Welt noch in der neuen angekommen. Sie sollten eine Identifikation mit dem neuen Arbeitgeber aufbauen, lebten aber täglich in der Welt des alten Arbeitgebers. Diese Menschen fühlten sich nicht zugehörig, weder hier noch da. Sie fühlten sich ausgestoßen und erlebten Schmerz.

Das Erleben einer solchen Veränderung ist auch persönlichkeits- und typenabhängig. Aber diejenigen, die diese negativen Gefühle nicht erlebten, waren in der Minderheit.

Eine wichtige Maßnahme ist, das Alte feierlich und mit Belobigung zu verabschieden. Und zwar wirklich verabschieden.

Das „7-Phasen-Modell"

Ein weiteres Modell zur Betrachtung von Change-Prozessen ist das 7-Phasen-Modell (Kurve der Veränderung nach Kübler-Ross). Wie beim House of Change können Sie mit Ihren Mitarbeitern gemeinsam mit und in diesem Modell arbeiten. Das Kennenlernen des Modells hilft bei der Selbstreflexion und dem Erkennen eigener Reaktionsmuster. Sprechen Sie mit Ihren Mitarbeitern offen darüber, wer sich gerade in welcher Phase befindet – analog zu den Räumen des House of Change.

Nicht jede Veränderung verläuft nach genau den in Bild 9.4 dargestellten Phasen, aber diese sind häufig in Change-Prozesses wiederzuerkennen.

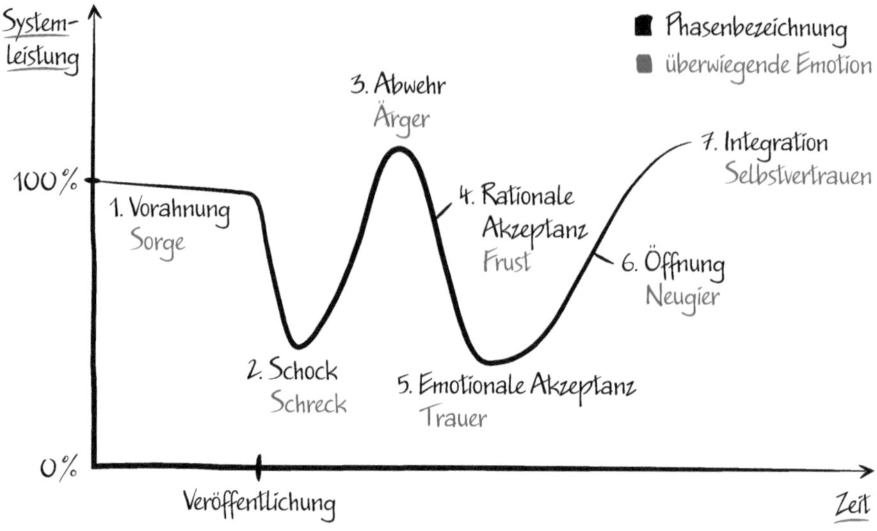

Bild 9.4 7-Phasen-Modell (Kurve der Veränderung nach Kübler-Ross)

Die sieben Phasen im Überblick

1. *Vorahnung:* Es kursieren Gerüchte über anstehende Veränderungen. Erste sorgenvolle Gesichter sind zu sehen. Die Leistung der Belegschaft beginnt leicht zu sinken. Es gehen mehr Energien in Flurgespräche als üblich.
2. *Schock:* Nach der Veröffentlichung kommt es zum Schock. Die Leistungskurve der Belegschaft geht stark nach unten. Fassungslosigkeit, Angst und auch Erstarrung sind weitere Symptome dieser Phase.
3. *Abwehr:* „Wir zeigen denen, dass wir keinen Change brauchen“ ist die nächste Reaktion. Die Leistungskurve geht nach oben, um den Change abzuwenden und den aktuellen Status zu verteidigen. Der Veränderungsplan wird nicht akzeptiert. Ärger und Wut, aber auch Hoffnung sind die vorherrschenden Emotionen.
4. *Rationale Akzeptanz:* Nach dem misslungenen Abwehrversuch beginnt die rationale Einsicht. Der Kopf akzeptiert den Change zuerst. Der Auslöser und der Zweck werden eingesehen. Aber es verbleiben auch Bauchschmerzen und Unsicherheiten angesichts der anstehenden Veränderung.
5. *Emotionale Akzeptanz:* Der Bauch braucht mehr Verdauungszeit. Der Mitarbeiter befindet sich im tiefen „Tal der Tränen“. Trauer ist das vorherrschende Gefühl, auch wenn der Kopf schon zugestimmt hat. Abschiednehmen ist ein wichtiger Schritt.
6. *Öffnung/Neugier:* Die Energie richtet sich auf das Neue. Es ist ein vorsichtiges Herantasten zu beobachten. Neugier entsteht. Es wird ausprobiert.
7. *Integration:* Erste neue Routinen entstehen. Eine Neugewöhnung findet statt. Über erste Erfolgserlebnisse entsteht neues Selbstvertrauen.

Was können/sollten Sie in jeder Phase tun?

In der Phase der Vorahnung kümmern Sie sich aktiv um Gerüchte, indem Sie diese mitbekommen (Antennen auf das Team richten), kritisch hinterfragen und Fakten dagegenhalten. Selbst wenn Sie auf die Frage „Woher hast du diese (Falsch-)Information?" keine Antwort bekommen sollten, so ist sie doch zumindest das Signal, dass Sie das Gerücht nicht einfach so übernehmen, sondern kritisch hinterfragen.

Gegebenenfalls sollte die Veröffentlichung vorgezogen werden, um den Gerüchten Grenzen zu setzen. Das ist im Change Management das Spiel mit „Gas und Bremse". Manches gilt es zu beschleunigen wie unter Umständen eine Bekanntgabe, für anderes sollte mehr Zeit eingeräumt werden, damit Mitarbeiter zum Beispiel in ihrem Tempo in den Zug einsteigen können. Hoppladihopp kann kontraproduktiv sein.

In der Schockphase und der Abwehrphase sind die Information und die Interaktion mit Betroffenen von zentraler Bedeutung. Wie bereits beschrieben, ist das nicht nur Beschallung vom Podium herab, sondern ein aktives auf die Teams und sogar Einzelne Zugehen. Die Frage „Was macht die Veränderung schwierig?" dient der Ursachenerkennung von Widerstand und negativen Emotionen.

Die Kontrastrierungsfrage „Was würden Sie als Change-Management-Berater den Change-Managern hier im Hause empfehlen?" dient der Akzeptanzgewinnung. Mitarbeiter versetzen sich in die Lage des Managements und erkennen, warum dieses so handelt und wo auch dessen Herausforderungen liegen.

Im „Tal der Tränen" würdigen Sie Vergangenes und führen wie bereits beschrieben Trennungsrituale durch.

Fehlertoleranz sowie die Anerkennung erster Erfolge sind wichtige Merkmale für Öffnung und Integration.

Checkliste – konkrete „Dos" für Ihr tägliches Change Management

- Blick nach außen richten/Informationen von außen hereinholen
- Gerüchtemanagement
- „Reiner Wein" und „Nähkästchenplauderei"
- Vollversammlungen, „Roadshows" in Kleingruppen, Einzelgespräche
- „Emotionales Monitoring"
- Dauerhafte(r) Interaktion/Dialog
- Kontrastierungsfragen
- Paradoxe Interventionen
- Fragensammlungen
- Wertschätzung und Würdigung für Vergangenes
- Trennungsrituale
- Erfolgsfeiern
- ...

Pflegen Sie besonders in Zeiten der Veränderung Vertrauen und damit die Basis Ihrer Führung über Kontakthäufigkeit und Kontaktqualität. Seien Sie präsent und zeigen Sie Nähe. Und Kontaktqualität bedeutet in erster Linie Zuhör- und Fragequalität, gepaart mit aufrichtigen Aussagen und „Nähkästchenplauderei“.

„Nähkästchenplauderei“ in einem Großunternehmen

In einem Großunternehmen wurde zu Beginn eines Jahres ein Change-Projekt aufgesetzt. Es war bekannt, dass eine Projektgruppe seit Jahresbeginn regelmäßig tagte. Zum Frühling des Jahres hin nahm die Unruhe in den Reihen der sonstigen Mitarbeiter zu, weil es noch keine Informationen aus dem Team gegeben hatte. Als das Team die Unruhe mitbekam, verfasste es eine E-Mail, in der sinngemäß zu lesen war, dass es noch nichts Berichtenswertes gäbe und sich das Projektteam nach der Sommerpause wieder melden würde. Diese E-Mail sorgte erst recht für Unruhe.

Als ich wenig später eines der Projektteammitglieder in einem Führungstraining hatte, konnte ich zunächst nicht inhaltlich starten. Die Seminarteilnehmer bombardierten das Projektteammitglied gleich zu Beginn mit Fragen.

Notgedrungen fing der Kollege an, zu erzählen, was in der Projektgruppe bislang geschehen war, woran sie bisher gescheitert waren, wie es ihnen selbst erging etc. Nachdem er ein paar Minuten gesprochen hatte, schauten ihn die restlichen Teilnehmer an und sagten: „Und warum habt ihr das nicht in die E-Mail geschrieben oder besser noch einfach mal erzählt – so wie du jetzt?“

Die Erkenntnis war, dass aus dem Projekt heraus nicht nur Ergebnisse berichtet werden sollten, sondern auch Schwierigkeiten, Emotionen und einfach mal „Geschichten“. Das gibt den Außenstehenden deutlich mehr Orientierung als eine „Null-Information“ wie „wir melden uns wieder“.

Wie ein Veränderungsprozess von Mitarbeitern erlebt und wahrgenommen wird, ist auch abhängig vom Persönlichkeitsprofil des Mitarbeiters. Wenn Sie es mit einem Mitarbeiter zu tun haben, der Stetigkeit und Routinen klar bevorzugt und sich mit kleinsten Änderungen schwertut, ist eine individuelle, enge Begleitung durch die Veränderung sinnvoll. Hinterfragen Sie, was genau die Veränderung schwierig macht. Betonen Sie die Elemente, die unverändert bleiben. Schockieren Sie nicht gleich mit dem großen Ganzen, sondern eher in kleineren Häppchen (falls die Gesamtsituation es zulässt). Es kann auch mal sinnvoll sein, in die Veränderung hineinzuschubsen. Der eher veränderungsresistente Mensch wird sich nach dem Hineinschubsen an die Veränderung gewöhnen – um dann sofort wieder auf Konstanz zu pochen.

Beispiele für Kontrastierungsfragen sind „Was ist das Gute am Schlechten?“ oder „Was würden Sie als Change-Management-Berater der Geschäftsführung oder dem Change-Projekt empfehlen?“.

9.3 Erfolgsfaktoren des Change Managements

Es bedarf eines klaren Veränderungsauftrags und eines aktiven Change Management des Top-Managements.

Gerade in der Wandelphase ist ein Management by walking around und die Nähe zum Team wichtig. Aktives Change Management sollte auf jeder Führungsebene zu beobachten sein. Es kann notwendig und sinnvoll sein, Führende zum Thema Change Management eigens zu coachen und zu befähigen. Nachfolgend die zentralen Erfolgsfaktoren:

- **Ziele**

  Die Ziele des Veränderungsprozesses sollten messbar und transparent sein. Jeder Betroffene sollte die Ziele rezitieren können. Dieser didaktische Anspruch lässt sich nur über intensive, persönliche Kommunikation erfüllen.

- **Aus Betroffenen Beteiligte machen**

  Die Einbindung der von der Veränderung Betroffenen sollte zwingend Bestandteil des Change-Konzepts sein. Damit generieren Sie weitere Ideen und gewinnen positive Energien oder reduzieren zumindest negative. Die Ausgestaltung der Beteiligung kann sehr unterschiedlich sein. Entwickeln Sie ein Konzept zur Einbindung Betroffener. Wenn schon nicht alle Betroffenen eingebunden werden können, dann zumindest ausgewählte Sprecher oder „Key User".

- **Balance: Bewahrung/Veränderung**

  Die Balance zwischen Bewahrung und Veränderung wahren. Es heißt „Never change a running system" und dennoch gibt es stets neue Versionen der Software?! Daraus lässt sich ableiten: „Gutes bewahren, anderes verändern!" Es muss nicht immer das komplette Rad neu erfunden werden. Der-Jahrelange Kampf zwischen Bewahrern und Veränderern lässt sich in ein Sowohl-als-auch überführen.

- **Zeit**

  Der Wandel braucht Zeit. Je nach Veränderung sollte dieser genügend Zeit eingeräumt werden. Wie wir bereits am Beispiel der Veröffentlichung gesehen haben, kann es sein, dass Sie den Prozess situativ beschleunigen. Generell gilt eher: Lassen Sie dem Wandel Zeit. Zeit zur Verdauung. Zeit zum Ausprägen der Fähigkeiten. Zeit, um neue Routinen entstehen zu lassen. Zeit für Fehlerkorrektur.

- **Was sage ich wem in welchem Rahmen wie, wann und wo?**

  Die zentrale Kommunikationsfrage lautet: Was sage ich wem in welchem Rahmen wie, wann und wo? Seien Sie täglich aufmerksam dafür, wen Sie über was wie etc. informieren. Mitarbeiter wissen nie, was sie nicht wissen. Deshalb schwebt über Ihnen als Führungskraft stets das „Damoklesschwert der (angeblich) mangelnden Information". Sie können nicht eng genug an Ihrem Team sein und kommunizieren.

- **Jede Aktion braucht Reflektion**

  Betrachten Sie Ihre Schritte im Change Management. Welche Wirkungen haben welche Maßnahmen oder Verhaltensweisen erzielt? Welches Feedback haben Sie bekommen oder welche Signale empfangen? Wo sind Fehler geschehen?

Es gibt kein Optimum, aber Fehler und Unterlassungen, die sich erkennen und korrigieren lassen.

Wie Ihr Change Management garantiert zum Scheitern verurteilt ist

Wenn schon Veränderungen anstehen, dann starten Sie besser mehrere Veränderungsvorhaben gleichzeitig. Belasten Sie das Tagesgeschäft ruhig mit mehreren Großprojekten „nebenbei". Und wenn das nicht gehen sollte, dann starten Sie zumindest das nächste Veränderungsvorhaben gleich im Anschluss an das letzte. So halten Sie Ihre Organisation wenigstens in einem Wach-Zustand.

Und drücken Sie dabei aufs Gaspedal, um möglichst bald durch den Wandel durch zu sein. Machen Sie notfalls Druck auf die gesamte Belegschaft. Dazu gehört auch, nicht zu sehr zu überzeugen, sondern auf Zustimmung zu drängen. Sie haben doch Durchsetzungsvermögen. Im besten Falle sind Ihre Entscheidungen stets schneller herbeigeführt, als die operative Ebene diese umsetzen kann. Lassen Sie das unbedingt zum neuen Standard werden!

10 Führungsaufgabe Teamentwicklung

Wozu überhaupt Teamentwicklung? In Teams, deren Mitglieder wirklich zusammenarbeiten müssen, gilt: Sie brauchen nicht nur gute Einzelspieler, diese müssen sich auch noch die Bälle zuspielen, um erfolgreich zu sein!

Wenn sich zum Beispiel die Außendienstler eines Außendienstteams gar nicht gegenseitig unterstützen müssen und jeder eher der Einzelkämpfer in seinem Reisegebiet ist, braucht es auch nicht die Teamentwicklung, die wir hier betrachten.

Teamentwicklung heißt, dass Sie als Führender auch Einfluss auf die Beziehungsqualität der Mitarbeiter untereinander und das Teamklima nehmen, um eine erfolgreiche Zusammenarbeit zu ermöglichen!

Leitsatz: Die Beziehungen aller Teammitglieder zueinander sind das Schmieröl der Organisation! (Bild 10.1)

Sind Beziehungen im Team gestört – und da reichen bereits zwei Konfliktpartner – kommt Sand ins Getriebe. Informationen fließen nicht mehr in ausreichender Form, Prozesse und Ergebnisse leiden.

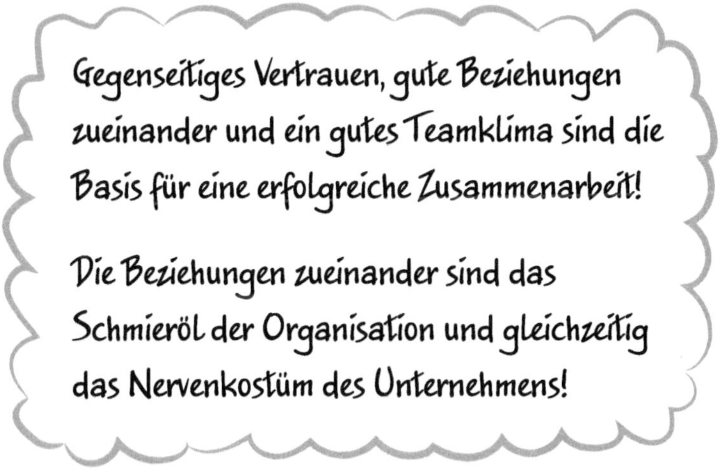

Gegenseitiges Vertrauen, gute Beziehungen zueinander und ein gutes Teamklima sind die Basis für eine erfolgreiche Zusammenarbeit!

Die Beziehungen zueinander sind das Schmieröl der Organisation und gleichzeitig das Nervenkostüm des Unternehmens!

Bild 10.1 Die Beziehungen zueinander sind das Schmieröl der Organisation

Wenn sich zwei Menschen gut verstehen, fließen Informationen. Allein schon dadurch, dass sich diese beiden Menschen miteinander beschäftigen. Ist die Beziehung gestört, können Sie Instrumente wie Sharepoints oder neue Chatprogramme oder sonst was einführen, es werden dennoch Informationen auf der Strecke bleiben, allein schon wegen der Distanz zwischen den Menschen und der durch Beziehungsstörungen entstehenden Unlust zum Kontakt zum anderen.

10.1 Teamentwicklung in unterschiedlichen Phasen

Das Modell der Teamuhr geht auf Beobachtungen des Psychologen Bruce Tuckman zurück, der bemerkte, dass in vielen Beschreibungen von Teamentwicklungen vier Phasen (hier stark verknappt dargestellt) immer wieder auftreten:

- *Forming:* Das Team kommt zusammen, die Teammitglieder suchen Orientierung bzgl. Ziele, Führung und Teamstruktur. Es reicht, wenn ein neues Teammitglied hinzukommt, um wieder in der Formingphase zu starten.
- *Storming:* Erste Reibungen und Konflikte treten im Team auf. Es entstehen Störungen. Tendenziell stören Verhaltensweisen anderer Teammitglieder.
- *Norming:* Das Team schafft aus den Konflikten der Stormingphase heraus neue Umgangsformen, Prozesse, Strukturen, Rollen und Befugnisse.
- *Performing:* Das Team arbeitet performant, jeder erfüllt seine Rolle(n) und das Zusammenspiel funktioniert.

Die Phasen laufen in der genannten Reihenfolge ab und gehen ineinander über. Jedoch ist die Entwicklung nicht mit dem Beginn der Phase Performing abgeschlossen. Ereignisse wie Wechsel im Team, Veränderung der Aufgabe oder des Umfelds – kurz, neue Situationen – starten die Phasen neu. Daher gleicht das Modell einer Uhr, auf der der Zeiger am Ende einer Runde schon die nächste beginnt (Bild 10.2). Tröstlich für alle, die schon stürmischen Phasen im Miteinander im Team erlebt haben: Storming ist normal! Mit etwas Glück und Geschick wird die Storming-Phase jedoch mit der Zeit kürzer und lässt sich leichter in ein Norming überführen.

Teamentwicklung ist deutlich mehr als Grill- oder Kegelabende: Es ist eine zentrale Führungsaufgabe, die Zusammenarbeit und das Teamklima mit konkreten Maßnahmen zielgerichtet zu fördern.

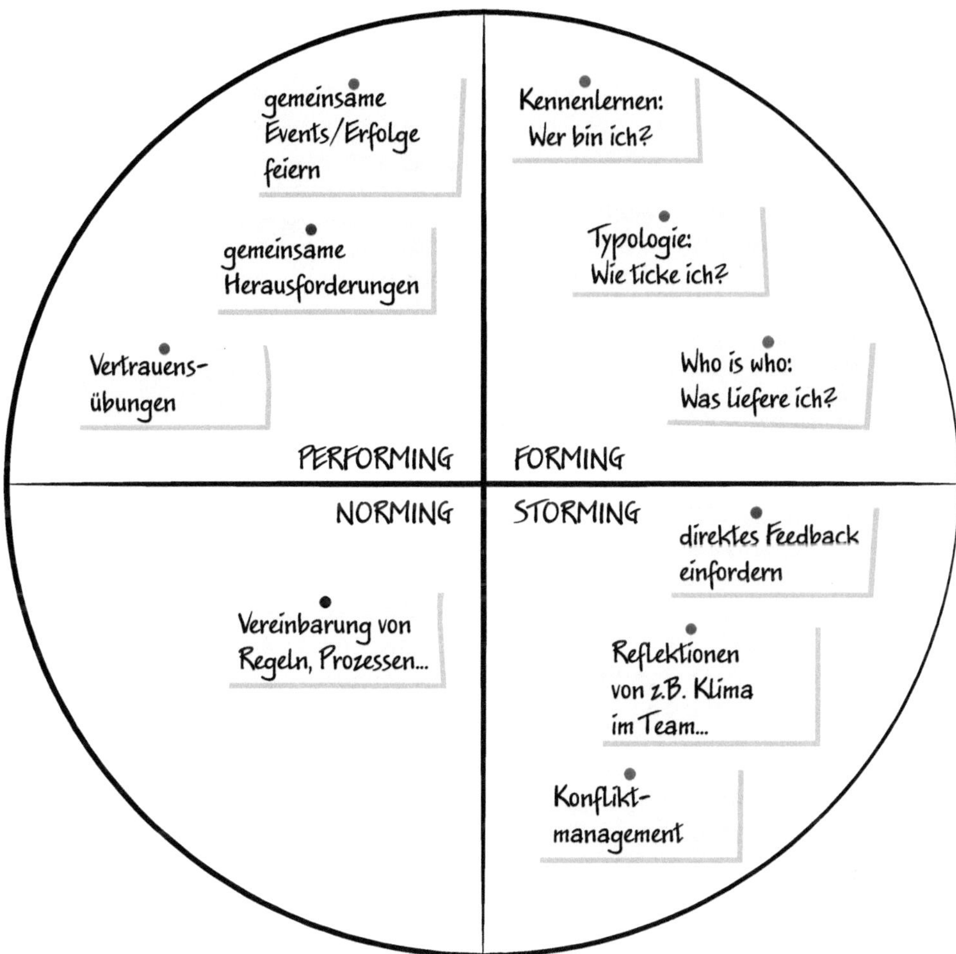

Bild 10.2 Die Teamuhr und Maßnahmen der Teamentwicklung

Führende nehmen die Führungsaufgabe Teamentwicklung häufig nicht wahr. Auf die Frage „Was tun Sie denn zur Teamentwicklung?“ reduziert sich die Antwort auf Grillabende, Weihnachtsfeiern und Ähnliches. Aber Teamentwicklung ist eben deutlich mehr als das.

In der Forming-Phase bietet es sich an, erstmal für ein intensives Kennenlernen der Mitarbeiter zu sorgen. Führen Sie Kennenlernrunden durch, in denen die Mitarbeiter nicht nur über ihren beruflichen Weg, sondern auch über private Themen berichten. Familie, Hobbys, eigene Stärken und Schwächen, eigene Werte, zentrale Erlebnisse und Erfahrungen im Leben. Sorgen Sie dafür, dass sich Ihre Mitarbeiter als Menschen kennenlernen. Gehen Sie als Vorbild voraus, erzählen Sie über sich selbst zuerst. Eine schöne Kennenlernübung ist die „Visitenkarte“, bei der jedes Teammitglied einen Flipchart erstellt, anhand dessen er sich selbst präsentiert.

Die Informationen, die auf der Visitenkarte stehen sollen, können Sie vorgeben. Sehr schöne Kategorien sind „meine beiden zentralsten Lebenserfahrungen“ oder auch „ICH privat“.

Nützlich kann dabei auch eine Typbetrachtung mithilfe einer validen Persönlichkeitstypanalyse (zum Beispiel DISG, Enneagramm, ...) sein. Wer tickt wie im Team? Wer ist eher dominanterer Natur, wer gewissenhaft, kreativ etc.? Die Erfahrung in der Anwendung von Typologien zeigt, dass das Verständnis füreinander und damit die Qualität der Zusammenarbeit enorm wachsen kann, wenn wir mit der Unterschiedlichkeit der Persönlichkeiten offen und transparent umgehen.

Synergien im Team entstehen, wenn der Einzelne versteht, dass der Kollege anders ist!

Nur bitte achten Sie darauf, eine Typologie nicht zum Zentrum der Betrachtung zu machen. Denn egal, welcher Typologie Sie sich bedienen: Eine Typologie besteht aus mehr oder weniger Typbeschreibungen und kann ergo einer differenzierten Persönlichkeitsbetrachtung nicht gerecht werden. Nichtsdestotrotz ist eine Typanalyse als ergänzende Betrachtung für ein Team und auch für einen Führenden sehr nützlich. Es lassen sich brauchbare Hinweise daraus gewinnen, mit wem wie kommuniziert werden sollte (von Kollegen und von dem Führenden) und wer mit wem mehr oder weniger Konfliktpotenzial hat.

So hat es beispielsweise ein Mensch, der selbst eher klar und direkt kommuniziert und gewisse dominante Wesenszüge hat, im Zweifel lieber, wenn ihm Feedback auf sehr direkte und klare Art gegeben wird. „Wattebäuschchen“ und „nebulöses Gerede“ können solche Menschen tendenziell nicht leiden. Ein gewissenhafter Mensch, der hohe Ansprüche an sich selbst und andere hegt (Tendenz zu Perfektionismus), braucht Feedback eher in geringeren „Dosierungen“. Da reicht der dezente Hinweis auf einen Fehler, und der gewissenhafte Typ sucht und findet bereits. Ein „zu viel“ an Feedback wäre aufgrund der Kritikempfindlichkeit dieses Typs kontraproduktiv. Menschen, deren Kernbedürfnis Anerkennung ist, nehmen Feedback eher an, wenn sie eingangs ihre „Portion verbale Streicheleinheit“ bekommen haben. Also wäre ein Feedback mehr als bei anderen mit den lobenswerten Leistungsmerkmalen zu starten, ehe ein kritisches Leistungsmerkmal angesprochen wird. Menschen mit einem hohen Stetigkeit- und Sicherheitsbedürfnis sollten den Hinweis bekommen, dass die geäußerte Kritik ihren „Stammplatz“ nicht gefährdet.

Menschen, die eher extrovertiert sind, Einfluss auf Prozesse und Vorgehensweisen nehmen sowie „Raum für sich beanspruchen“, haben tendenziell ein höheres Konfliktpotenzial untereinander und mit anderen. Da wird sich gegenseitig der Raum streitig gemacht, es geht um Macht und Einfluss und es „prallen Hörner“ aufeinander. Dem hingegen haben beispielsweise introvertierte, menschorientierte Typen ein deutlich geringeres Konfliktpotenzial miteinander. Die Fürsorglichkeit für andere, die diese Menschen häufig auszeichnet, lässt diese Typen im

Konfliktfall problemloser und innerlich stressfreier als andere Typen einen Schritt zurücktreten.

Kritisch wird es, wenn Menschen anfangen, dem anderen einen Stempel aufzudrücken („Ach, du bist ja eh Typ X"). Der Einzelne würde so auf seinen Grundtyp fixiert, dass Weiterentwicklungen der Persönlichkeit unter Umständen gar nicht wahrgenommen werden – was zutiefst unfair wäre. Und Persönlichkeiten verändern sich im Laufe der Zeit. Auch das muss bei der Typbetrachtung berücksichtigt werden.

Falls Sie in Einzelgesprächen schon Verantwortlichkeiten delegiert haben, können Sie noch in der Forming-Phase ein Who-is-who-Meeting durchführen, in dem jeder Mitarbeiter sich mit seiner eigenen Verantwortung vorstellt. Was hat jeder Einzelne im Team sicherzustellen oder zu liefern? Für Sie hat dieser Workshop Charme, weil Sie gleichzeitig prüfen können, ob jeder Ihrer Mitarbeiter die eigene Verantwortung richtig rezitiert oder nicht. Und Ihre Mitarbeiter bekommen eine Transparenz darüber, wer im Team welchen Auftrag zu erfüllen hat. Teammitglieder kritisieren häufig die mangelnde Transparenz und unklare Definitionen sowie Abgrenzungen der Verantwortlichkeiten im Team. Das Who-is-who ist im schlechteren Falle ein Ergebnis in der Norming-Phase, nachdem aufgrund von Unklarheiten im Who-is-who Reibungen in der Storming-Phase stattfanden.

Sie können den Eintritt in die Storming-Phase fördern, indem Sie Ihre Mitarbeiter an offenes Feedback und die offene Reflektion von Teamklima, Prozessen, Zusammenarbeit etc. gewöhnen. Sie können zum Beispiel auf einem Flipchart punkten lassen, wie es derzeit auf einer Skala von 0 bis 10 (10 = maximal) um die Qualität der Zusammenarbeit oder um das Teamklima steht (Bild 10.3). Hinterher bitten Sie Ihre Mitarbeiter, ihren Punkt zu kommentieren. Mit einer solchen Übung und regelmäßigen Reflektionen fördern Sie die Feedbackkultur in Ihrem Team und haben gleichzeitig Analyseergebnisse.

Bild 10.3 Teamklimacheck

Ebenfalls zur Förderung der Feedbackkultur trägt bei, wenn Sie mit folgender Situation umzugehen wissen, mit der immer wieder Führende konfrontiert werden: Einer Ihrer Mitarbeiter kommt zu Ihnen und beschwert sich über das Verhalten eines anderen Mitarbeiters. „Aber sagen Sie bitte nicht, woher Sie das haben“, ergänzt er noch. Es wäre ein Fauxpas, jetzt mit dem anderen Mitarbeiter über die Beschwerde zu sprechen. Damit würden Sie eine Kultur des „Heckenschützentums“ in Ihrem Team fördern, in der sich Mitarbeiter gegenseitig anschwärzen und verpetzen können. Und Sie würden sich gleichzeitig instrumentalisieren bzw. „vor den Karren spannen“ lassen. Stattdessen reagieren Sie lieber mit der Frage: „Wie hat denn der Mitarbeiter auf Ihr Feedback reagiert?“ In dieser Frage liegt bewusst die Unterstellung, dass der Mitarbeiter, der vor Ihnen steht, dem Kollegen bereits Feedback gegeben hat. Sollte jetzt, vielleicht auch durch weitere Fragen in die Tiefe („Was haben Sie dem denn genau gesagt?“), herauskommen, dass es entweder noch kein direktes Feedback gab oder ein unzureichendes, entsteht eine legitime Führungserwartung: dass der Mitarbeiter zunächst mal seinem Kollegen ein direktes Feedback gibt und somit eine „Feedbackkultur des offenen Visiers“ lebt. Denn nur die können Sie in Ihrem Team gebrauchen. Gegenseitiges Anschwärzen brauchen Sie nicht. Sollten Sie sich von Mitarbeitern instrumentalisieren lassen („mach da mal was, du bist doch schließlich der Chef“), dann etabliert sich dieser Weg und Sie haben demnächst mehr „Aufträge“ dieser Art. Es ist richtig, dass Sie der Führende sind. Das bedeutet aber, dass Sie in dieser Situation klare Erwartungen an das Feedbackverhalten des Mitarbeiters richten, den Mitarbeiter ggf. in seinem Feedbackverhalten coachen, die Durchführung des direkten Feedbacks an den Kollegen kontrollieren und als Eskalationsinstanz dienen für den Fall, dass die beiden trotz hochwertigen und ggf. zuvor gecoachten Feedbacks nicht zueinander finden.

Die Argumentation „Du bist der Chef, also musst du dich darum kümmern“ wird von Mitarbeitern gerne verkehrt ausgelegt. Sie kümmern sich darum, aber indem Sie den Mitarbeiter auffordern, ins direkte Feedback zu gehen. Nicht, indem Sie eine Art „Überbringer der (schlechten) Nachricht“ spielen. Situativ bitten Sie den Mitarbeiter um das direkte Feedback sogar mit zeitlichem Ultimatum („mach das bitte noch heute Vormittag“). Und Sie können noch einen Schritt weitergehen. Da der Beschwerdeführer ja gerade vor Ihnen steht, können Sie die Gelegenheit nutzen und ihn für das bevorstehende Feedback an den Kollegen coachen.

Machen Sie ein kleines Übungsgespräch, indem Sie den Feedbacknehmer mimen und Ihr Mitarbeiter nun sein konkretes Feedback aussprechen soll. Geben Sie Ihrem Mitarbeiter dann Feedback zum Feedback. Bereiten Sie die Formulierung so vor, dass das Feedback qualitativ und quantitativ in Ordnung ist. Wenn es passt, auch unter Anwendung der 3-Satz-Technik. Lassen Sie sich von Ihrem Mitarbeiter hinterher von seinen Erfahrungen mit dem Feedback berichten. Bestärken Sie ihn, beim nächsten Mal sofort ins direkte Feedback zu gehen.

Erst, wenn der Feedbacknehmer auf die Kritik nicht ausreichend reagiert, kann der Mitarbeiter in die „angekündigte Eskalation“ gehen. Das heißt, er sagt dem Kollegen, dass er mit der Reaktion nicht zufrieden ist und sich gezwungen sieht, den nächsthöheren Führenden als Eskalationsinstanz (also Sie) mit ins Thema zu nehmen. So kommt der Mitarbeiter aus der „Petzenrolle“ heraus und gestaltet eine faire, korrekte Vorgehensweise.

Fordern und coachen Sie das direkte Feedback und die angekündigte Eskalation, um eine Feedbackkultur des „offenen Visiers“ zu etablieren.

Getreu der alten Teamspielregeln: Wir teilen uns Störpunkte zeitnah unter vier Augen auf sachliche Art mit! Kommen wir nicht zueinander, eskalieren wir transparent an den nächsthöheren Vorgesetzten! (Bild 10.4)

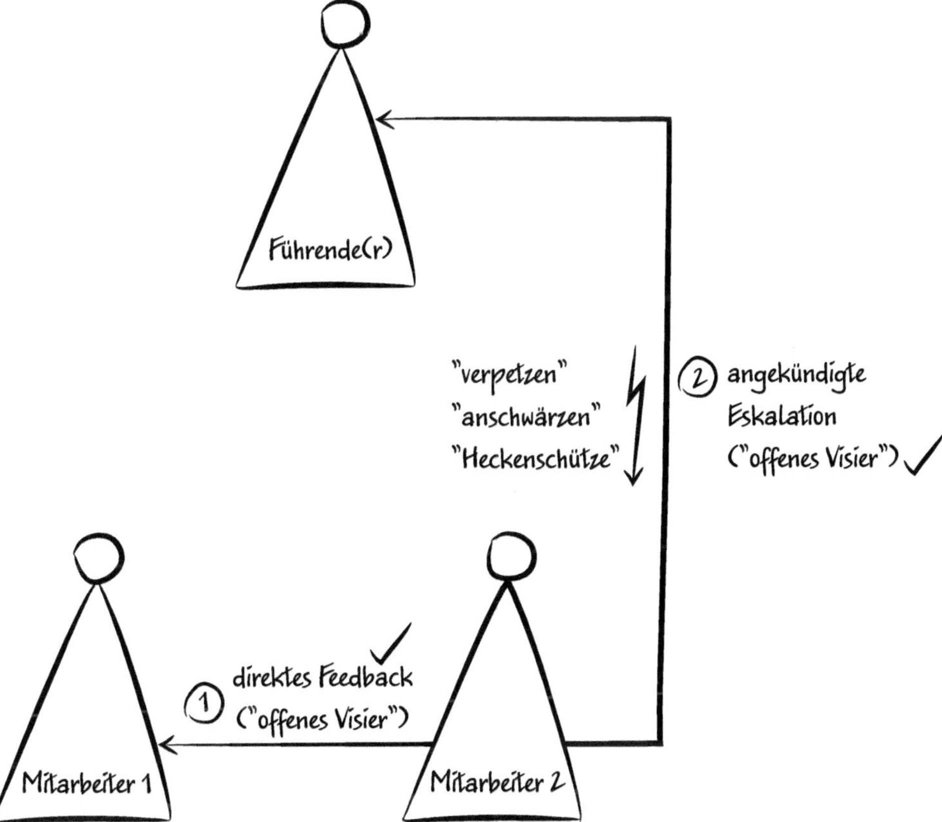

Bild 10.4 Direktes Feedback und angekündigte Eskalation

Auch eine *Aufstellung* bringt nützliche Erkenntnisse: Bitten Sie die Mitarbeiter, sich im Raum zu platzieren zu der Fragestellung: Wie stehen wir zueinander? Führen Sie ein *Reihumstatement* durch, bei dem jeder die Position, die er bezogen hat, erläutert. Warum stehst du da, wo du stehst? Wie fühlst du dich an der Stelle? Was denkst du darüber? Sie erkennen gemeinsam mit Ihren Mitarbeitern viel über das Beziehungsgeflecht im Team – und auch über Ihre eigenen Beziehungen zu den Mitarbeitern.

Förderung der Feedbackkultur mit „Feedback der Gruppe an jeden Einzelnen" und „Speed-Dating"

Beim „Feedback der Gruppe an jeden Einzelnen " erhält jeder Mitarbeiter ein vom Team vorbereitetes Feedback zu den Fragen „Was solltest du weitermachen wie bisher?" und „Was solltest du anders machen als bisher?". Der Feedbacknehmer bereitet zunächst getrennt von der Gruppe eigene Antworten auf diese Fragen und damit sein Selbstbild vor, während die Gruppe gleichzeitig das Fremdbild erstellt. Dabei erhält der Reihe nach jeder ein Feedback aus dem Team, wobei Sie als Führender vorbildlich anbieten können, als Erster Feedback zu erhalten. Bei dieser Übung genießt der einzelne Feedbackgeber noch den Schutz der Gruppe, weil das Feedback aus der Gruppe heraus gegeben wird.

Eine fortgeschrittene Variante ist das „Speed-Dating", bei dem jeder mit jedem ein Vier-Augen-Feedbackgespräch zu den genannten Fragestellungen führt. Alle Beteiligten können sich zunächst vorbereiten und ihre Feedbacks vorformulieren.

Bei beiden Methoden ist es ratsam, einen Richtwert beziehungsweise eine Begrenzung für die Anzahl der Antworten zu geben. Zum Beispiel je zwei oder drei Antworten auf beide Fragestellungen, damit das Feedback einen ausgewogenen Charakter bekommt.

Die beschriebenen Feedbackformen wirken konfliktpräventiv. Konflikte leben in der Regel davon, dass sich Konfliktpartner kein ausreichendes Feedback geben. Sollte sich dann dennoch ein Konflikt in Ihr Team einschleichen, sind die Methoden zur Konfliktklärung ein Instrument der Teamentwicklung, weil bilaterale Beziehungen geklärt werden.

Harmonie ist nichts Schlimmes, im Gegenteil. Harmonie fördert die Zusammenarbeit. Teams brauchen Harmonie. Harmonie lässt sich aber nur pflegen, indem Sie in kritische oder konfliktäre Situationen hineingehen. Durch „Herumtänzeln" oder „Augen verschließen" werden Sie Harmonie im Team verlieren bzw. nicht wiederaufbauen können.

In der auf die Storming-Phase folgenden Norming-Phase können nun aus den Feedbacks und ggf. Konflikten heraus Normen kreiert werden. Das können sowohl klar formulierte Regeln als auch Prozess- oder Rollenbeschreibungen sein. Falls das Who-is-who in der Forming-Phase nicht klar genug beschrieben war, kann nun in der Norming-Phase „nachgeschärft" werden.

Haben Sie bewusst in der Forming-, Storming- und Norming-Phase ausgewählte Maßnahmen ergriffen, kommt das Team in die Performing-Phase. Und auch hier lässt sich das Team weiter zusammenschweißen, indem es zum Beispiel vor gemeinsame Herausforderungen gestellt wird oder Vertrauensübungen macht. Herausforderungen können Übungen wie gemeinsamer Floßbau zur Flussüberquerung, ein Escape-Room oder Ähnliches sein. Vertrauensübungen sind so etwas wie gegenseitiges Abseilen im Hochseilgarten, blindes Führen durch den Wald, der Vertrauensfall (bei dem die Gruppe den Kollegen auffängt) und Ähnliches.

Und erst jetzt kommen wir zu Events wie Grillabende, Kegelabende und Ähnliches. Sie sehen, dass diese Kategorie von Maßnahmen am Ende steht und zuvor andere Maßnahmen ergriffen werden sollten.

Falls Sie zum Beispiel einen Grillabend veranstalten und Sie haben nur 50% Teilnahmequote, können Sie ungesehen darauf wetten, dass es ungeklärte Konflikte im Team gibt. Auch wenn es „gute Gründe" für abgesagte Teilnahmen gibt - die Lust, die Teilnahme zu ermöglichen, schien de facto nicht groß genug zu sein.

Die Reihenfolge der ergriffenen Teamentwicklungsmaßnahmen spielt eine Rolle. Vor einem geselligen Abend sollten tatsächlich Kennenlernen-, Feedback- und Normierungsaktivitäten stattgefunden haben.

Sobald sich Ihr Team personell verändert, startet Ihr Teamentwicklungsprozess aufs Neue. Das ist der Nachteil sich schnell und häufig verändernder Teams: Da ist eine intensive und nachhaltige Teamentwicklung gehandicapt, weil Sie zu schnell und zu oft einen neuen Teamentwicklungsprozess starten müssen. Stabilität tut der Performance eines entwickelten bzw. eingespielten Teams gut.

Einige Beispiele für erfolgreich durchgeführte Teamentwicklungsmaßnahmen

Eine Bereichsleitung eines großen Unternehmens beklagte sich über die mangelnde Harmonie und Zusammenarbeit ihrer acht Abteilungsleitungen. Als ich das Team zum ersten Mal in einem Raum erlebte, waren eine vergiftete Atmosphäre und Disharmonien tatsächlich zu spüren. Und das war auch in ersten Terminen zu spüren, in denen wir zunächst gemeinsam am Thema Führung arbeiteten.

In einem ersten Teamentwicklungs-Workshop stellte ich die Frage „Wo stehen Sie als Team auf einer Skala von 0 bis 10?" und ließ die Antworten auf kleine Klebezettel schreiben. Die für alle sichtbare Auswertung ergab einen Wert von 6,1. Kein berauschender Wert. Auf die Frage „Was passt im Team?" kam unisono die Antwort: „Die Außenwirkung. Wir werden als sehr kompetent wahrgenommen." Auf die Frage „Was fehlt?" tauchten Begriffe wie Respekt, Vertrauen und Toleranz auf.

Ich stellte dem Führungsteam zunächst die möglichen Maßnahmen vor, ehe ich reihum jeden Einzelnen fragte, was dem Team aus der Liste der visualisierten Maßnahmen guttun würde. Es kristallisierten sich drei Maßnahmen heraus: Kennenlernen, gegenseitiges Feedback und gemeinsame Herausforderungen.

Obwohl das Team seit sechs bis acht Jahren zusammenarbeitete (je nach individueller Teamzugehörigkeit), starteten wir unmittelbar eine Kennenlernrunde. Die Führenden bekamen ein paar Minuten Zeit, sich auf folgende Fragen vorzubereiten: „Was hier alle noch nicht über mich wissen?“ und „Was sind meine zwei zentralsten Lebenserfahrungen?“

Reihum stellten sich nun die Führenden mit ihren Antworten vor, wobei die Bereichsleitung vorbildlich begann. Noch nie zuvor hatte ich dieses Team in der nun folgenden Stunde der Selbstvorstellung mit so viel Aufmerksamkeit füreinander erlebt. Die Teilnehmer erzählten von teils sehr außerordentlichen und auch schmerzlichen Lebenserfahrungen und offenbarten Hobbys, von denen die anderen noch nichts wussten. Mein Eindruck war, dass sich die Anwesenden völlig neu wahrnahmen: als Mensch und nicht wie bislang nur als Experte und Kollege. Dadurch entstand eine ganz andere Basis der Zusammenarbeit.

In einem weiteren Team-Workshop führten wir ein „Speed-Dating“ durch, bei dem jeder mit jedem ein halbstündiges gegenseitiges Feedbackgespräch zu zuvor individuell ausgesuchten Kriterien des Team- und Führungsverhaltens hatte. Die Teilnehmer tauschten sich zu den Fragen „Was solltest du aus meiner Sicht weiter machen wie bisher?“ und „Was solltest du aus meiner Sicht anders machen als bisher?“ aus. Die Antworten durften hinterfragt und gespiegelt werden, damit der jeweilige Feedbacknehmer sein Verständnis sicherstellen konnte und Missverständnisse vermieden wurden. Rechtfertigungen und Erklärungen für bestimmte Verhaltensweisen waren tabu. Es ging darum, die Außenwirkung des eigenen Verhaltens kennenzulernen und nicht darum, sein Verhalten zu erklären oder zu legitimieren. Diese Übung erstreckte sich vom Morgen bis in den Nachmittag. Unmittelbar im Anschluss starteten wir eine Tablet-gestützte Stadtrallye, bei der gemeinsame Herausforderungen gemeistert werden mussten, gefolgt von einem gemeinsamen Abendessen.

In den Folgeterminen, in denen es wieder um Führungsthemen ging, konnte ich beobachten, dass die Führenden zwar teils immer noch unterschiedlicher Meinung in Fachfragen waren – aber deutlich respektvoller miteinander umgingen! Es waren mehr direkte Blickkontakte, körperliche Zuwendung (statt wie zuvor „den Rücken zudrehen“) und auch die persönlichere Ansprache mit Namen (statt wie zuvor die anonyme Anrede „der Kollege meinte gerade … Ich bin da ganz anderer Auffassung …“) zu beobachten.

Die Bereichsleitung berichtete mir, dass sie jetzt Small Talk zwischen Mitarbeitern beobachtete, die früher maximal das Nötigste miteinander redeten und bei denen in der Folge mangelhafte Resultate zu beobachten waren.

In einem anderen Unternehmen hatte sich ein Team dadurch „festgefahren“, dass die Feedbackkultur in diesem Team fast ausschließlich in einem „Wir-ziehen-übereinander-her“ bestand. Direktes Feedback unter vier Augen zu etwaigen Störpunkten fand nicht statt, Fehlinterpretationen zu Verhaltensweisen der Kollegen und Kolleginnen waren an der Tagesordnung. Folge: Gleich mehrere Teammitglieder waren mittlerweile „schwarze Schafe“ und die Teamleiterin das schwärzeste von allen.

Eine bilaterale Beziehung innerhalb des Teams war besonders belastet, so dass der Teamentwicklungsprozess mit einer bilateralen Konfliktklärung gestartet wurde. In Einzelgesprächen wurden zunächst die Störpunkte, nicht-befriedigten Bedürfnisse und negativen Emotionen herausgearbeitet und beide Konfliktpartner auf die folgende Feedbackrunde vorbereitet. Das jeweilige Feedback wurde konkret mithilfe der 3-Satz-Technik und Ich-Botschaften vorformuliert, ehe sich die Konfliktpartner in einem von mir begleiteten Gespräch austauschten. Meine Rollen dabei waren „Hüter der Sende- und Empfangsqualität (Feedback geben und nehmen)“, Schiedsrichter (Einhalten einer strengen Zuhörregel) sowie Souffleur (Geben von Stichworten, damit nichts „unter den Tisch fällt“).

Erst, nachdem der bilaterale Konflikt geklärt war, fand ein gemeinsamer Team-Workshop aller Teammitglieder statt. Zentrale Maßnahme in diesem Workshop war ein Feedback aus der Gruppe an jeden Einzelnen. Jeder Mitarbeiter bereitete in einer Solo-Arbeit sein fragegestütztes Selbstbild zu jeweils drei Stärken und Schwächen vor, während zeitgleich die anderen Teammitglieder das Fremdbild bezüglich Stärken und Schwächen vorbereitete. Ich unterstützte das Team bei der Erarbeitung von Selbst- und Fremdbild. Nach der Vorbereitung fand ein Austausch zu Selbst- und Fremdbild für jedes einzelne Teammitglied statt, wobei das Fremdbild am Ende sogar in Form einer kurzen schriftlichen Notiz „feierlich“ (Beifall, La Ola ...) an den Feedbacknehmer übergeben wurde.

Das Team fühlte sich nach dieser Feedbackübung sehr erleichtert. Erleichterung darüber, dass Wahrnehmungen und Bilder, die die Teammitglieder voneinander hatten, offen angesprochen wurden, statt sie weiter mit sich „herumzuschleppen“ beziehungsweise zur „Ersatz-Erleichterung“ Anderen/Dritten zu erzählen.

Ohne, dass es zuvor geplant war, ging das Team direkt im Anschluss noch miteinander essen und trotz aller Erfahrung war selbst für mich überraschend zu sehen, wie locker und entspannt die Teammitglieder miteinander umgingen. Es wurde so viel gelacht wie schon lange nicht mehr. In den Zeiten vor dem Workshop herrschte zumeist Spannung im Team vor.

Mit der Maßnahme „Feedback aus der Gruppe an jeden Einzelnen“ durfte ich bislang sehr gute Erfahrungen machen. Ich frage jedes Mal nach Durchführung dieser Maßnahme, ob diese als eher beziehungsfördernd oder eher als beziehungstrübend empfunden wurde. Ich habe in all den Jahren nur Einzelne gehabt, die die Übung als beziehungstrübend empfanden. Der weitaus größte Teil nahm die Übung als eindeutig beziehungsfördernd wahr!

Wie wichtig eine offene Feedbackkultur für Teams ist, zeigt auch folgendes Beispiel: Bei der Durchführung der Übung „Feedback aus der Gruppen an jeden Einzelnen“ bekam eine Teilnehmerin, die von ihren Kolleginnen eine dominante Wirkung gespiegelt bekam, Tränen in die Augen und verließ schnellen Schrittes den Raum. Ich ging der Teilnehmerin hinterher und stellte mich schweigend und mit Blickkontakt in ihre Nähe. Nachdem Sie sich beruhigt hatte, fragte ich Sie, was genau ihre Tränen ausgelöst hatte und sie antwortete: „Nicht das Feedback an sich. Das kenne ich bereits aus der Grundschule und hatte geglaubt, diese dominante Wirkung abgelegt zu haben. Was mich sehr enttäuscht, ist die Tatsache, dass ich seit drei Jahren in diesem Team arbeite, und mir noch niemand dieses Feedback gegeben hat!“. Was ist die Botschaft daraus:

Kein Feedback zu geben, ist unfair!

Wenn Menschen sich hochwertig formuliertes Feedback geben, dann vertrauen sie dem Feedbacknehmer etwas an. „Ich sage dir offen, wie du auf mich wirkst oder wie ich dich wahrnehme“, ist ein Vertrauensbeweis! Zumindest auf einer unbewussten Ebene wirkt das positiv auf die Beziehung.

Und das gilt auch im Alltäglichen. Wenn Sie einen Kollegen haben, der durch unangenehmen Körpergeruch auffällt, dann sagen Sie eben nicht „Du stinkst“ oder stellen auch kein Deo auf dessen Schreibtisch, wenn er gerade nicht am Platz ist (die hohe Kunst der latenten Botschaft). Nehmen Sie den Kollegen zur Seite, strahlen Sie Wohlwollen aus und sagen Sie ihm mithilfe einer Ich-Botschaft, dass Sie einen unangenehmen Körpergeruch an ihm wahrnehmen. Die meisten Menschen werden Ihnen dankbar sein – und eher verärgert sein über die, die es nicht gesagt haben.

Checkliste Teamentwicklungsmaßnahmen

- Kennenlernrunden und -gespräche (wer bin ich beruflich und privat?)
- Typanalysen (wie ticke ich?)
- Who-is-who-Meetings (was liefere/leiste ich?)
- Feedbackrunden und -gespräche
- Reflektionsübungen (Teamklima, Qualität der Zusammenarbeit, Prozessqualität etc.)
- Bilaterale Konfliktklärungen
- Normierungen (Regeln, Prozesse, Bevollmächtigungen ...)
- Vertrauensübungen
- Gemeinsame Herausforderungen
- Gemeinsame Events, Feiern ...

10.2 Teamentwicklung von Homeoffice-Mitarbeitern

Ein paar der beschriebenen Maßnahmen können Sie mit ein wenig Kreativität auch auf die Situationen, in denen Sie Ihre Mitarbeiter im Homeoffice haben, übertragen. Welche Chance hätten Sie sonst, wenn Sie Ihre Mitarbeiter aus irgendeinem Grund nicht in Präsenz in einen Raum bekommen?

Eine Kennenlernrunde können Sie auch per Videokonferenz durchführen. Die Teammitglieder nehmen sich in dem Moment nicht dreidimensional wahr (was insbesondere für das Unterbewusstsein, welches stets mit allen Sinneskanälen wahrnimmt, einen Unterschied macht). Aber dafür können Sie den Mitarbeiter auch mit einem privaten Einblick kennenlernen. Es ist schön, den Heimarbeitsplatz des Mitarbeiters und Kollegen zu sehen oder auch dessen Kaffeemaschine im Hintergrund. Bitten Sie Ihre Mitarbeiter, andere oder verschwommene Hintergründe auszuschalten. Und es dürfen auch gerne Kinder oder Haustiere mit ins Bild. Ich hatte eine Videokonferenz mit einem Bereichsleiter eines Großunternehmens, den ich bis dahin nur in Business-Kleidung kannte. In der Videokonferenz saß er in seinem heimeligen Büro mit seinem kleinen Sohn auf dem Schoß. Ich habe diesen Bereichsleiter an diesem Tag von einer ganz anderen Seite kennengelernt und er mich auch. Wir hatten fortan eine noch bessere Beziehung.

Auch Typanalysen lassen sich online durchführen und die Ergebnisse lassen sich sofort digital darstellen.

Selbst Reflexions- und Feedbackverfahren wie zuvor beschrieben sind per Videokonferenz möglich. Mehr als fünf oder sechs Teilnehmer sollte so ein virtuelles Gespräch allerdings nicht haben. Wird die Gruppe größer, wird es immer schwieriger, Einzelne zu aktivieren und wirklich noch ein Feedbackverfahren im „flow“ zu erleben.

Konfliktmanagement muss explizit ausgeklammert werden. „Zur selben Zeit im selben Raum“ ist durch eine Videokonferenz nicht zu ersetzen. Die Einzelgespräche in einem Klärungsprozess können unter Umständen noch durchgeführt werden, aber der moderierte Austausch der Konfliktpartner sollte in Präsenz stattfinden. Hier herrscht in einer Videokonferenz eine zu große Distanz zwischen den Konfliktpartnern. Dabei geht es gerade darum, diese Distanz abzubauen. Das beginnt damit, dass die Konfliktpartner in einem realen Raum zusammenkommen.

Mittlerweile ist es beinahe schon Standard, dass Sie Teamevents per Videokonferenz machen können. Ein Beispiel ist der gemeinsame Kochabend, für den Sie allen Mitarbeitern zuvor ein Päckchen mit Zutaten und Rezept geschickt haben.

Warum war hier ausschließlich von Videokonferenzen die Rede? Weil es der beste Kommunikationskanal nach der Präsenzveranstaltung ist. Wenn Präsenz nicht möglich ist, sollten Sie konsequent den Videokanal nutzen und auch von Ihren Mitarbeitern erwarten, dass diese die Kamera einschalten. Diese Erwartung ist legitim. Das gehört zu gutem Team- oder Sozialverhalten.

Ergreifen Sie Teamentwicklungsmaßnahmen! Belassen Sie es nicht nur bei Grillabenden!

11 Führungsaufgabe Selbstführung

Von Führenden ist immer wieder zu hören, dass sie für die Wahrnehmung der Führungsaufgaben nicht genügend Zeit haben. Aber je größer Ihr Team, desto mehr Führung braucht es. Und damit nimmt Führung auch mehr Zeit in Anspruch, je größer Ihr Team ist.

Mit der Anzahl zu führender Mitarbeiter muss Ihr Anteil an operativen Tätigkeiten abnehmen!

Ihre Mitarbeiter sind – uncharmant formuliert – Ihre Erfüllungsgehilfen. Sie helfen Ihnen dabei, Ihrer Verantwortung gerecht zu werden. Und wenn Sie eine stattliche Anzahl Mitarbeiter haben, verdienen Sie Ihr Entgelt über Führungsleistung und nicht über operative Leistungen!

Wer also in einem Fachbereich zum Beispiel 15 Mitarbeiter zu führen hat, der sollte einen Großteil seiner Zeit der aktiven Führung seiner Mitarbeiter gönnen. Sind Sie zu sehr in operative Themen eingebunden, wird Ihre Führungsleistung leiden und es wird nicht das Leistungsoptimum des Teams entstehen. Der Nachteil des Spielertrainers ist, dass er operativ tätig ist, also mit auf dem Platz steht. Der Spielertrainer hat nicht den Überblick wie der Trainer am Spielfeldrand. Und er ist gestresst und gehetzt, was der Wahrnehmung seiner zusätzlichen Trainerrolle ebenfalls abträglich ist.

Das Thema Selbst- und Zeitmanagement ist nicht so sehr eine Sache von Tricks und Kniffen, sondern viel mehr eine Frage der Disziplin und Konsequenz.

Managen Sie Ihre Zeit und Ihre Prioritäten diszipliniert und konsequent! Das erledigt die neue Kalendersoftware nicht für Sie. Und Sie dienen gleichzeitig wieder als Vorbild für Ihre Mitarbeiter.

Analysieren Sie Ihre größten Zeitfresser. Nehmen Sie ein leeres Blatt Papier oder eröffnen Sie ein Textdokument und sammeln Sie Ihre größten Zeitfresser. Vielleicht sind Sie in der Lage, diese in wenigen Minuten zu identifizieren. Vielleicht sammeln Sie über ein paar Tage.

Ohne Ihnen Ihre persönlichen Antworten vorwegnehmen zu wollen - hier einfach ein paar häufig genannte Antworten:

- zu lange und nicht zielorientierte Meetings (auch Videokonferenzen)
- die Menge an E-Mails
- „ich kann nicht NEIN sagen"
- „ich leide unter „Aufschieberitis" oder dem „Studentensydrom" und mache immer alles auf den letzten Drücker"
- Unvorhergesehenes

Schaffen Sie sich zeitliche Freiräume, um auch spontan mit Ihren Mitarbeitern in Kontakt treten zu können und auch ansprechbar zu sein. Es ist schade, wenn Führende so verplant sind, dass Mitarbeiter keinen „Gesprächstermin" bekommen. Und auch, wenn Sie in der Woche nicht auch mal spontan ansprechbar für Ihre Mitarbeiter sind.

11.1 Zeitfresser „Meeting"

Jedes Meeting planen

Die Mutter aller Fragen bei der Meetingplanung ist:

- Was soll nach dem Meeting anders sein als vorher?

Was ist das Ziel, das durch das Meeting erreicht werden soll? Zum Beispiel „folgende Frage ist beantwortet", „folgende Entscheidung ist getroffen" oder „alle Teilnehmer wissen über ... Bescheid", „Wir haben eine Lösung für folgende Herausforderung gefunden", „Wir haben fünf Ideen für folgendes Thema generiert" ...

Gehen Sie niemals in ein Meeting, dessen Zielsetzung und/oder für das der Zweck Ihrer Teilnahme nicht klar ist!

Fragen Sie stattdessen beim Einladenden nach dem Ziel des Meetings und dem Sinn Ihrer Teilnahme. Dabei ist die Zielsetzung eines Meetings wichtiger als die Agenda. Die Agenda ist nur die Ableitung aus dem Ziel. Die Agenda ist der Weg, auf dem das Ziel erreicht werden soll. Was nützt die tollste Agenda mit Themen und Uhrzeiten, wenn das Ziel der Veranstaltung nicht klar ist.

Weitere zu beantwortende Fragen sind:

- Wen benötige ich (temporär) zur Zielerreichung?

Es ist ein beliebter „Sport“, im Zweifel ein paar Menschen mehr einzuladen, die eventuell etwas beitragen könnten. So lassen sich bestens Ressourcen verschwenden. Stattdessen sollte ein Einladender klare Entscheidungen treffen, wen er für die Zielerreichung des Meetings benötigt und wen nicht. Und temporäre Anwesenheit ist auch eine ressourcenschonende Maßnahme. Manchmal gibt es Experten, die sinnvollerweise ein paar Informationen ins Meeting hineingeben und dann das Meeting verlassen dürfen sollten. Konsequent!

- Welchen Weg zum Ziel wählen wir? (Ablauf/Agenda)

Erst, wenn klar beantwortet ist, was das Meeting liefern soll bzw. was nach dem Meeting auf diesem Planeten anders sein soll als vorher, lässt sich ein Ablauf oder eine Agenda ableiten.

Je öfter Sie klare Meetingziele formulieren und eine Agenda ableiten, desto mehr Routine und Planungssicherheit bekommen Sie darin. Auch was die Planung der Dauer anbetrifft. Während Sie anfangs lieber ein wenig großzügiger planen (früher fertig ist nicht schlimm, nur überziehen kommt nicht gut an), werden Sie mit jeder weiteren Planung den Zeitbedarf exakter einschätzen können.

- Welche Methodik/Didaktik setze ich ein?

Und auch die Antworten auf diese Frage sind von der Mutter aller Fragen, der Zielsetzung, abhängig. Wenn Sie beispielsweise zum Ziel haben, dass den Mitarbeitern eine bestimmte „Information zur Verfügung steht“, setzen Sie ein Handout ein (und benötigen das gesamte Meeting nicht!). Ist Ihr Ziel, dass die Mitarbeiter Folgendes „wissen“, ist der didaktische Anspruch ein anderer. Dann werden Visualisierungen oder gar Übungen eine Rolle spielen. Und auch die aktive Rückmeldung „Was ist jetzt bei euch angekommen?“, um zu überprüfen, ob das mit dem „wissen“ geklappt hat.

Bei so mancher „Folienschlacht“ entsteht der Eindruck, dass wenige Gedanken auf Zielsetzung und Methodik/Didaktik verwendet wurden. Komplexe Folien mit vielen Daten, Pfeilen, Querverweisen und am besten noch eine hohe Anzahl davon, mit kurzer Verweildauer auf der einzelnen Folie „abgefeuert“. Falls das latente Ziel der Veranstaltung nicht ist, „dass keiner so richtig etwas verstehen soll“ oder zumindest „jeder etwas anderes verstehen soll“, sollte über ein „weniger und langsamer ist mehr“ nachgedacht werden.

Der Sender einer Botschaft trägt zu 100 % Verantwortung dafür, dass die Botschaft beim Empfänger ankommt!

- Welche Medien sind sinnvoll?

Hier ist Kreativität erlaubt und gewünscht. Manchmal ist der Einsatz eines Flipcharts sinnvoller als der einer Folie, wenn zum Beispiel Arbeitsergebnisse an der

Wand verbleiben sollen für die Dauer des Meetings. Oder haptische Dinge zum Anfassen oder, oder, oder ...

Trauen Sie sich, „merkwürdige“ Meetings oder Visualisierungen zu machen. Diese sind würdig, gemerkt zu werden - sagt ja schon das Wort. Weichen Sie also ruhig vom „Standard“ ab.

- Wo machen wir das Meeting?

Je nach Zielsetzung kann es förderlich sein, zum Beispiel aus den Räumlichkeiten des Unternehmens herauszugehen. Einen Meetingraum im Grünen zu buchen, damit die Geister sich von den Grenzen des Unternehmens lösen. Oder manche Themen auf einem Spaziergang zu bearbeiten oder, oder, oder ...

- Wie soll das Raumsetting (Bestuhlung, Sitzordnung etc.) aussehen?

Es ist ein großer Unterschied, ob Sie die Teilnehmer in einer Schulsitzordnung im Raum sitzen haben, oder in einem „U“ mit Tischen oder einem Stuhlkreis ohne Tische. In einer Schulsitzordnung, in der die Teilnehmer in Reihen hintereinander sitzen, können sich diese nicht alle in die Augen schauen. Tische sind Barrieren und für bestimmte Themen kann es sinnvoll sein, auf diese zu verzichten. Zu anderen Themen eher nicht. Also auch diese Frage sollte zielorientiert beantwortet werden.

- Wie viel Zeit benötigen wir zur Zielerreichung? Wann genau starten und enden wir?

Ihr Zeitmanagement wird mit jeder Planung treffsicherer werden. Ihr geplanter Endzeitpunkt wird zuverlässiger. Und sollte ausnahmsweise und trotz aller zielgerichteten Moderation die Zeit doch nicht reichen, wird das Ziel eben in einem Folgemeeting weiterverfolgt.

Meetings eliminieren

Falls Sie darunter leiden, zu viele Meetings im Kalender zu haben, bleibt Ihnen nichts anders übrig, als jedes einzelne Meeting und jede Einladung kritisch zu beleuchten. Wie klar und richtig sind die aufgeführten Fragen, insbesondere die Mutter aller Fragen, beantwortet. Was ist das Ziel und braucht es wirklich ein Meeting zur Zielerreichung?

Wenn Sie ein Meeting eliminieren können, dann hilft das nicht nur Ihnen, sondern auch Ihr Unternehmen profitiert von frei gewordenen Ressourcen. Auch das Meeting selbst kann Vorteile durch eine geringere Teilnehmerzahl haben. Insbesondere bei Videomeetings ist das ein Vorteil.

Es kann auch sein, dass ein gesamtes Meeting keinen Sinn macht, sondern beispielsweise eine Information auf einem anderen Kanal ausreicht.

Grundsätzlich können Sie nichts falsch machen, wenn Sie insbesondere „Standardmeetings" auf den Prüfstand stellen. Nutzen Sie einen zeitlichen Anteil des nächsten Meetings, um dieses kritisch zu reflektieren. Lassen Sie von den Teilnehmern beantworten, was konkret weiter so sein sollte an und in diesen Meetings und was anders sein sollte. Sie werden wertvolle Hinweise bekommen. Nicht selten schleichen sich in Meetings alle möglichen Themen ein, die unter zielgerichteter Betrachtung nicht hineingehören. Und dann dauern die Meetings immer länger und verlieren an Effizienz und Effektivität.

11.2 Zeitfresser „E-Mails"

Die E-Mail ist ein wunderbares Werkzeug. Innerhalb von Sekunden können Sie Briefe zustellen und sogar Medien versenden. Und das rund um den Planeten. Toll.

Nur wird dieses Instrument jeden Tag und immer wieder verkehrt eingesetzt und damit auch zur Belastung für den Anwender.

Die E-Mail ist ein asynchrones Werkzeug und damit für „eilige Nachrichten" ungeeignet. Wenn Sie es eilig haben, dürfen Sie keine Mail schreiben. Oder schreiben Sie der Feuerwehr eine E-Mail, wenn Ihr Hause brennt? Oder der Notaufnahme, wenn Sie dringend einen Notarzt benötigen? Sie wissen doch gar nicht, was der Empfänger gerade macht. Und sorry, die Erwartung, dass ein Mitarbeiter permanent und ohne Zeitverzug auf E-Mails zu reagieren hat, beißt sich mit anderen Regeln wie zum Beispiel „keine elektronischen Geräte (und damit keine E-Mail-Lesemöglichkeit) in Meetings" und würde auch der gelungenen Arbeitsmethodik des Mitarbeiters entgegenstehen, E-Mails en bloc abzuarbeiten.

Schalten Sie also Hinweistöne und Pop-up-Fenster aus. Diese lenken nur ab und stressen. Negativer Stress entsteht bei Menschen, wenn mehr als eine Sache an uns „zieht". Sie sitzen am Rechner und schreiben ein Konzept. Im selben Moment klingelt Ihr Festnetztelefon, Ihr Handy klingelt und ein Kollege kommt zur Tür hinein und möchte etwas. In diesem Moment entsteht negatives Stressempfinden. In der Informationstechnologie ist es so: Wenn ein Rechner nur einen Prozessor hat, dann arbeitet er seriell. Er arbeitet nur so schnell, dass es wie simultan aussieht. Wenn Sie bei einem Homo Sapiens die Schädelplatte abheben, entdecken Sie einen einzigen (Bio-)Prozessor. Unser Gehirn hat immer nur einen Gedanken gleichzeitig.

Wir sind für simultan oder Multitasking nicht geeignet.

Wer dennoch von sich glaubt, multitaskingfähig zu sein, kann folgenden Test machen: Sie schauen abends die Nachrichten im Fernsehen, telefonieren gleichzeitig mit einem Freund und bügeln nebenbei ein Hemd. Sofern Hemdenbügeln für Sie blanke Routine ist, ist dieser Vorgang kleinhirngesteuert und benötigt Ihre Großhirnkapazitäten des bewussten Denkens nicht. Nur wenn Sie dann die fünf Topics der Nachrichtensendung und sämtliche Inhalte des Telefonats wiedergeben sollen, wird etwas auf der Strecke bleiben. Sie werden nicht imstande sein, wirklich alles korrekt wiederzugeben. Ihre Aufmerksamkeit kann nur hier oder dort sein, aber nicht bei beiden Sendern oder Kanälen gleichzeitig!

Es gibt Menschen, die kommen nach einem arbeitsreichen Tag nach Hause, ziehen sich um und gehen in den Garten, um noch die Hecke zu schneiden, oder in die Garage, um am Motorrad zu schrauben. Im ersten Moment könnten Sie jetzt denken, dass mit denen etwas nicht stimmt. Die haben den Tag über viel gearbeitet und arbeiten jetzt weiter?! Ja, die arbeiten weiter, aber anders. Während tagsüber immer wieder durch die Arbeitsumgebung (Kollegen, Vorgesetzte) gefordert wurde, möglichst simultan zu arbeiten, obwohl uns die Möglichkeit nicht zur Verfügung steht, arbeiten diese Menschen jetzt mit einer 100%igen Aufmerksamkeit für eine Sache. Die Psychologie spricht hier vom „Kanalisieren". Die volle Aufmerksamkeit für eine einzige Sache hat zur Folge, dass Sie während der Arbeit entspannen. Ja, genau, Sie haben richtig gelesen: Arbeit mit Entspannung. Sie sind im Zylinderkopf Ihres Motorrads oder Ihrer Hecke so tief „versunken" wie in einem guten Buch, so dass Sie während der Arbeit entspannen.

Menschen können sehr viel und auch stressfrei arbeiten, wenn sie die Themen der Reihe nach abarbeiten. ■

Die Ableitung ist, dass Sie versuchen sollten, möglichst seriell zu arbeiten. Ihr Umfeld versucht tendenziell, Sie simultan zu beanspruchen. Gehen Sie diszipliniert und konsequent seriell vor. Sie kommen stressfreier über den Tag, haben mehr Energie für weitere Themen und liefern die besseren Ergebnisse. Das heißt nicht, dass Sie langsam arbeiten sollen. Das heißt, dass Sie der Reihe nach arbeiten sollen. Lassen Sie sich also durch Pop-up-Fenster und Hinweistöne nicht ablenken. Schalten Sie sie ab.

Arbeiten Sie stattdessen Mails en bloc ab. Ob Sie für Ihre Verantwortung ein, zwei oder drei Blöcke benötigen und wie lange diese dauern sollten, können Sie selbst am besten entscheiden.

Nutzen Sie Filterregeln. Etliche Führende filtern Cc:-Mails in einen Cc:-Ordner. Und in diesen Ordner, der ja nur Informationen enthalten darf, schauen Sie ein- bis zweimal pro Woche hinein. Betrachten Sie es konsequent. Falls jemand möchte, dass Sie etwas „wissen", dann darf er nicht einfach eine Mail schreiben. Das ist didaktisch unzureichend. Wenn Sie „wissen" sollen, müsste derjenige mit Ihnen in einen kontrollierten Dialog eintreten. Eine Mail ist eine Zur-Verfügung-Stellung einer Information. Früher wurde gesagt „alles, was am schwarzen Brett hängt, weiß kein Mensch“. Und da war etwas Wahres dran. Heute gilt das für Sharepoints und Ähnliches. Es werden dort Informationen zur Verfügung gestellt. Der Sender weiß allerdings nicht, ob und wie diese gelesen und vor allem verstanden und verarbeitet werden. Das Risiko, dass lesen-verstehen-umsetzen nicht durchgängig oder einheitlich funktionieren, ist viel zu groß.

Eine beliebte Filtermöglichkeit ist auch der Betreff. Wenn Sie beispielsweise ein Projekt leiten, können Sie mit Ihrem Projektteam einen „Betreffcode“ vereinbaren. Jede Mail innerhalb des Projekts hat im Betreff vorne den Code stehen, so dass jeder einen Filterregel setzen kann und jede Projektmail direkt in den Projektordner umgeleitet wird. So entsteht auch mehr Qualität in der Betreffzeile. Oft genug ist nicht anhand der Betreffzeile erkennbar, worum es genau in der Mail geht. Der Betreff wird beobachtbar oft unzureichend formuliert. Dabei kann die Betreffzeile dem Empfänger schon wertvolle Hinweise geben. Versuchen Sie, möglichst präzise in ein oder wenigen Worten zu formulieren, worum es in der Mail geht.

Nutzen Sie die TSP-Technik für die Bearbeitung Ihrer Eingangspost. „T“ steht für „Termin“: Falls es ein „to do“ in einer Mail für Sie gibt, ordnen Sie Ihrem gewählten Erledigungstermin einen „Termin mit sich selbst“ in Ihrem Kalender zu (falls Sie das „to do“ nicht sofort erledigen möchten oder tatsächlich müssen) und löschen Sie die Mail in Ihrer Eingangspost. „S“ steht für „Sache“ und damit archivierungswerte Informationen. Archivieren Sie eher ausgewählt und nicht ständig alles. Prüfen Sie, was Sie wirklich (!) archivieren sollten. Und „P“ steht für Papierkorb: Falls es kein „to do“ gibt und es eine nicht archivierungswerte Mail ist – löschen Sie sie! Falls Ihnen das Löschen schwer fällt - bauen Sie sich einen Ordner „Müll Jahreszahl“, den Sie allerdings im Folgejahr zu einem fixierten Datum löschen sollten, ohne vorher noch einmal hineinzuschauen. Alles, was Sie bis dahin nicht gebraucht haben, werden Sie auch weiterhin nicht brauchen! Das ist vergleichbar mit den Umzugskartons, die seit drei Jahren ungeöffnet auf dem Dachboden stehen.

Vereinbaren Sie mit Ihrem Team oder im Unternehmen ein paar Grundregeln zum Umgang mit E-Mails. Zum Beispiel:

Regeln zum Umgang mit E-Mails

- Wer es eilig hat, darf keine Mail schreiben, sondern sucht das persönliche Gespräch.
- Die maximale Reaktionszeit auf E-Mails beträgt (24 Stunden?).
- Cc: ist nur zur Information und darf nie ein „To-do“ beinhalten.
- Bei kritischen oder konfliktären Themen sofort auf ein persönliches Gespräch wechseln
- Aus der Betreffzeile ist das konkrete Thema erkennbar.
- Eine Mail darf nicht länger sein als ... Zeilen.

Das reicht auch schon, denn mehr Regeln sollten es nicht sein. Je mehr Regeln, desto höher die Wahrscheinlichkeit, dass diese nicht beachtet werden. Wobei das hier nur Anregungen waren. Gestalten Sie Ihre eigenen wichtigsten Mailregeln.

■ 11.3 Symptom „Aufschieberitis"

Gegen „Aufschieberitis" helfen zwei Dinge. Erstens vereinbaren Sie verbindliche „Termine mit sich selbst", die Sie konsequent in den Kalender eintragen und auch vor Anfragen anderer schützen. Und während dieser „Termine mit sich selbst" wenden Sie gleichzeitig das Prinzip der „Stillen Stunde" an, indem Sie sich abschotten und Ihre volle Aufmerksamkeit auf die Tätigkeit richten, die Sie so gerne vor sich herschieben.

Behandeln Sie den „Termin mit sich selbst" wie jeden anderen Termin auch verbindlich. Sie können auch Ihrem Vorgesetzten und auch einem Kunden sagen, dass Sie gleich einen Termin haben und sich danach zuverlässig zurückmelden. Es sei denn, Ihr Vorgesetzter oder der Kunde haben wirklich etwas Dringendes und nicht „nur" etwas Wichtiges. Denn Wichtiges ist immer noch terminierbar, Dringendes hingegen nicht.

Sollten Sie das zu Erledigende als „zu hohen Berg" empfinden, hilft das „Aufteilen in kleine Teile". Definieren Sie Arbeitsabschnitte und halten Sie die Termine für die Erledigung dieser Abschnitte zuverlässig ein.

Ein Beispiel: Wenn Ihnen die Erledigung der eigenen Steuererklärung als zu „hoher Berg" vorkommt, teilen Sie ihn in Arbeitsschritte auf und vereinbaren Sie Termine: Am ersten Samstag um 10 Uhr vervollständigen Sie nur den Mantelbogen Ihrer Steuererklärung - mehr nicht. Am nächsten Samstag um 10 Uhr vervollständigen Sie nur Anlage 1. Und so weiter.

Jeder Arbeitsabschnitt sollte ein in sich vollendetes Ergebnis haben. Falls sich das so nicht einteilen lässt, gilt: Je weniger Arbeitsabschnitte Sie haben, desto geringer wird die gesamte Bearbeitungszeit sein. Denn wenn Sie zum Beispiel an zwei unterschiedlichen Terminen an der Anlage 1 arbeiten, werden Sie beim zweiten Termin erstmal eine Orientierung benötigen, wie weit Sie beim ersten Termin gekommen waren. Dieses „Wiederreinkommen" benötigt Zeit.

11.4 Symptom „Nicht Nein-Sagen können"

„Manche betrachten es als Zeitfresser, „nicht NEIN sagen zu können". NEIN sagen ist ein weder kundenorientiertes noch kollegiales Verhalten. Deshalb sollten Sie auch gar nicht NEIN sagen.

Sollte auf Sie ein Auftrag zukommen, der in den Verantwortungsbereich eines Kollegen gehört, leiten Sie den Auftrag oder die Anfrage passend um. Das dürfte auch im Zweifel dem Kollegen gefallen, der dafür verantwortlich ist. Alles andere könnte er als „Wildern" in seinem Bereich empfinden.

Sollte die Anfrage oder der Auftrag bei Ihnen richtig platziert sein (an der Stelle wird noch einmal deutlich, wie wichtig klar definierte Verantwortlichkeiten sind), prüfen Sie, bis wann Sie eine Antwort oder das gewünschte Ergebnis liefern können. Sie können also stets reagieren mit „JA, das kann ich dann und dann liefern". Sie geben also stets den frühestmöglichen Erledigungstermin bekannt, was wiederum Ihrem „Auftraggeber" zur Orientierung dient. Sollte Ihr Auftraggeber einen früheren Liefertermin fordern, prüfen Sie die Notwendigkeit. Ggf. verschieben Sie eine andere Erledigung weiter nach hinten und informieren den Empfänger der Leistung. Die schlechtere Idee wäre wieder, alles simultan liefern zu wollen.

Tagesplanung richtig gestalten bzw. der richtige Umgang mit meinem Terminkalender

Folgende Übung: Nehmen Sie ein leeres Blatt Papier oder öffnen Sie ein neues Textdokument. Entscheiden Sie selbstbestimmt, wie viele Stunden Ihres Lebens Sie am nächsten Werktag dem Thema „Arbeit bei/für ..." widmen möchten. Schreiben Sie diese selbstbestimmte Anzahl Stunden oben auf das Blatt oder Dokument. Danach schreiben Sie alle Termine und dazugehörige Zeiten auf, die Sie für den nächsten Werktag geplant haben – inklusive der Blöcke für Mailbearbeitung und der „Termine mit sich selbst". Addieren Sie alle verplanten Zeiten auf und schreiben Sie die Summe neben die Stundenzahl, die Sie selbstbestimmt dem Thema „Arbeit" widmen wollten. Schreiben Sie noch eine dritte Zahl daneben: Wie viele Prozente Ihres durchschnittlichen Arbeitstages kommen „unvorhergesehen" herein? 30 %? 40 %? Mehr?

Wenn Sie jetzt von den Stunden, die Sie dem Thema „Arbeit" widmen möchten, die Prozente für Unvorhergesehenes abziehen, haben Sie die Zeit, die Sie überhaupt maximal verplanen dürfen. Wenn Sie also beispielsweise acht Stunden arbeiten möchten und 50 % durchschnittlich Unvorhergesehenes hineinkommen, dürfen Sie also maximal vier Stunden verplanen. Planen Sie mehr, sind Sie bereits überplant. Folge: Sie werden an vielen Tagen abends mit dem Gefühl nach Hause fahren, nicht all das geschafft zu haben, was Sie geplant hatten. Sie werden unzufrieden sein.

Halten Sie sich konsequent an die Obergrenze der maximal verplanbaren Zeit. Sollten Sie wider Erwarten mal weniger Unvorhergesehenes bekommen, können Sie etwas vorziehen, was für morgen geplant war. Sie fahren mit dem Gefühl nach Hause, mehr geschafft zu haben, als Sie sich vorgenommen hatten. Das kommt Ihrer Zufriedenheit zugute.

Planen Sie konsequent und diszipliniert jedes „To-do“ in Ihrem Kalender und blocken Sie die voraussichtliche Erledigungszeit. Wenn Sie das nicht tun, führen Sie sich und Ihr Zeitkontingent nicht. Sie leben in den Tag hinein und wundern sich, dass Sie bestimmte Dinge nicht erledigt bekommen.

11.5 Zeitfresser „Unvorhergesehenes“

Die schlechteste Idee ist, etwas Unvorhergesehenes „oben drauf“ zu packen, ohne etwas anderes dafür weiter in die Zukunft zu terminieren. Erstens arbeiten Sie damit gegen Ihre eigene Lebensentscheidung und zweitens lernt Ihr Umfeld, dass das „über den Zaun werfen“ doch wunderbar funktioniert hat. Was glauben Sie, was morgen passiert? Und solche Reiz-Reaktionsmuster etablieren und verfestigen sich.

Wer jeden Ball fängt, braucht sich nicht zu wundern, wenn er auch jeden Ball zugeworfen bekommt!

Das nennt sich auch der „Fluch der guten Tat“. Die, die bekannt sind für prompte und gute Erledigung, bekommen tendenziell immer mehr. Das klingt doch auch erstmal gut, zumindest für das Unternehmen oder die Organisation. Und das ist vielleicht auch gut für Ihre Karriere. Ist aber grenzwertig.

Warum grenzwertig? Es gibt zwei bedeutsame physikalisch-biologische Grundgesetze in diesem Zusammenhang: Erstens hat der Tag 24 Stunden und zweitens erfährt der Homo Sapiens früher oder später ein biologisches Ende (Bild 11.1). Also stellt sich die Frage, wo die Grenze Ihrer Arbeit ist. Dort, wo Sie 24 Stunden arbeiten (mehr geht dann nun wirklich nicht), oder dort, wo Sie tot oder zumindest ausgebrannt, erschöpft, erkrankt umfallen?

Beides kann nicht im Interesse des Unternehmens sein. Die Konsequenz kann nur sein, eigene Grenzen zu definieren und zu pflegen. Das hat etwas von Selbstbestimmung und kommt Ihrem Leben zugute, aber auch dem Unternehmen. Sie erhalten Ihre Energie und Arbeitsfreude für sich selbst und für das Unternehmen. Sie pflegen sich als „Ressource“. Wir achten bei unseren Smartphones darauf, dass diese immer genug Energie haben und klemmen sie notfalls täglich an die Steckdose. Machen wir das mit uns selbst auch? Achten wir auf unsere Energie? Laden wir genügend auf?

Wenn Sie stets „alle Bälle auffangen" und damit zum Beispiel mangelnde Kapazitäten oder Kompetenzen anderer ausgleichen, verhalten Sie sich streng genommen unfair gegenüber dem Unternehmen. Sie suggerieren dem Unternehmen, dass alles okay ist, weil in der Wahrnehmung Ihres Umfeldes alles funktioniert. Und spätestens, wenn ein Mitarbeiter oder Sie ausfallen, merkt das Unternehmen, dass es vielleicht doch ein Problem gibt.

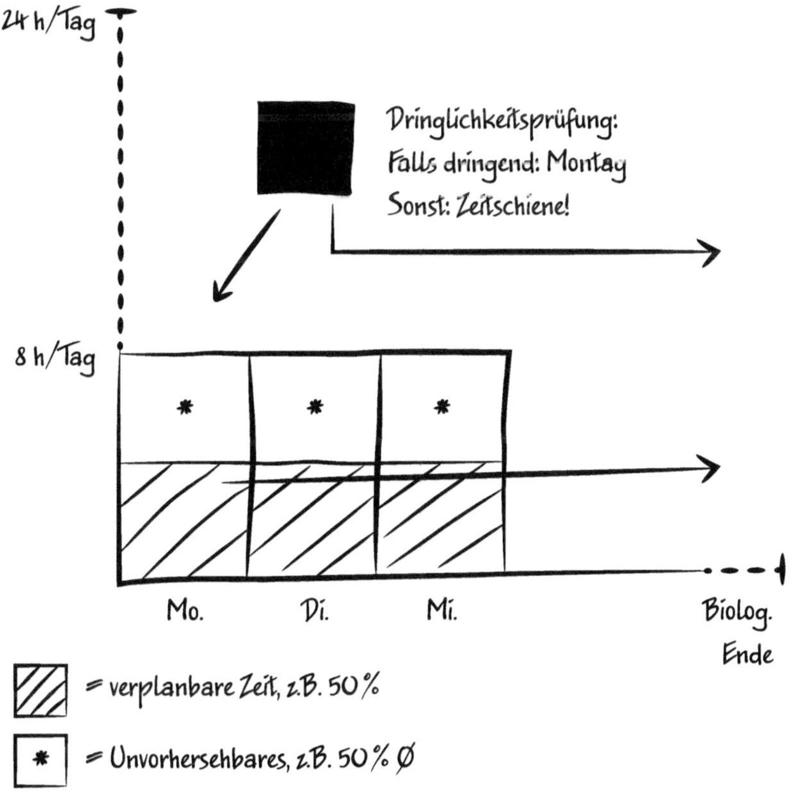

Bild 11.1 Grenzen der Belastbarkeit

Jeder weiß, was mit einem Motor passiert, der im roten Drehzahlbereich gefahren wird. Es ist eine Frage der Zeit, bis der Motor kaputt ist. Achten Sie für sich selbst und für Ihre Mitarbeiter darauf, dass der „rote Drehzahlbereich" nur kurzzeitig und in wirklichen Notsituationen sein darf, aber auf keinen Fall länger.

Menschen, die im Hamsterrad sitzen, haben häufig selbst nicht die Wahrnehmung dafür. Und kommen selbst nicht aus dem Hamsterrad heraus. Der häufig geäußerte Glaube dieser Menschen ist: „Ich habe alles im Griff." Bis der Arzt Arbeitsverbot erteilt oder eine schlechte Diagnose unterbreitet. Diese Menschen benötigen aller Erfahrung nach jemanden von außen, der sie fest im Genick packt und aus dem Hamsterrad herauszieht. Schön, wenn das der nächsthöhere Vorgesetzte ist.

Wenn Sie „alle Bälle auffangen", dann haben Sie irgendwann so viele Bälle in der Luft, dass Sie sie nicht mehr jonglieren können! Definieren und pflegen Sie Grenzen! ■

12 Neu in der Führungsrolle

Eine der größten Herausforderungen im Berufsleben ist der Neueinstieg in eine Führungsaufgabe - erst recht, wenn man vom Kollegen zum Vorgesetzten aufsteigt. Um erfolgreich in der neuen Verantwortung zu sein, kommt es entscheidend darauf an, sich von Beginn an erfolgreich in der neuen Funktion zu positionieren. „Wehret den Anfängen" ist auch in dieser Situation ein gutes Motto.

12.1 Das Leistungsdreieck

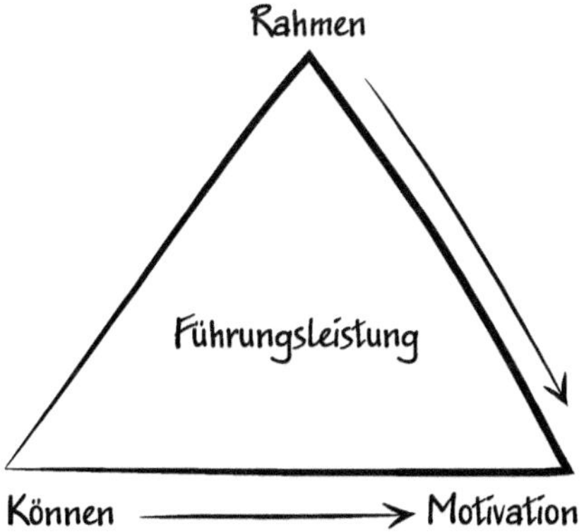

Bild 12.1 Das Leistungsdreieck - Faktoren, die zur Führungsleistung beitragen

Falls Sie in irgendeiner Funktion oder Rolle erfolgreich leisten möchten, braucht es stets drei erfüllte Faktoren. So auch für eine erfolgreiche Führungsleistung (Bild 12.1):

a) Es braucht Ihre Fähigkeit zur Leistung, also in diesem Falle Führungsfähigkeit, -können und -Know-how.

b) Es braucht die passenden Rahmen zur Leistung. Also klar definierte und abgegrenzte Verantwortlichkeiten, dazu passende Entscheidungsrechte, klar zugeordnete Mitarbeiter, eine beherrschbare Anzahl Mitarbeiter, ausgereifte Führungswerkzeuge wie zum Beispiel das formale Mitarbeitergespräch (welches auch kontraproduktiv gestaltet sein kann), genügend Kapazitäten zur Erfüllung des Auftrags etc. Was nützen Ihnen beispielsweise gute Führungsfähigkeiten und ein passendes Führungsverständnis, wenn die Rahmenbedingungen hinderlich ausgestaltet sind?

c) Es braucht die Lust und Motivation zur Leistung. Was nützen gute Werkzeuge und ein gutes Know-how, wenn Sie gar nicht leisten wollen?

Das *Können* in Bezug auf Führungsleistung bezieht sich auf Führungs-Know-how und -fähigkeit. Wie führe ist? Wie erfülle ich meine Führungsaufgaben gekonnt und souverän (das Kernthema dieses Buchs!)? Die meisten Geschäftsführer würden einem Mitarbeiter kein Firmenfahrzeug anvertrauen, wenn sie wüssten, dass dieser keinen Führerschein hat! Aber Führende werden regelmäßig auf Mitarbeiter „losgelassen", obwohl sie noch keinen „Führerschein für Führung" gemacht haben. Der Schaden, den Führende bei Mitarbeitern erzeugen können, ist auch nicht so offensichtlich (zumindest anfangs nicht) wie das Firmenfahrzeug am nächsten Baum. Es ist prima, wenn Unternehmen Führende vor dem Einstieg in eine Führungsrolle zum Thema Führungs-Know-how und -fähigkeit qualifizieren und trainieren. Wenn Sie Kandidat für den Einstieg in eine Führungsrolle sind, fordern Sie eine entsprechende Qualifizierung ein, falls diese noch nicht oder nicht genügend vorhanden ist. Es verringert deutlich die Gefahr, zu scheitern und Unlust und Frustration zu erleben.

Die *Motivation* zur Leistung leidet, wenn entweder die Fähigkeiten nicht genügend vorhanden sind und/oder die Rahmenbedingungen nicht passen. Beides wirkt demotivierend.

Wenn beispielsweise ein Führender mit konfliktären Situationen oder anderen Herausforderungen nicht umzugehen weiß, dann leidet die Motivation recht rasch. Selbiges gilt, wenn zum Beispiel ein Führender nicht entscheiden darf, was zur Zielerreichung aber vonnöten wäre oder er ungeeignete Werkzeuge oder Prozesse einsetzen soll (ein kompliziertes formales Mitarbeitergespräch oder anderes).

Gerade in diesen *Rahmen* liegt häufig etwas im Argen: unklar geregelte Verantwortlichkeiten oder/und Entscheidungsbefugnisse oder schwammig zugeordnete Mitarbeiter. Gerade in Projekten werden teils keine klaren Ressourcenvereinbarungen getroffen, so dass Führende im Projekt den Ergebnissen ihrer Mitarbeiter hinterherlaufen und damit eher „Projektleider" statt Projektleiter sind.

Ihre Führungsspanne sollte weder zu gering (ein bis zwei Mitarbeiter) noch zu groß sein. Je nach Funktion können schon zehn Mitarbeiter zu viele sein, so dass Sie Ihre Führungsaufgaben nicht befriedigend erfüllen können.

Sagen Sie erst JA zu einer Führungsrolle, wenn Sie brauchbare Rahmenbedingungen vorfinden. Oder fordern Sie sie ein. Ohne passende Rahmen und Führungs-Know-how wird erfolgreiches Führen schwer bis unmöglich.

Ist also ein Unternehmen an der Steigerung der Führungsleistung seiner Führenden interessiert, sollte nicht nur am Führungsverständnis und -Know-how gearbeitet werden. Auch die Rahmenbedingungen sollten auf ihr Optimierungspotenzial hin untersucht werden, ebenso der Wille und die Motivation zur Führung.

12.2 Legitime und illegitime Bypässe

Es kommt vor, dass sich ein Mitarbeiter von Ihnen direkt an Ihren Vorgesetzten wendet (Bild 12.2), dass sozusagen ein Bypass an Ihnen vorbei gelegt wird. Das kann ich manchen Fällen in Ordnung sein (legitimer Bypass), aber in den allermeisten Fällen müssen Sie reagieren.

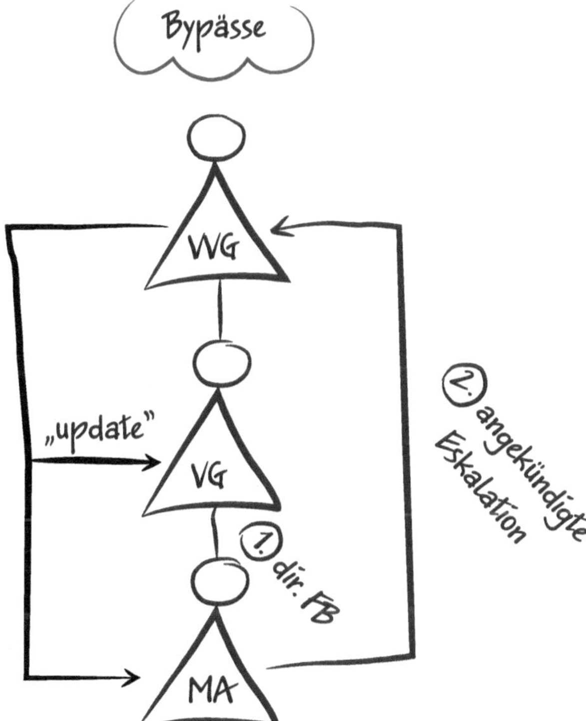

Bild 12.2 Bypässe – wenn Sie außen vor bleiben (VVG = Vorvorgesetzter, VG = Vorgesetzter, MA = Mitarbeiter)

In Ordnung ist so ein Bypass dann, wenn der Mitarbeiter seinem direkten Vorgesetzten Feedback gegeben hat, dieser allerdings nicht oder nicht ausreichend darauf reagiert hat, und der Bypass vom Mitarbeiter angekündigt wurde! Nehmen wir an, ein Mitarbeiter erlebt Störpunkte im (Führungs-)Verhalten seines direkten Vorgesetzten. Im Sinne der Feedbackkultur des „offenen Visiers" kann von diesem Mitarbeiter erwartet werden, dass er seinem direkten Vorgesetzten im ersten Schritt ein persönliches Feedback gibt. Auch hier gilt: maximal zwei kurze Feedbacks, einmal ein langes Feedback. Sollte der Mitarbeiter nun nicht zufriedenstellende Reaktionen seines direkten Vorgesetzten beobachten, würde er spätestens im dritten Gespräch - situativ auch schon im zweiten - seine andauernde Unzufriedenheit zum Ausdruck bringen und die Einbindung des nächsthöheren Vorgesetzten als Eskalationsinstanz für den Fall der weiterhin nicht ausreichenden Reaktion ankündigen. Damit kommt der Mitarbeiter aus der „Petzenrolle" heraus, weil er transparent und angekündigt eskaliert.

Nehmen wir an, ein Mitarbeiter kommt zum Vorvorgesetzten und beschwert sich über seinen direkten Vorgesetzten. Der Vorvorgesetzte ist nun gut beraten, den Mitarbeiter nach der Reaktion des direkten Vorgesetzten auf das direkte Feedback zu befragen. In der Frage „Wie hat denn Ihr Vorgesetzter auf Ihr Feedback reagiert?" liegt bewusst die Unterstellung, dass er das Feedback seinem Vorgesetzten gegeben hat. Sollte sich nun herausstellen, dass das nicht oder nicht ausreichend der Fall war, ist es wiederum eine legitime Erwartung, dass der Mitarbeiter zunächst seinem direkten Vorgesetzten ein aufrichtiges und hochwertig formuliertes Feedback gibt und erst im Falle der nicht ausreichenden Reaktion an den Vorvorgesetzten eskaliert. Der Vorvorgesetzte kann einerseits dem Mitarbeiter versichern, dass er im Falle der Eskalation eine neutrale Beurteilung der Situation anstreben würde, andererseits sollte er das direkte Feedback einfordern und coachend mit dem Mitarbeiter zusammen vorbereiten.

Neben der Beschwerde über den direkten Vorgesetzten ohne vorheriges, direktes Feedback an diesen ist auch jegliches Einholen von Entscheidungen beim Vorvorgesetzten ein illegitimer Bypass. Kommt also ein Mitarbeiter zum Vorvorgesetzten und bittet um irgendeine Entscheidung, ist der Mitarbeiter konsequent an den direkten Vorgesetzten zu verweisen und im Abwesenheitsfall des direkten Vorgesetzten an den (hoffentlich sichtbaren) Stellvertreter.

Es ist eine schlechte Idee, Stellvertretung hierarchisch „nach oben" zu regeln. Wenn der Vorvorgesetzte Stellvertreter seiner unterstellten Führenden ist, braucht er sich über eine immens hohe Belastung und Entscheidungsunsicherheiten nicht zu beschweren. Eine Stellvertretung ist eindeutig besser auf horizontaler Ebene (Kollegen vertreten sich untereinander) oder vertikal „nach unten" (ein Mitarbeiter aus dem Team ist Stellvertreter) geregelt.

Als Vorvorgesetzter schicken Sie bitte einen Mitarbeiter in fachlichen Fragestellungen stets zu seinem direkten Vorgesetzten zurück. ■

Sollte Ihr eigener Vorgesetzter illegitime Bypässe von Mitarbeitern zulassen, sollten Sie ein Gespräch mit ihm über das Thema Bypässe führen. Unkorrektes Bypassverhalten Ihres Vorgesetzten kann Sie in der Ausübung Ihrer Führungsrolle massiv behindern. Hat sich der illegitime Bypass zum Vorgesetzten erstmal etabliert, sinkt die Akzeptanz für Sie als direkten Führenden deutlich. Und manche Mitarbeiter „betonieren" gerne illegitime Bypässe und bauen sie zur Schnellstraße aus.

Wenn Ihr Vorgesetzter direkt mit Ihren Mitarbeitern spricht (Bypass von oben nach unten), dann ist dies nicht nur erlaubt, sondern sehr zu empfehlen. Das „Management by walking around" ist eines der wirksamsten Führungsinstrumente. Sie bekommen Informationen, die Sie nicht bekommen würden, wenn Sie nicht einfach in Kontakt zu Ihren Mitarbeitern treten. Sie bekommen Stimmungen mit.

Zwei Dinge sind allerdings beim Bypass von oben nach unten bzw. beim Management by walking around zu beachten: das „Zugriffstabu" und die „Update-Pflicht".

Die Themen Anweisung und Delegation sind beim Bypass von oben nach unten illegitim. Wenn Sie Mitarbeitern Ihrer unterstellten Führenden Anweisungen oder Aufträge geben, greifen Sie auf deren zugeordnete Ressourcen zu. Sie ent-positionieren damit Ihren unterstellten Führenden und erschweren seine Führungsarbeit. Sollte sich Ihr Vorgesetzter so verhalten, müssen Sie reagieren und klarstellen (am besten mit der 3-Satz-Technik), wie sehr dieses Verhalten Ihre eigene Rolle infrage stellt.

Die Themen Anweisung und Delegation gehören auf den „Dienstweg". Mit einer Ausnahme: In absoluten Notsituationen ist die direkte Anweisung gestattet. Wenn zum Beispiel das Schiff auf den Eisberg zufährt, darf und sollte der Kapitän direkte Anweisungen in alle Winkel des Schiffs geben, weil der Dienstweg zu viel Zeit in Anspruch nehmen würde. Aber wie oft fährt das Schiff tatsächlich auf den Eisberg zu?

Sollte Ihr Vorgesetzter also ohne „wirkliche" Not auf Ihre Mitarbeiter zugreifen, sollten Sie auch in diesem Fall ein Gespräch mit ihm über illegitime Bypässe führen. Und bei nicht ausreichender Reaktion angekündigt zum Vorvorgesetzten eskalieren (Sie erkennen das Schema wieder).

Solange sich Ihr Vorgesetzter und Ihr Mitarbeiter über Gott und die Welt unterhalten, ist sowieso alles in Ordnung. Können beide gerne tun. Ihr Vorgesetzter kann auch jeden Tag mit Ihrem Mitarbeiter in die Kantine gehen. Ebenfalls in Ordnung.

Nur sobald die beiden anfangen, fachliche oder betriebliche Informationen auszutauschen, entsteht für Ihren Vorgesetzten eine „Update-Pflicht" Ihnen gegenüber.

Egal, ob Ihr Mitarbeiter Ihrem Vorgesetzten eine fachliche oder betriebliche Information gibt oder andersherum Ihr Vorgesetzter Ihrem Mitarbeiter - Ihr Vorgesetzter sollte Sie auf den neuesten Stand bringen! Falls das nicht passiert, werden Sie auf Dauer informativ „ausgehöhlt". Im schlimmsten Fall verfügt Ihr Mitarbeiter über relevante betriebliche Informationen, die Sie nicht kennen. Spätestens dann sollten die Alarmglocken klingeln. Und Sie hätten wieder ein Gespräch mit Ihrem Vorgesetzten über sein Bypassverhalten, in diesem Falle über unterlassene „Updates".

Illegitime Bypässe sind immer noch vielerorts zu beobachten. Falls Sie selbst von unkorrektem Bypassverhalten Ihres Vorgesetzten betroffen sind - bringen Sie den Mut auf, mit Ihrem Vorgesetzten darüber zu reden. Sämtliche Mühen, die eigene Führungsrolle erfolgreich wahrzunehmen, sind für die Katz, wenn sich Wege um Sie herum etablieren.

Für die nächsthöheren Führenden ist es nicht einfach, die Grenze vom legitimen zum illegitimen Bypass zu erkennen. Um es auf einen Nenner zu bringen:

Wenn Sie Vorvorgesetzter sind, sollten Sie stets dann Ihren Führenden informieren, wenn Sie bei Ihrem Rundgang betriebliche Informationen ausgetauscht haben. Und Sie sollten bei fachlichen Fragestellungen, Entscheidungen und auch Beschwerden stets an den direkten Vorgesetzten verweisen.

12.3 Ein paar Tipps zum Einstieg

Nachstehend einige Tipps, die Sie beim Einstieg in eine Führungsrolle beherzigen sollten:

- *Prüfen Sie sorgfältig, ob Sie sich auf eine Führungsspanne von nur ein oder zwei Mitarbeitern einlassen.* Es ist häufig konfliktbegünstigend, wenn von zwei oder drei Menschen einer zum „Häuptling" gemacht wird. Die Mitarbeiter empfinden nicht selten eine hierarchische Rücksetzung, denn ihnen ist jemand „dazwischengeschoben" worden. Die Mitarbeiter werden jetzt beispielsweise wie gewohnt nicht mehr von ihrer Abteilungsleitung direkt geführt, sondern von der neuen Zwischenebene, der Teamleitung. Das ist nicht nachvollziehbar, denn die Entlastung für die Abteilungsleitung ist nicht gravierend - die Führungsspanne wurde lediglich um ein oder zwei Mitarbeiter reduziert, dafür aber eine neue hierarchische Ebene geschaffen. Das überdies widerspricht dem „Lean Management"-Gedanken, eine Organisation so schlank wie möglich - sprich mit so wenigen Führungsebenen wie es eben geht - auszustatten.

1:1- und 1:2-Führungsbeziehungen schaffen beobachtbar regelmäßig eher Nach- als Vorteile. Es mangelt an Akzeptanz für den neuen Führenden und es entwickelt sich ein konfliktäres Geschehen. Bei einem 1:2 „verbünden" sich manchmal die beiden Mitarbeiter gegen ihren Führenden. Es ist also auch aus Unternehmenssicht nicht empfehlenswert, solche Konstellationen zu kreieren.

Die Notwendigkeit von Führung sowie eine sinnvolle Entlastung einer höheren Führungskraft beginnt bei Teamgrößen von vier Mitarbeitern (grenzwertig), besser noch fünf Mitarbeitern. Sollten Sie sich dennoch auf eine Führungsspanne von ein oder zwei Mitarbeitern einlassen wollen, ist es dringend empfehlenswert, einen sehr partnerschaftlichen Umgang auf Augenhöhe zu pflegen und nicht den Führenden „heraushängen" zu lassen.

Es kommt in Unternehmen vor, dass aufgrund des Karrierewunsches eines Mitarbeiters eine Führungsstelle mit einer Führungsspanne 1:1 oder 1:2 geschaffen wird, um diesem Wunsch zu entsprechen. Aus den oben beschriebenen Gründen ist davon abzuraten. Diese Konstellation kann zum Bumerang werden.

- *Achten Sie auch darauf, eine nicht zu große Führungsspanne zu haben.* Je nach Funktion ist die Obergrenze unterschiedlich, aber bereits zehn bis fünfzehn Mitarbeiter können eine zu große Spanne darstellen. Es wird dann schwierig, alle Führungsaufgaben und -rollen zu erfüllen.
- *Vermeiden Sie ein „ab morgen wird alles anders" gleich zu Beginn.* Falls Sie mit einer solchen Botschaft oder ähnlichen Signalen in Ihre neue Rolle einsteigen, werden Sie mit hoher Wahrscheinlichkeit auf massiven Widerstand stoßen. Und da es für den ersten Eindruck keine zweite Chance gibt, wird es schwer werden, diese Sollbuchung auf den Beziehungskonten der Mitarbeiter wieder auszugleichen.
- *Wertschätzen Sie stattdessen das Bisherige und lassen Sie sich Zeit für eine Analyse des Optimierungspotenzials.* Selbst wenn Sie Aufsteiger aus eigenen Reihen sind. Nehmen Sie sich ein paar Wochen Zeit, führen Sie Gespräche, ermitteln Sie Stärken und Schwächen und sprechen Sie dann mit Ihren Mitarbeitern über das realistische Veränderungspotenzial.

  Es war eine schlechte Idee eines bekannten Profifußballers und späteren Fußballtrainers, bei einem großen, erfolgreichen Verein schon vor dem Amtsantritt eine Kompletterneuerung anzukündigen. Dieser Trainer hatte schon keine Chance mehr, ehe er gestartet war. Und war dann auch nur kurze Zeit im Amt.
- Stellen Sie sich bitte nicht nur mit dem beruflichen Werdegang vor. *Erzählen Sie auch über private Themen.* Welche Tiefe diese Erzählungen haben, entscheiden Sie. Ob Sie nur von Ihren Hobbys erzählen oder sogar über schmerzliche Lebenserfahrungen, eigene Schwächen oder Ähnliches. Bedenken Sie bitte bei Ihrer Entscheidung, dass persönliche Themen Ihren Mitarbeitern ermöglichen,

Sie als Mensch und nicht nur als „Head of ...“ wahrzunehmen. Und Sie erhöhen die Chance, von Ihren Mitarbeitern ebenfalls Persönliches zu erfahren, was der Individualisierung Ihrer Führung zu Gute kommt. Es ist vorteilhaft zu wissen, wenn ein Mitarbeiter eine pflegebedürftige Mutter zu Hause hat oder Fan eines bestimmten Fußballklubs ist. Sie gewinnen zusätzliche Themen für Ihre Beziehungsgespräche.

- Es wird gerne mal über Nähe und Distanz von Führenden diskutiert. Nochmal, Sie benötigen eine ungestörte oder besser noch positive Beziehung zu Ihren Mitarbeitern, wenn Sie diese wirklich erfolgreich führen möchten. *Sie dürfen eine freundschaftliche Beziehung zu Ihren Mitarbeitern haben, müssen aber in der Sache klar und angemessen konsequent kommunizieren und handeln.* Wer glaubt, Führungsautorität über eine künstliche Distanz aufbauen zu können oder sollen, ist im Irrglauben. Erzeugen Sie Nähe, aber seien Sie in der Sache klar. Das ist gleichzusetzen mit dem grundsätzlichen Respekt und der grundsätzlichen Wertschätzung für den Mitarbeiter in Verbindung mit der nüchternen Kritik in der Sache. Ihr Mitarbeiter sollte genau diese Kombination spüren.
- Auch plötzlich nach Antritt in Ihrer neuen Führungsrolle eine gänzlich andere Kleidung zu tragen – aus Jeans und Polo wird der Designeranzug – dürfte eher kritisch beäugt werden und nicht wirklich zu Ihrer Führungsautorität beitragen. „Kleider machen Leute“ hat zwar nach wie vor Gültigkeit. *Reflektieren Sie aber bitte selbstkritisch, mit welcher Kleidung Sie welchen Eindruck erzeugen oder was ein gravierender Wechsel des Kleidungsstils bewirkt.*
- Es war eine schlechte Idee von Napoleon Bonaparte, sich seinerzeit in Notre Dame die Kaiserkrone selbst aufs Haupt zu setzen. Es war der Anfang vom Ende eines bis dahin erfolgreichen Menschen (falls die Eroberung anderer Länder ein Erfolg ist). *Inthronisieren Sie sich besser nicht selbst.* Begründen Sie auch nicht selbst, warum Sie der neue Führende geworden sind. Das ist Ihrer Positionierung in der neuen Rolle im Zweifel abträglich. Und die Frage, warum Sie der neue Führende sind, ist überdies beim Entscheider -sprich in der Regel Ihrem Vorgesetzten- richtig platziert.
- *Vermeiden Sie es, Ihren Vorgänger schlecht zu reden,* selbst wenn Ihr Vorgänger de facto große Fehler gemacht hat. Ihre Mitarbeiter könnten das als üble Nachrede oder auch als Anmaßung wahrnehmen und schon würden Sie an Respekt verlieren. Da ist es besser, entweder zu allem Gewesenen zu schweigen oder eine aufrichtige Wertschätzung auszusprechen.
- *Machen Sie nicht in den Manieren eines Teammitglieds weiter.* Sie haben jetzt einen Führungsauftrag, den es wahrzunehmen gilt. Manche Führende machen sich so sehr zum Teammitglied, dass sie als Führende gar nicht wahrgenommen werden. Und einmal in der Woche ein Teammeeting abzuhalten, reicht bei

Weitem nicht zur Erfüllung Ihres Führungsauftrags. Manche Führende scheinen zu glauben, mit einem wöchentlichen Teammeeting ihrem Führungsauftrag genüge getan zu haben.

- *Delegieren Sie Verantwortung.* Und zwar umso mehr, je mehr Mitarbeiter Sie haben. Das bedeutet, auch mal die liebgewonnene eigene Fachverantwortung abzugeben. Klammern Sie sich bitte nicht an Ihre operativen Aufgaben, in deren Erledigung Sie sich bislang sicher gefühlt haben. Sondern trauen Sie sich an die aktive Wahrnehmung Ihrer Führungsaufgaben heran, auch wenn diese für Sie noch Neuland sein mögen.
- *Eignen Sie sich genügend Fachkompetenz an,* um die neue Führungsrolle wahrnehmen zu können.

  Führende benötigen so viel Fachkompetenz, dass sie beurteilungsfähig sind. Das bedeutet, dass Sie zumindest in der Lage sein sollten, Ihren Mitarbeitern fachliche Aufträge geben und das Ergebnis beurteilen zu können. Führende, die über dieses Mindestmaß an Fachwissen nicht verfügen, werden von Mitarbeitern rasch erkannt und verlieren unmittelbar massiv an Autorität und Akzeptanz. Die Aussage „gute Führende benötigen keinerlei Fachwissen" ist ein Märchen. Ohne das beschriebene Mindestmaß an Fachwissen werden Sie Ihrem Führungsauftrag nicht gerecht werden können.

  Was also tun, falls Sie einen Bereich übernehmen, in dem Sie „fachlich unterbelichtet" sind? Gehen Sie offen damit um (Ihre Mitarbeiter wissen es möglicherweise eh schon). Tun Sie gar nicht erst so, als wenn Sie fachlich genügend auf dem Kasten hätten. In diesem Moment würden Sie sämtliche Akzeptanz verspielen. Stattdessen sprechen Sie Ihre fachlichen Lücken offen an. Und das schon bei der Inthronisierung oder Selbstvorstellung. Und nutzen Sie dann die besten fachlichen Coaches, die Sie haben können – Ihre neuen Mitarbeiter! Vereinbaren Sie Termine mit Ihren Mitarbeitern, an denen Sie sich an deren Platz setzen und sich fachlich fortbilden lassen. Nutzen Sie gleich die ersten Wochen in der neuen Rolle, um fachliche Defizite zu eliminieren. Schieben Sie das keinesfalls vor sich her. Das kommt bei den Mitarbeitern gut an und Sie nehmen gleichzeitig Ihre Vorbildrolle wahr, indem Sie vorleben, wie Sie mit fachlichen Defiziten umgehen: Sie eliminieren sie rasch und konsequent.

  Ich habe einige Führende kennengelernt, die genau diesen Fehler gemacht haben: Die fachlichen Defizite wurden nicht ausgeglichen und blieben bestehen. Die Mitarbeiter nahmen in der Folge ihren Führenden entweder als „schwachen" Führenden oder gar nicht als Führenden wahr. Im besten Falle gingen die Mitarbeiter noch wohlwollend mit der Situation um und ließen Führenden einfach Führenden (auf dem Papier) sein. Und die Führenden, die diesen Fehler machten, gingen täglich mit Bauchschmerzen ins Unternehmen. Sie spürten selbst ihre begrenzte Handlungsfähigkeit oder nahmen sich gar selbst als „schwache" Führungskraft wahr.

12.4 Drei Schritte für die ersten Tage und Wochen

Auftragsklärung

Schon bevor Sie das Angebot einer Führungsposition annehmen, sollten Sie sich ausführlich über die Rahmenbedingungen dieser Stelle bei Ihrem künftigen Vorgesetzten und im Umfeld informieren. Welche Erwartungen werden an Sie gerichtet? Woran ist messbar, dass Sie die neuen Führungsaufgaben erfolgreich gestalten? Was wären Indizien für einen Misserfolg? Weshalb gibt es diese neue Stelle bzw. weshalb wird die vorhandene Stelle neu besetzt? Welche Verantwortung bekommen Sie? Welche (hoffentlich zur Verantwortung passenden) Entscheidungsrechte? Sie sollten alles entscheiden dürfen, was zur Erfüllung Ihres Auftrags vonnöten ist. Warum ist die neue Zwischenebene eingezogen worden? Wie ist die Historie des Teams? Welche Konflikte gab es in der Vergangenheit? Warum gab es in den letzten beiden Jahren vier verschiedene Menschen auf dieser Führungsposition? Und so weiter …

Stellen Sie klärende Fragen. Bleiben Sie so lange in der Auftragsklärung, solange Sie Nebel oder Fragezeichen im Kopf haben oder Bauchschmerzen. Die Auftragsklärung ist erst beendet und Sie sagen bitte erst JA zu der angebotenen Führungsrolle, wenn Sie kognitive Klarheit über Ihren Auftrag und die Rahmenbedingungen dazu haben und frei sind von Bauchschmerzen. Ein gesundes Gefühl der Herausforderung darf sein.

Es gibt manchmal „Fahrstühle zum Schafott“. In die steigen Sie hinein und fahren direkt in die Hölle herunter. Sie sollten wissen, worauf Sie sich einlassen. Ansonsten drohen Enttäuschung oder Frustration.

Selbst wenn Sie nicht gefragt werden, ob Sie die Stelle übernehmen möchten. Sie können auch Fragen beantworten, die Sie sich selbst gestellt haben. Also fragen Sie sich selbst, ob Sie bereits JA zu der neuen Stelle sagen können, oder ob Ihnen noch etwas fehlt, um JA sagen zu können.

Nicht jede Stelle bietet die Voraussetzungen, um auch erfolgreich agieren zu können. Gegebenenfalls müssen hier Rahmenbedingungen geschaffen oder angepasst werden, damit der Erfolg überhaupt erst möglich werden kann. Das wäre dann wiederum kein NEIN zur angebotenen Stelle, sondern ein „JA, falls folgende Rahmenbedingungen gegeben sind“. Manches klären Sie besser vorher.

Lassen Sie sich bitte nicht auf „fließende Übergänge“ ein. Es sollte einen Stichtag geben, ab dem Sie das Zepter in der Hand halten bzw. im Rahmen Ihrer Verantwortung entscheiden dürfen. Das hat nichts damit zu tun, dass Ihr Vorgänger Sie ein paar Wochen oder sogar Monate einarbeiten sollte. Bei fließenden Übergängen wenden sich die Mitarbeiter in der Regel weiterhin an den bisherigen Führenden. Kein Wunder, ist der Mensch doch ein Gewohnheitstier. Es ist beobachtbar der bessere Übergang, wenn er (angekündigt) von einem Tag auf den anderen erfolgt.

Es sollte auch eine eindeutige Funktionsbezeichnung geben, zum Beispiel „Leitung X“ oder „Head of Y“. Der Begriff „Teamsprecher“ wird regelmäßig als zu schwach wahrgenommen.

Inthronisierung

Wichtig zur Positionierung in der neuen Funktion ist die Vorstellung als neuer Vorgesetzter. Derjenige, der sich für Sie als neue Führungskraft entschieden hat, sollte Sie in einem Meeting mit den neuen Mitarbeitern persönlich vorstellen. Und zwar spätestens am ersten Tag der neuen Tätigkeit.

Eine Bekanntgabe per Rundmail oder auf irgendeiner Folie oder im Intranet mag eine nette Ergänzung sein, kommt aber an die Wirkung einer gut gemachten Inthronisierung nicht heran. Rundmails oder Einträge im Intranet sind eine Bekanntgabe. Das reicht an die Qualität einer Inthronisierung, bei der sich Menschen in einem Raum in die Augen schauen, nicht heran! Immerhin sind die Mitarbeiter von einer Veränderung betroffen – Sie bekommen einen neuen Führenden. Da ist es auch ein Aspekt der Wertschätzung und des Change Managements, diese Mitarbeiter persönlich zu informieren und in den Wandel zu begleiten. Eine Mail oder ein Eintrag im Intranet reichen nicht.

Ihr Vorgesetzter, der hoffentlich auch derjenige ist, der sich für Sie entschieden hat, sollte über Folgendes sprechen:

Topics der Inthronisierung

- Sie sind ab (Datum) der neue Führende.
- Ein bis maximal drei triftige Gründe, warum sich Ihr Vorgesetzter für Sie in dieser Führungsrolle entschieden hat. Kein langes Herumgerede, sondern auf den Punkt begründet.
- Darstellung Ihres Auftrags, Ihrer Zielsetzung bzw. Ihrer Verantwortung. Sie sind verantwortlich für das Gesamtergebnis des Teams und es liegt an Ihnen, Ihre Mitarbeiter für die Erfüllung Ihres Auftrags zu nutzen.
- Darstellung Ihres Entscheidungsspielraums. Und das sollte wirklich alles beinhalten, was zur Auftragserfüllung nötig ist.
- Appell an die Mitarbeiter, mitzuziehen und auch auf das Feedback der neuen Führungskraft zu reagieren. Auch, weil eine ansonsten anstehende Eskalation für alle Beteiligten unangenehm ist.

- Symbolische Übergabe des „Staffelstabs". Der „Staffelstab" darf dabei ruhig etwas Gegenständliches sein. Einem neuen Geschäftsführer zum Beispiel darf ruhig ein Generalschlüssel überreicht werden. Ihr Vorgesetzter darf ruhig sagen: „Ihr Auftrag, Ihr Team. Ich darf mich dann verabschieden."

Eine Inthronisierung benötigt nur ein paar Minuten. Und Sie spüren es an den beschriebenen Inhalten. Ihr Vorgesetzter signalisiert damit Rückendeckung für Sie und trägt stark zu Ihrer Positionierung bei. Falls ein Mitarbeiter während der Inthronisierung mit Skepsis reagiert, hat Ihr Vorgesetzter die Möglichkeit, ein Einzelgespräch mit diesem Mitarbeiter folgen zu lassen, um eventuelle Bedenken zu ermitteln.

Eine skeptische Reaktion kann bereits ein besorgter Gesichtsausdruck oder die zusammengekniffenen Augenbrauen sein. Der Körper lügt nicht!

Da in den meisten Organisationen Inthronisierungen dieser Art nicht üblich sind, fordern Sie sie ein. Gehen Sie sogar so weit, dass Sie Ihren künftigen Vorgesetzten auf die aufgeführten Inhalte hin briefen. Viele Führende haben keine Routine im Inthronisieren und die Qualität von Inthronisierungen können sehr unterschiedlich sein. Bevor also unklare Signale in Richtung Mitarbeiter dabei herauskommen, gehen Sie auch hier auf Nummer sicher und besprechen zuvor die sinnvollen Inhalte. Und wieder gilt der Bibelspruch „wehret den Anfängen".

Antrittsgespräche

In den ersten Tagen in Ihrer neuen Führungsrolle führen Sie mit jedem Mitarbeiter, für den Sie einen Führungsauftrag haben, ein Antrittsgespräch unter vier Augen. Selbst wenn Sie Aufsteiger aus eigenen Reihen sind.

Das Einfache an diesen Gesprächen ist, dass alle mit derselben Fragestellung beginnen: „Wie geht es dir damit, dass ich jetzt dein neuer Vorgesetzter bin?"

Diese Frage mag ungewohnt sein oder auch merkwürdig klingen. Was hat es damit auf sich? Wie Sie bereits wissen, ist eine ungestörte Beziehung die Basis für den Erfolg in Ihrem Führungsauftrag. Es kann nun aber sein, dass die Veränderung, die der Mitarbeiter gerade erlebt, einen negativen Einfluss auf die Beziehung hat. Aus einem horizontalen Kollegenverhältnis wird ein vertikales Vorgesetzten-Mitarbeiter-Verhältnis. Und vielleicht erlebt der ehemalige Kollege diese Veränderung negativ und projiziert dieses negative Erleben auf Sie. Und auch, wenn Sie von außen in das Team hineinkommen, kann die negative Wahrnehmung der Veränderung auf Sie projiziert werden.

Die Frage „Wie geht es dir damit, dass ich jetzt dein neuer Vorgesetzter bin?" ist ein Akzeptanzcheck. Sie prüfen, wie sehr der Mitarbeiter die Veränderung und auch Sie in Ihrer Führungsrolle akzeptiert. Sie müssen nicht erst ein paar Wochen im Amt sein, ehe Sie durch Beobachtung merken, dass bei einem oder mehreren Mitarbeitern etwas nicht stimmt. Das bekommen Sie bei Ihren Antrittsgesprächen heraus. Aber wird der Mitarbeiter Ihnen das anvertrauen? Ja, denn Ihr Mitarbeiter kann nicht nicht kommunizieren (Watzlawick), wenn er mit Ihnen in einem Raum sitzt. Stellen Sie die genannte Frage, schweigen Sie und schauen Sie den Mitarbeiter an. Der Mitarbeiter sendet sprachliche und körperliche Signale. Er kann nicht anders. Selbst wenn er schweigt oder zur Salzsäule erstarrt, sind das Signale. Und damit können Sie umgehen. Sie können Fragen stellen. Zum Beispiel: „Was sagt mir jetzt Ihr Schweigen?". Oder spiegeln: „Begeisterung sieht anders aus" oder „Sie wirken nicht so glücklich" oder „Ich spüre, dass irgendetwas klemmt". Bewahren Sie Ruhe. Halten Sie auch Schweigen aus.

Wobei es sich vermutlich gerade schwieriger liest, als es in der Umsetzung ist. Die meisten Führenden, die diese Gespräche geführt haben, berichten mir von tollen Gesprächen. Mitarbeiter wissen es offenbar zu schätzen, auf dieser Ebene und mit dieser Frage angesprochen zu werden. In der Regel sind es also positive Gespräche.

Nachfolgend ein schwieriges Szenario: Sie bekommen im Antrittsgespräch durch viel Aufmerksamkeit, Fragen und Spiegelungen heraus, dass Ihr Mitarbeiter sehr unzufrieden mit Ihnen als neuem Führenden ist. Und weiterhin, dass er sich selbst auf die Position beworben hatte, was Sie nicht wussten (es wäre prima gewesen, wenn das Unternehmen Sie darüber informiert hätte). Wie könnten Sie damit umgehen? Beispielsweise könnten Sie sagen: „Ich kann auf der menschlichen Ebene gut verstehen, dass Sie im Moment mit dieser Entscheidung hadern. Da ich Ihre Expertise sehr schätze, hätte ich Sie gern in meinem Team, wobei mir „mitziehen" bzw. Loyalität sehr wichtig sind. Vorschlag: Lassen Sie uns in ein paar Tagen nochmal sprechen. Ich würde mich freuen, wenn Sie mir in ein paar Tagen sagen, dass Sie es „verdaut" haben und bereit sind, mitzuziehen. Nicht so schön wäre, wenn Sie sich mit der getroffenen Entscheidung auch in ein paar Tagen nicht anfreunden können. Dann müssten wir uns nach anderen Möglichkeiten im Unternehmen umschauen." Stellen wir uns vor, Ihr Mitarbeiter würde Ihnen im Folgegespräch nach einigen Tagen Loyalität zusagen, sich aber in den nächsten Wochen dennoch illoyal verhalten, indem er zum Beispiel in der Kaffeeküche alle Fehler „groß" redet, die Sie bis dahin gemacht haben. Dann wären Sie spätestens in der Situation gut beraten, konsequent zu agieren, das kritische Verhalten anzusprechen etc. Das Gute am Schlechten wäre, dass Sie sich sogar noch stärker positionieren könnten, wenn Sie den Mitarbeiter angemessen konsequent behandeln.

Sollten sich in den Antrittsgesprächen nachhaltige Widerstände und Blockaden offenbaren, die auch durch einfühlsame und ergründende Gespräche nicht zu lösen sind, ist von Beginn an konsequentes Handeln von entsprechenden Feedbackgesprächen bis hin zur Versetzung von Teammitgliedern gefragt. Disharmonien und Widerstände im Team sind ein denkbar schlechter Start in die neue Funktion und können zum raschen Scheitern führen.

In der Folgezeit sollten Sie sich einige Wochen Zeit nehmen, um das Team und dessen Umfeld in Ruhe zu analysieren, Stärken und Schwächen zu erkennen und eventuelle Optimierungsbedarfe abzuleiten. Mitarbeiter erwarten von Ihren Vorgesetzten Zielvorstellungen. Diese dürfen aber nicht zu früh kommen, sondern erst nach einer eingehenden Analyse.

Wichtig ist dann, konsequent Raum und Zeit für die weitere Wahrnehmung der Führungsaufgaben und -rollen zu schaffen, indem Verantwortung an Mitarbeiter delegiert wird. Führung ist häufig dadurch notleidend, dass Führende in zu geringem Maße und zu inkonsequent Verantwortung delegieren.

Die vorgenannten Empfehlungen und Maßnahmen gelten auch oder ganz besonders für den Aufsteiger aus eigenen Reihen. Gehen Sie bitte nicht davon aus, schon alles zu wissen über Ihr Team und sämtliche Prozesse und Arbeitsweisen. Gehen Sie eher mit der Grundeinstellung heran, alles neu kennenlernen zu wollen. Beschäftigen Sie sich mit Ihren ehemaligen Kollegen und deren Verantwortung. Schauen Sie sich im eigenen Team in Ruhe um. ■

■ 12.5 Die Du/Sie-Frage – ein Fallbeispiel

Stellen Sie sich vor, Sie übernehmen eine Abteilung, in der Sie zuvor Kollege waren. Sie werden Führungskraft für die vier bisherigen Kollegen, mit denen Sie per „Du" sind. Sie bekommen einen fünften Mitarbeiter, der etwas jünger ist als Sie und an Ihrem ersten Tag als Führungskraft ins Unternehmen kommt und mit dem Sie per Sie sind (klar, am ersten Tag). Und Sie bekommen einen sechsten Mitarbeiter in Ihre Abteilung, der schon viele Jahre im Unternehmen ist und bis zuletzt in einer anderen Abteilung war. Mit diesem Mitarbeiter, der älter ist als Sie und kurz vor dem Ruhestand steht, sind Sie seit ewigen Zeiten per „Sie".

Was nun die Form der Anrede anbetrifft, würden Sie

a) alles so belassen wie es ist oder

b) irgendetwas verändern?

Falls Sie mit b) geantwortet haben: Was würden Sie verändern und wie genau?

Was die Ansprache in Ihrem Team anbetrifft, so sollte Ihr Team in Balance sein. Balance besteht dann, wenn die Form der Ansprache für jeden Einzelnen in Ordnung ist. Denn ob ein Mensch per „Du" oder „Sie" angesprochen wird, ist Persönlichkeitsrecht. In Deutschland schon gemäß § 1 Grundgesetz: Die Würde des Menschen ist unantastbar. Das heißt, Ihr Team kann in Balance sein, wenn alle per „Du“ sind oder wenn alle per „Sie“ sind oder wenn es eine Mischung daraus gibt. Letzteres macht es zwar komplizierter, weil Sie zum Beispiel in Teammeetings die einen duzen und die anderen siezen, aber nochmal: Die Form der Anrede muss für jeden Einzelnen in Ordnung sein.

Zurück zu unserem Fallbeispiel: Bei den vier Mitarbeitern, die Sie seit ewigen Zeiten duzen, belassen Sie es dabei. Es wäre ein Eigentor, vom Du auf das Sie zurückgehen zu wollen. Das wird keiner wirklich akzeptieren und es wirkt wie „jetzt ist er/sie was Besseres“. Bei dem fünften Mitarbeiter können Sie durchaus nach kurzer, angemessener Zeit das Angebot des Duzens unterbreiten. Sowohl das Senioritätsprinzip (Älter bietet Jünger an) als auch das Hierarchieprinzip (Führender bietet Mitarbeiter an) sind auf Ihrer Seite. Bieten Sie das „Du“ unter vier Augen an. Hier kann ein zu langes Warten sogar kontraproduktiv sein. Nicht selten fühlt sich ein Mitarbeiter, der gesiezt wird, während andere im Team geduzt werden, diskriminiert.

Bei dem sechsten Mitarbeiter stellt sich die Situation anders dar: Das Senioritätsprinzip ist auf seiner Seite. Es gibt Menschen, die nicht NEIN sagen können, obwohl sie NEIN meinen. Erst recht bei diesem Thema. Wenn Sie diesem Mitarbeiter zu offensiv das „Du“ anbieten („wollen wir uns nicht auch duzen?“), kann es sein, dass er einwilligt, obwohl er es nicht wirklich möchte. Möglicherweise, weil Sie in der Hierarchie höher stehen. Sie haben folgende Möglichkeit, damit umzugehen: Erzählen Sie dem Mitarbeiter unter vier Augen vom aktuellen Stand. Das Sie ihn siezen und die anderen Mitarbeiter duzen. Fragen Sie „wie das für sie/ihn ist?“. Diese Frage eröffnet dem Mitarbeiter eher die Chance, zu sagen, dass die Welt für ihn so in Ordnung ist, wie sie ist und damit zum Ausdruck zu bringen, dass sie/er lieber beim „Sie“ bleiben möchte. Durch das Gespräch schaffen Sie Klarheit. Eventuell gibt es auch beim sechsten Mitarbeiter Diskriminierungsgefühle oder eventuell möchte er das „Sie“ beibehalten. Sollte Letzteres der Fall sein, machen Sie die Unterschiedlichkeit der Anrede im Team kurz zum Thema, um Irritation zu vermeiden. „Wir Beide sind, wie Ihr hört, beim „Sie“. Das wird auch so bleiben, wir haben darüber gesprochen und es ist für uns Beide in Ordnung. Das heißt nicht, dass sich das Niveau des Respekts füreinander von anderen Beziehungen unterscheidet.“

Bitte nehmen Sie keinen direkten Einfluss auf die Form der Anrede der Teammitglieder untereinander. Führen Sie Maßnahmen zur Teamentwicklung (Kennenlernen etc.) durch, aber beachten Sie das Persönlichkeitsrecht eines jeden Menschen, über die Form der Anrede selbst entscheiden zu dürfen. Eine Ansage der Führungskraft wie „ab jetzt duzen wir uns hier alle“ birgt zumindest das Risiko in sich, Einzelne damit zu „überfahren“.

Wobei es auch Unternehmenskulturen gibt, in denen durchgängig geduzt wird und das auch gut funktioniert bzw. das Anredethema insgesamt vereinfacht. Allerdings kamen in der Regel die Initiativen dazu von „ganz oben". Und dennoch musste sich der ein oder andere erst daran gewöhnen.

Grundsätzlich sollte Ihre Führungsautorität nicht vom „Du" oder „Sie" oder dem Tragen einer Krawatte abhängig sein. Ihre Führungsautorität basiert auf der passenden Grundeinstellung zur Führungsrolle und zu Menschen sowie auf Ihrem Führungsstil bzw. der wirksamen Wahrnehmung Ihrer Führungsaufgaben. ■

13 Führen auf Distanz und agiles Führen

Führen auf Distanz, Remote Leadership, Führen von Mitarbeitern im Homeoffice und agiles Führen sind zentrale Führungsthemen, mit denen Sie sich auseinandergesetzt oder beschäftigt haben sollten.

■ 13.1 Führen auf Distanz

Der Satellitengedanke

Falls Sie Mitarbeiter nicht vor Ort, sondern an anderen Standorten, im Homeoffice oder im Außendienst haben, betrachten Sie diese als Satelliten. Diese Mitarbeiter stehen zwar in elektronischer oder digitaler Verbindung zu Ihnen, aber sie schweben allein durch den Orbit. Und diese Mitarbeiter müssen dazu in der Lage sein.

Ihre Einflussmöglichkeiten als Führender sind in diesen Fällen gehandicapt. Sie bekommen weniger mit und Sie haben nicht den unmittelbaren Kontakt.

Ihre Mitarbeiter sollten also ähnlich wie Satelliten zur weitestgehend selbstständigen Auftragserfüllung in der Lage sein oder sich gemäß Reifegradmodell im Delegationsquadranten befinden. Mitarbeiter, die per Anweisung geführt werden wollen oder müssen, können Sie streng betrachtet für die „Führen auf Distanz"-Situation nicht gebrauchen.

Worauf es bei Führen auf Distanz ankommt

Beginnen wir zunächst wieder auf der Beziehungsebene. Da das Treffen „auf dem Flur" oder am Kaffeeautomaten mit dem dazugehörigen Smalltalk als Instrument zur Beziehungspflege entfällt, sollten Sie Ihre Hemmungen abbauen, Ihre Mitarbeiter per Video oder notfalls per Telefon zu kontaktieren und nach deren Befinden zu fragen. Je besser Ihre Beziehungen zu Ihren Mitarbeitern gestaltet sind, desto fruchtbarer werden die aktiv aufgebauten Kontakte sein. Und andersherum. Gestörte Beziehungen werden erst recht wahrnehmbar, wenn Sie Ihren Mitarbeiter „einfach mal zwischendurch" kontaktieren. Die Gefahr ist größer, dass die Kontaktaufnahme nicht als „Socializing", sondern als plumpe Kontrolle empfunden wird.

Lassen Sie es also zur Gewohnheit werden, mit Mitarbeitern immer wieder einzeln (und nicht nur im „Teamcall") zu reden. Gerade Mitarbeiter im Homeoffice leiden oft unter sozialer Vereinsamung oder hoher Belastung durch Homeschooling oder vermutete, selbstkreierte Vorgesetztenerwartungen und möchten einen „präsenten" Führenden erleben. Auch hier lässt sich Führung individualisieren, indem Sie das Thema „Wie möchtest du von mir auf die Distanz geführt werden?" enttabuisieren und die Frage gemeinsam mit Ihrem Mitarbeiter erörtern, einzeln und individuell.

Neben der Pflege der Beziehung trotz Distanz ist ein zweiter Faktor bei dem Thema „Führen auf Distanz" wichtig: die Ergebniskontrolle! ■

Da Sie bei einem Mitarbeiter auf Distanz manch Verhaltensweise oder regel(un)konformes Verhalten nicht unmittelbar mitbekommen, sollte wenigstens die Ergebniskontrolle konsequent stattfinden, auch als Zeichen von Interesse und Präsenz und als Gelegenheit zum Lob.

Es ist nicht so interessant, ob ein Mitarbeiter nebenbei im Homeoffice noch eine Waschmaschine laufen lässt. Von Bedeutung ist, dass die Tages- oder Wochenergebnisse passen. Wichtig ist, was infolge seiner Aktivitäten als Ergebnis herauskommt.

Trauen Sie sich, klare Erwartungen an die Ergebnisse eines „Satelliten" zu formulieren und sich die Ergebnisse im Nachgang oder auch schon zwischendurch anzuschauen. Das darf auch die Definition eines Tages- oder eines Wochenergebnisses sein.

Gerade in der „Führen auf Distanz"-Situation sollten Führende über den Videokanal oder notfalls per Telefon präsent sein. Nicht-Präsenz kann auch eine Einladung zum Missbrauch sein. Wenn sich der Führende scheinbar nicht sehr für den Mitarbeiter und auch seine Leistung interessiert, dann besteht die Gefahr, dass die Komfortzone von Einzelnen erweitert wird. Dann wird aus dem kurzen Erfrischungsbad im Sommer doch ein längerer Freibadaufenthalt oder dem Haushalt oder der Kinderbetreuung im Homeoffice wird doch mehr Zeit eingeräumt. In dieser Situation müsste sich der Führende eingestehen, den Raum dazu gewährt zu haben bzw. durch mangelnde Aufmerksamkeit dazu eingeladen zu haben.

Auf keinen Fall sollte sich „Führen auf Distanz" auf ein Management by E-Mail reduzieren. Es findet keine Beziehungsarbeit mehr statt und die Interpretierbarkeit der Schriftsprache ist zu nachteilig. Abgesehen davon, dass E-Mails nichts mit Präsenz zu tun haben.

Videoanrufe anstatt Management by walking around

Aus dem mbywa wird zunächst ein Management by travelling around. Seien Sie wenigstens ab und zu persönlich am Standort des Mitarbeiters oder mit dem Außendienstler unterwegs. Es gibt auch Führende, die Ihre Mitarbeiter im Homeoffice besuchen. Dazu muss die Beziehungsqualität allerdings wirklich intakt sein. Nur werden Sie es kaum leisten können, in kurzen Abständen vor Ort beim Mitarbeiter zu sein. Vielleicht dürfen Sie es auch wegen irgendwelcher Reiserestriktionen nicht.

Wenn also kein regelmäßiges Management by travelling around möglich ist, dann sollten Sie mit dem Videogespräch wenigstens den zweitbesten Kommunikationskanal wählen. Und wie bereits erwähnt ist es eine legitime Erwartung, dass der Mitarbeiter seine Kamera einschaltet, damit Sie sich wenigstens zweidimensional sehen.

Das Telefonat hat den deutlichen Nachteil gegenüber dem Videogespräch, gar keine mimischen Reaktionen mehr zu bekommen.

Es ist eine legitime Führungserwartung, dass Ihr Mitarbeiter in einer Videokonferenz die Kamera einschaltet. Ihr Mitarbeiter sollte nicht die Macht haben, zu entscheiden, ob aus dem zweitbesten Kanal Videokonferenz durch Nichteinschalten der Kamera der nur drittbeste und noch stärker gehandicapte Kanal Telefonat wird.

Onboarding und Teamentwicklung trotz Homeoffice

Neben den Teamentwicklungsmaßnahmen wie Kennenlernrunden oder Typanalysen lassen sich auch Maßnahmen wie Bildertausch von Kaffeemaschinen oder gemeinsames Videocooking durchführen.

Auch eine Reflexion der Qualität der Zusammenarbeit - zum Beispiel von virtuellen Teams - lässt sich mit Online-Methoden gut durchführen. Es gibt mittlerweile zig Online-Werkzeuge, mit denen Sie lebendige, interaktive Abfragen gestalten können und die recht einfach im Handling sind. Ideensammlungen wie zum Beispiel Brainstroming, Sammelfragen (zum Beispiel „Was fällt euch ein zu …?“), Kartenabfragen (zum Beispiel „Meine bisherigen Erfahrungen …“), Skalierungsfragen (zum Beispiel „Wie zufrieden bist du auf einer Skala von 0 bis 10?“) und weitere lassen sich mithilfe diverser Apps und Homepages (u. a. menti, slido) innerhalb von Videokonferenzen durchführen und visualisieren. Videokonferenzen lassen sich über einen moderierten Dialog hinaus sehr interaktiv gestalten.

Die Wahrnehmung der Kollegen in Präsenz behält eine andere Qualität, da wir uns dreidimensional und mit allen Sinnen wahrnehmen.

Aber überall da, wo Präsenz nicht möglich ist, können und sollten Sie das Bestmögliche auf dem digitalen Kanal versuchen. Seien Sie kreativ und mutig. Initiieren Sie Videotermine auch zwischen einzelnen Kollegen, um neue Mitarbeiter einzuarbeiten und an Bord zu holen. Initiieren Sie Online-Kennenlernrunden, Reflexionen von Klima und Zusammenarbeit, Online-Herausforderungen oder gemeinsame, gesellige Abende.

13.2 Agiles Führen

Die diversen Definitionen von agilem Führen

Einige Unternehmen haben sich agiles Führen auf die Fahnen geschrieben und agiles Führen in ihr tägliches Vokabular aufgenommen. Doch es werden vage und unterschiedliche Definitionen für agiles Führen verwendet. Teilweise ist nicht klar, was agiles Führen genau bedeutet.

Von zentraler Bedeutung sind bei einer agilen Führung autonome, sich selbst organisierende Teams, die zudem crossfunktional arbeiten. Diese Teams sollen die fachliche Verantwortung tragen und fachliche Entscheidungen treffen. Voraussetzung dafür sind handlungs- und entscheidungsfähige und -willige Mitarbeiter.

Führende beseitigen in der agilen Führung Hindernisse und sagen nicht etwa, welche Richtung eingeschlagen werden soll. Ein Begriff in diesem Zusammenhang ist Servant Leadership. Führende dienen ihren Mitarbeitern eher, als dass sie führen. Und Führende befähigen und inspirieren ihre Mitarbeiter. Gleichzeitig wird Führung durch Vorbild betont. Und das auf authentische und glaubwürdige Art und Weise.

Führende sollen im agilen Kontext gute Zuhörer und Kommunikatoren sein. Die Fachkompetenz des Führenden ist von nachrangiger Bedeutung.

Agiles Führen betont die Notwendigkeit von Teamentwicklung und damit auch von Konfliktmanagement. Teams sollen zu innovativen Höchstleistungen geführt werden.

Anweisungen sind nicht gefragt, sondern von Führenden gesetzte Rahmen und Leitplanken, innerhalb derer Teams zielorientierte Entscheidungen treffen und auch Fehler machen. Regelmäßige Reviews ermöglichen ein Lernen aus den Fehlern. Dazu gehört eine offene Feedback- und Fehlerkultur.

Vertrauensvorschüsse und gegenseitige Wertschätzung aller Beteiligten sind Merkmale einer agilen Kultur, ebenso wie ein Minimum an Regeln.

Warum agiles Führen nichts Neues ist

Agiles Führen ist nichts Neues. Selbstverantwortlich handelnde Mitarbeiter und Teams sind erstrebenswert. Die Verantwortung auf Mitarbeiterebene zu delegieren und auch entsprechende Entscheidungsbefugnisse einzuräumen, ist sinnvoll. Dazu braucht es allerdings Mitarbeiter, die willens und in der Lage dazu sind. Und all das war vor der Begriffskreation des agilen Führens schon sinnvoll.

Menschen in unseren Breiten und Längen sind autobahnkonditioniert. Ausgesetzt im Dschungel fühlen wir uns nicht wohl und bekommen Orientierungsprobleme. Was wir für unsere Orientierung benötigen, sind die Leitplanken der Autobahn und die Schilder, die Hinweise auf die Richtung geben. Innerhalb der Leitplanken und der Regeln, zum Beispiel Geschwindigkeitsbegrenzungen, möchten die meisten von uns höchst selbstständig über Spurwechsel und das Spiel mit Gas und Bremse selbst entscheiden. Also auch dieser Ansatz von gesetzten Rahmenbedingungen und Freiheitsgraden innerhalb der Rahmen ist nicht neu.

Führende sollten seit eh und je als Vorbilder fungieren und Rahmenbedingungen zur Verfügung stellen, innerhalb derer die Mitarbeiter frei und selbstständig agieren können. In den Rollen des Coaches und Ressourcengebers dienen Führende ihren Mitarbeitern. Auch nichts Neues.

Selbstredend ist dabei, dass Führende authentisch und glaubwürdig auftreten und wirken sollten.

Die notwendige Fachkompetenz von Führenden allerdings bleibt bestehen: Führende benötigen so viel Fachkompetenz, dass sie beurteilungsfähig sind! Führende müssen in der Lage sein, fachliche Ziele zu formulieren und auch zu beurteilen, ob diese fachlichen Ziele erreicht werden. Falls Führende dazu nicht in der Lage sind, ob in klassischer oder agiler Führung, können sie ihre Führungsrolle nicht wahrnehmen. Wie soll „Teams zu Höchstleistungen führen" funktionieren, wenn nicht klar ist, wann die Höchstleistung vollbracht ist. Die Teams im Vorfeld die Messlatte für Höchstleistung selbst definieren zu lassen, ist ein interessantes Experiment. Der Führende sollte zumindest hinschauen, auf welche Höhe sich das Team die Messlatte legt, um situativ intervenieren zu können.

Teamentwicklung ist seit jeher eine der wichtigsten Führungsaufgaben, die andererseits selten als solche wahrgenommen wurde. Nicht selten beschränkt sich Teamentwicklung auf Kegel- oder Trinkabende, was dieser Führungsaufgabe aber nicht gerecht wird.

Eine offene Feedback- und Fehlerkultur sowie ein von Wertschätzung geprägter Umgang aller miteinander sind generell für den Führungskontext empfehlenswert und kein spezifischer Ansatz agiler Führung.

Ebenso der Umgang mit Vertrauen: Es gibt zwei grundsätzliche Ansätze, mit dem Thema Vertrauen umzugehen. Der erste Ansatz lautet: „Ich vertraue meinen Mitarbeitern (= Vertrauensbonus). Anlass zum Misstrauen muss erst gegeben werden." Der zweite und schlechtere Ansatz lautet: „Vertrauen muss erst verdient werden." Warum ist der zweite Ansatz auch in klassischer Führung der schlechtere Ansatz? Der Volksmund sagt, wie ich es in den Wald hineinrufe, so schallt es heraus. Oder auch, ich kann nur ernten, was ich säe. Vertrauensaufbau und -pflege hat also sinnvollerweise einen Vertrauensvorschuss zum Ansatz. Wenn Sie Ihren Mitarbeitern mit „einer gesunden Portion Misstrauen" begegnen, was wollen Sie dann zum Thema Vertrauen von Ihren Mitarbeiter erwarten? Was leben Sie in Ihrer Vorbildrolle vor? Welche Kultur -Misstrauen oder Vertrauen- sähen Sie?

Entscheiden Sie, welche Vertrauens-, Feedback- etc. Kultur in Ihrem Team vorherrschen soll.

Ob agiler oder klassischer Ansatz, wichtig ist, dass das Team liefert wie bestellt.

Die Verbindung zwischen agilem und klassischem Führen

Es ist ein brauchbarer Ansatz, Verantwortung und Entscheidung weitestgehend auf Mitarbeiterebene zu delegieren. Ein simples Beispiel dafür ist das Thema Urlaubsplanung. Führende lassen ihr Team die Urlaubsplanung selbstständig machen und geben nur Rahmen hinein wie zum Beispiel „es sollen stets mindestens zwei Mitarbeiter anwesend sein". Und dann dürfen beispielsweise die Teams selbstentscheidend den Urlaubsplan für das nächste Geschäftsjahr machen.

Nur ist dabei wichtig, dass der Führende sofort wieder ins Spiel kommt, wenn sich die Teams oder Teammitglieder nicht einigen können. Bevor über anstehende Entscheidungen Konflikte im Team entstehen, zum Beispiel darüber, wer am Brückentag frei bekommt und wer nicht, fällt die Entscheidung an den Führenden zurück. Der Führende ist nun gut beraten, die Argumente der Beteiligten zu hören und dann zu einer möglichst salomonischen Entscheidung zu kommen. Dieser Prozess sollte stattfinden und Führende sollten sich dem auch stellen.

Agiles Führen sollte nicht dazu führen, dass Konflikte im Team entstehen und Führende sich aus ihren Führungsaufgaben heraushalten.

Selbstverantwortlich handelnde Mitarbeiter und Teams sind vermutlich der Königsweg, um flexibel und schnell die vielfältigen Herausforderungen meistern zu können. Das darf aber nicht dazu führen, dass Führende ihren Auftrag der Einflussnahme auf Leistungsverhalten vernachlässigen oder selbst da keine Entscheidungen treffen, wo das selbstverantwortliche Team nicht in der Lage dazu ist. Und auch der Ansatz des dienenden Führenden darf nicht dazu führen, dass Führende bei Notwendigkeit nicht eingreifen und als letzte Maßnahme und in der richtigen Situation auch mal zur Anweisung greifen. Diese Option sollte erhalten bleiben.

Das permanent auf Autopilot fliegende Team wird nicht funktionieren. In spezifischen Situationen ist der Kapitän gefragt. Auf Autopilot zu fliegen, ist wunderbar, darf aber nicht dazu führen, dass der Kapitän seine Rolle bzw. seine Option zum Eingreifen aufgibt. Notfalls auch zum direktiven Eingriff. Wobei der partizipierende, kooperative Führungsstil so lange zu bevorzugen ist, solange nichts anderes vonnöten ist. Es ist richtig im Sinne der Förderung der Mitarbeiter, der Teams und auch der Nutzung der Ressourcen, möglichst selbstverantwortlich agierende Teams anzustreben.

14 Literatur

Birkenbihl, Vera F.: *Stroh im Kopf? Vom Gehirn-Besitzer zum Gehirn-Benutzer.* mvg, München 2013

Fischer, Peter: *Neu auf dem Chefsessel.* Redline, München 2015

Seiwert, Lothar J.; Gay, Friedbert: *Das 1x1 der Persönlichkeit.* persolog, Remchingen 2002

Malik, Fredmund: *Führen, Leisten, Leben: Wirksames Management für eine neue Zeit.* Campus, Frankfurt am Main 2006

Seiwert, Lothar; Wöltje, Holger; Obermayr, Christian: *Zeitmanagement mit Outlook: Die Zeit im Griff mit Microsoft Outlook 2010 – 2019 Strategien, Tipps und Techniken.* O'Reilly, Heidelberg 2019

Sprenger, Reinhard: *Mythos Motivation: Wege aus einer Sackgasse.* Campus, Frankfurt am Main 2014

Techt, Uwe: *Projects that Flow. Mehr Projekte in kürzerer Zeit: Die Geheimnisse erfolgreicher Projektunternehmen (QuiStainable Business Solutions).* ibidem, Hannover 2015

15 Danksagung

Zunächst: Ich habe viel gelernt von anderen Trainern und Autoren. Sehr inspirierend waren für mich Vera Birkenbihl und Dr. Udo Weimann, die ich beide mehrfach live erleben durfte. Auch der Kollege Klaus Kammer, mit dem ich über Jahre gemeinsam Seminare gegeben habe, gab mir viele Impulse.

Dank gebührt ebenso allen Coachees, die mir über viele Jahre all die herausfordernden Situationen und Fälle anvertraut haben.

Aus der gemeinsamen Arbeit an Lösungen bzw. gutem Führungsverhalten habe ich immens viel lernen dürfen. Manchmal kam ich mir vor wie mit einem Trichter auf dem Kopf, in den all die Inhalte, Frage- und Fallstellungen sowie entstandenen Lösungen hineingekippt wurden und durch die im Laufe der Zeit ein recht klares Bild von Führung entstand.

Ein sehr expliziter Dank geht auch an meine Lektorin Lisa Hoffmann-Bäuml, Letizia Porcelli und alle weiteren Mitarbeiter des Carl Hanser Verlags, die an der Produktion dieses Buchs beteiligt waren.

Und schließlich bedanke ich mich für die tatkräftige Unterstützung aus dem Familien- und Freundeskreis, ohne die die Arbeit an dem Buch nicht möglich gewesen wäre.

16 Der Autor

Jörg Rothe, Jahrgang 1964, war nach seinem BWL-Studium zunächst zwölf Jahre lang bei der Firma Miele Hausgeräte beschäftigt. Zunächst als Mitarbeiter und später als Leiter der Weiterbildung und danach in einer Stabsfunktion als Führungskräfteentwickler.

Seit dem Jahr 2002 ist der Autor selbstständiger Führungskräftetrainer und -coach und trainiert Führende bei namhaften Unternehmen wie Airbus, Accenture, Daimler, E.ON, Hörmann, Landesbank Baden-Württemberg, Merck, Miele, Schüco, Thyssenkrupp, TÜV sowie bei der Bundeswehr, in Ministerien und bei etlichen mittelständischen und kleinen Unternehmen. Dabei gehört die Geschäftsführung ebenso zu seinen Klienten wie die Bereichs-, Abteilungs-, Team- und Projektleitung.

In all den Jahren sind dem Autor so viele schwierige und herausfordernde Führungssituationen in Trainings und Coachings begegnet (denn Coachees thematisieren die vermeintlich schwierigen Situationen), dass er im vorliegenden Buch die gesammelten Erfahrungen und teils Best-Practises-Ansätze weitergibt.

Kontaktdaten des Autors:

E-Mail: *joerg.rothe@fokus-ue.de*

Mobil: 0173-7715737

Web: *www.fokus-ue.de*

www.immer-erfolgreicher.de

Index

Symbole

A

B

C

D

E

K

L

M

N

O

P

R

S

T

U

V

W

Z